内蒙古自治区高等学校科学技术研究项目（NJZY21315）
内蒙古工业大学科学研究项目（ZY202001、BS2020003）

# 冷却速度对稀土镁合金组织性能的作用机理

蔡会生　著

全书数字资源

北　京
冶金工业出版社
2024

## 内 容 提 要

本书详细介绍了冷却速度对稀土镁合金组织性能的作用机理，全书共分为 6 章，主要内容包括绪论、冷却速度对镁合金微观组织和性能的影响研究现状、AZ91-RE（Ce、Y、Gd）合金中化合物形成机理及性质、冷却速度对稀土元素（Ce、Y、Gd）在 AZ91 镁合金中固溶量的影响、冷却速度对 AZ91-RE（Ce、Y、Gd）合金微观组织的影响、冷却速度对 AZ91-RE（Ce、Y、Gd）镁合金力学性能的影响及合金断裂机理。

本书可供从事金属材料研究及生产的科研人员和工程技术人员阅读，也可供高等院校材料科学与工程及相关专业的师生参考。

**图书在版编目（CIP）数据**

冷却速度对稀土镁合金组织性能的作用机理/蔡会生著 . —北京：冶金工业出版社，2024.5

ISBN 978-7-5024-9863-4

Ⅰ.①冷…　Ⅱ.①蔡…　Ⅲ.①冷却—影响—稀土金属合金—镁合金—性能—研究　Ⅳ.①TG146.22

中国国家版本馆 CIP 数据核字（2024）第 091874 号

**冷却速度对稀土镁合金组织性能的作用机理**

| | | | |
|---|---|---|---|
| 出版发行 | 冶金工业出版社 | 电　话 | （010）64027926 |
| 地　址 | 北京市东城区嵩祝院北巷 39 号 | 邮　编 | 100009 |
| 网　址 | www. mip1953. com | 电子信箱 | service@ mip1953. com |

责任编辑　王　颖　美术编辑　彭子赫　版式设计　郑小利
责任校对　范天娇　责任印制　禹　蕊

北京建宏印刷有限公司印刷

2024 年 5 月第 1 版，2024 年 5 月第 1 次印刷

710mm×1000mm　1/16；14.25 印张；275 千字；215 页

**定价 99.90 元**

投稿电话　（010）64027932　投稿信箱　tougao@cnmip. com. cn
营销中心电话　（010）64044283
冶金工业出版社天猫旗舰店　yjgycbs. tmall. com

（本书如有印装质量问题，本社营销中心负责退换）

# 前　　言

　　镁合金是目前最轻的金属结构材料之一，在国防军工、交通工具、电力电子等领域具有广阔的应用前景，被誉为"21世纪的绿色工程材料"。我国具有丰富的镁资源储备，是名副其实的镁资源大国，开发高性能镁合金材料是镁合金研究领域中的一个重要研究方向，并将推动我国从镁资源大国向镁资源强国转变。内蒙古自治区具有丰富的稀土资源，稀土应用领域的开拓将会大大增加稀土产业的高附加值，研究表明，稀土元素添加到镁合金中能够有效改善镁合金的组织性能，同时也可拓展稀土在轻合金材料领域的应用。

　　冷却速度是合金凝固过程中重要的凝固参数之一，镁合金的组织性能与合金的冷却速度密切相关。冷却速度变化会影响镁合金中合金化元素的扩散和偏析、微观组织的形成（形核过程、晶粒尺寸变化、第二相的形貌尺寸分布、固溶量等），进而将会对镁合金的性能产生重要的影响。通过合理控制合金的冷却速度可以准确调控合金的微观组织和性能。因此，在稀土镁合金研究过程中，冷却速度的变化是需要重点考虑的一种工艺因素。

　　基于此，本书重点介绍了冷却速度变化对稀土镁合金组织性能的影响规律。以商业化应用程度较高的AZ91镁合金为研究对象，通过稀土元素Ce、Y、Gd的添加，研究合金冷却速度变化对AZ91-RE（Ce、Y、Gd）合金微观组织和力学性能的影响规律和机制。本书详细阐述了镁合金材料的分类及应用、冷却速度对镁合金组织性能影响的研究现状、AZ91-RE（Ce、Y、Gd）合金中化合物形成机理及性质、冷却速度对稀土元素（Ce、Y、Gd）在AZ91镁合金中固溶量的影响、冷却速度对AZ91-RE（Ce、Y、Gd）合金微观组织的影响、冷却速度对AZ91-

RE（Ce、Y、Gd）合金力学性能的影响及合金断裂机理等。

本书内容所涉及的有关研究得到了内蒙古自治区高等学校科学技术研究项目（NJZY21315）和内蒙古工业大学科学研究项目（ZY202001、BS2020003）等的支持。本书在编写过程中，得到了内蒙古工业大学郭锋、王振柱等人的帮助，并参考了有关文献和著作，在此一并表示由衷的感谢！

由于作者水平所限，书中不妥之处，敬请广大读者批评指正。

蔡会生

2024 年 2 月

# 目　　录

# 1 绪 论

镁合金作为最轻的金属结构材料之一，具有比强度高、弹性模量大、散热快、消震性和屏蔽性能好以及易回收等特点，被誉为"21 世纪的绿色工程材料"。镁广泛分布于自然界，在地壳中丰度较高，海洋及盐湖中的含量也十分巨大，是地球上储量最丰富的轻金属元素之一。由于性能特色明显，资源丰富，镁合金在国防军工、交通工具、3C 产品、医疗和储能等领域有巨大的市场需求和应用潜力，并且已经在很多领域实现了广泛的应用。

虽然镁合金在相关领域应用时具有独特的性能优势，但强度低、塑性和耐蚀性差等缺点也同样制约着其在更广泛领域的应用。为了改善镁合金的性能，合金化处理得到了深入的研究，且已成为一种有效的镁合金改性方法。此外，利用加工过程调整合金的组织，也已成为提高合金性能的有效途径之一。总之，人们从成分组成、合金加工工艺等方面对镁合金开展了大量的研究工作，而高强高韧镁合金、耐蚀镁合金、功能镁合金等镁合金材料的不断研制开发，必将使镁合金在未来结构材料和功能材料领域发挥越来越重要的作用。

## 1.1 镁合金材料概述

镁合金分为结构材料和功能材料两大类。镁合金结构材料是以镁为主要元素，加入铝、锌、锆、锰、锂、钍、稀土等其他元素组成的合金。根据主要合金元素的不同，镁合金分为多个合金系列。而按照加工方式的不同，镁合金又主要分为铸造镁合金和变形镁合金两大类。AZ 系镁合金是目前应用较为广泛的一类铸造镁合金，ZK 系镁合金是目前应用较为广泛的一类变形镁合金，Mg-RE 系镁合金是一类具有广阔应用前景的高性能镁合金，具有优异的强度和韧性。

### 1.1.1 镁合金的组织结构与性能

作为结构材料使用的镁合金，其基本组织一般由镁基固溶体相和金属间化合物相组成。镁合金中的镁基固溶体相能够对合金起到固溶强化的作用，来改善合金的性能，不同合金元素由于尺寸、晶体结构、电负性等原因在镁基体中的固溶量会存在一定的差异。常用镁合金系列中合金元素铝在镁基体中的固溶量较大，能够对镁合金起到较好的固溶强化作用，锌、锆、锰、稀土等元素在镁基体中的固溶量相对较小，引起的固溶强化作用相对较弱。常用镁合金中第二相的熔点见表 1-1，合金中 $Mg_{17}Al_{12}$ 相和 $MgZn$ 相的熔点相对较低，表明 Mg-Al 系和 Mg-Zn 系合金的热稳定性较差，高温蠕变性能不好，而 Mg-Al-RE 系中形成的 Al-RE 化合物相的熔点相对较高，合金具备较好的热稳定性，能够在温度较高的环境下使用。合金中的第二相能否起到第二相强化作用，与第二相的性质、尺寸、分布等因素息息相关。

**表 1-1　常见镁合金体系中化合物的熔点**

| 合金体系 | 化合物 | 熔点/℃ | 合金体系 | 化合物 | 熔点/℃ |
|---|---|---|---|---|---|
| | $Al_2Y$ | 1485 | Mg-Al | $Mg_{17}Al_{12}$ | 437 |
| | $Al_2Gd$ | 1525 | Mg-Ce | $Mg_{12}Ce$ | 616 |
| | $Al_{11}Ce_3$ | 1235 | Mg-Gd | $Mg_5Gd$ | 658 |
| Mg-Al-RE | $Al_2Dy$ | 1500 | Mg-Sn | $Mg_2Sn$ | 772 |
| | $Al_2Er$ | 1455 | Mg-Si | $Mg_2Si$ | 1087 |
| | $Al_{11}La_3$ | 1240 | Mg-Zn | $MgZn$ | 347 |
| | $Al_2Sc$ | 1420 | Mg-Sr | $Mg_{17}Sr_2$ | 606 |

镁合金的晶体类型属于密排六方，镁的晶体结构如图 1-1 所示。镁的点阵参数为 $a=0.3209$ nm，$c=0.5211$ nm，轴比 $c/a$ 为 1.624，与理论值 1.633 十分接近。镁合金由于其密排六方的晶体结构，其本身室温滑移系较少，主要由基面滑移、柱面滑移和锥面滑移组成。依据滑移位错来划分镁合金的滑移系，其滑移系主要有 $a$ 位错滑移，$c$ 位错滑移和 $a+c$ 位错滑移三种。镁合金室温下四种滑移系的滑移面和滑移方向见表 1-2。

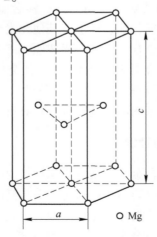

图 1-1　镁的晶体结构

**表 1-2  镁合金室温下四种滑移系的滑移面和滑移方向**

| 滑移面 | Burgers 矢量/滑移方向 | 滑移系数 | |
|---|---|---|---|
| | | 总滑移 | 独立滑移 |
| 基面，（0001） | $a$，$<11\bar{2}0>$ | 3 | 2 |
| 柱面，$\{10\bar{1}0\}$ | $a$，$<11\bar{2}0>$ | 3 | 2 |
| 锥面第一序，$\{10\bar{1}1\}$ | $a$，$<11\bar{2}0>$ | 6 | 4 |
| 锥面第二序，$\{11\bar{2}2\}$ | $c+a$，$<\bar{1}1\bar{2}0>$ | 6 | 5 |

镁合金室温下变形时，主要以滑移和孪生的方式进行，其中以滑移为主，当镁合金受到外力作用变形时，会沿滑移面发生滑移，晶体发生滑移时，所受外力要大于滑移的临界切应力。不同滑移面上的临界切应力与温度紧密相关，随着温度的变化而变化。镁合金在室温下，发生 $\{0001\}$ $<11\bar{2}0>$ 基面滑移的临界切应力，要比发生 $\{10\bar{1}0\}$ $<11\bar{2}0>$ 柱面滑移和 $\{10\bar{1}1\}$ $<11\bar{2}0>$，$\{11\bar{2}2\}$ $<\bar{1}\bar{1}23>$ 锥面滑移的临界切应力小得多。因此大部分镁合金在室温发生变形时，以基面滑移为主，塑性较差。

镁合金由于其独特的晶体结构，其滑移系少，塑性变形能力较差。因而，目前镁合金产品大多通过铸造的方式来制备（铸造镁合金），其中压铸工艺由于其铸件尺寸精度高、表面质量好、生产效率高等优点，形成了大部分镁合金制品主要以压铸件为主的局面。

镁合金的密度为 1.8 $g/cm^3$ 左右，其具有较高的比强度和比刚度，但是常用的铸造镁合金的强度仅为 200 MPa 左右，在强度要求较高的部件上应用与钢铁和铝合金材料相比还存在着一定的差距，也正因此对镁合金进行合金化处理改善镁合金的力学性能一直是推动镁合金产业化应用的一个重要方向。常见铸造镁合金的室温力学性能，见表 1-3。

**表 1-3  常见铸造镁合金室温力学性能**

| 合金牌号 | 抗拉强度/MPa | 屈服强度/MPa | 伸长率/% | 硬度 BHN | 冲击强度/J |
|---|---|---|---|---|---|
| AZ91D | 230 | 160 | 3 | 75 | 2.2 |
| AZ81 | 220 | 150 | 3 | 72 | — |
| AM60B | 220 | 130 | 6~8 | 62 | 6.1 |
| AM50A | 220 | 120 | 6~10 | 57 | 9.5 |
| AM20 | 185 | 105 | 8~12 | 47 | — |
| AE42 | 225 | 140 | 8~10 | 57 | 5.8 |
| AS41B | 215 | 140 | 6 | 75 | 4.1 |

### 1.1.2　镁合金的主要系列

镁的化学性质活泼，高温下容易发生氧化燃烧，并且其耐蚀性差，室温力学性能较低，并不能作为结构材料使用，需要对其进行合金化处理，改善镁的组织性能，使其能够达到作为结构材料使用的要求。镁合金按照化学成分分类，主要有三类重要的镁合金系列，即 Mg-Al 系、Mg-Zn 系和 Mg-RE 系，在镁合金应用过程中根据需要在这三类镁合金系列基础上再进行合金化处理，可得到更多的镁合金牌号。

#### 1.1.2.1　Mg-Al 系

Mg-Al 系镁合金通过合金化处理可构成 AZ 系（Mg-Al-Zn）、AM 系（Mg-Al-Mn）、AS 系（Mg-Al-Si）和 AE 系（Mg-Al-RE）等多种镁合金牌号，其中 AZ 系镁合金是使用时间最久远的铸造镁合金系列，AM 系镁合金具有优异的韧性和塑性，在可能受到冲击载荷场所的部件上应用较多，例如座位架、汽车轮毂、侧门等部件。AS 系镁合金是在 20 世纪 70 年代为了替换热稳定性较差的 AZ80 镁合金，而开发出的一种新型耐热压铸镁合金。AS 系镁合金，由于合金中弥散分布的 $Mg_2Si$ 相，使其具备优异的抗蠕变性能，其在发动机曲轴箱、风扇壳体和直流发电机支架等零件上得到了较广泛的应用。20 世纪 30 年代以来，人们就已发现稀土元素的加入能够改善镁合金的组织和性能，AE 系镁合金在汽车动力系统部件上的使用，具备一定的优势。

#### A　AZ（Mg-Al-Zn）系镁合金

Mg-Al-Zn 系镁合金是目前应用最广泛的一类铸造镁合金，其不含贵重合金化元素，成本较低，力学性能相对较好，铸造性能优异。

Al 是 Mg-Al-Zn 系镁合金中的一种重要的合金化元素，镁铝二元合金相图，如图 1-2 所示。由图可知，在 Mg-Al 二元合金体系中，当温度下降到 437 ℃ 时合金中发生共晶反应：$L \rightarrow \alpha\text{-Mg} + \beta\text{-Mg}_{17}\text{Al}_{12}$，此时 Al 在 Mg 中的溶解度为 12.6%，随着温度的降低 Al 在 Mg 中的溶解度逐渐降低，室温时 Al 在 Mg 中的溶解度仅为 1.5% 左右。随着 Al 含量的增加镁合金的结晶温度范围逐渐减小，合金的流动性增强更利于合金的铸造以及薄壁件的成型。添加 Al 的镁合金其性能改善主要通过 Al 在 Mg 中的固溶引起的固溶强化、晶粒细化引起的细晶强化和共晶反应生成的 $\beta\text{-Mg}_{17}\text{Al}_{12}$ 引起的第二相强化来实现，但是随着 Al 含量的增加，共晶反应生成的 $\beta\text{-Mg}_{17}\text{Al}_{12}$ 含量增多、尺寸变大，会引起力学性能的下降。因此常用的 Mg-Al-Zn 系镁合金中合金元素 Al 的含量一般不高于 10%。此外 $\beta\text{-Mg}_{17}\text{Al}_{12}$ 相的熔点为 437 ℃，当温度较高时 Mg-Al 系合金中的 $\beta\text{-Mg}_{17}\text{Al}_{12}$ 相会发生软化，从而会降低合金的抗蠕变性能。

Zn 是 Mg-Al-Zn 系镁合金中的另一种重要的合金化元素，镁锌二元合金相图，如图 1-3 所示。由图可知，在共晶温度时 Zn 在 Mg 中的最大溶解度为 6.2%，并

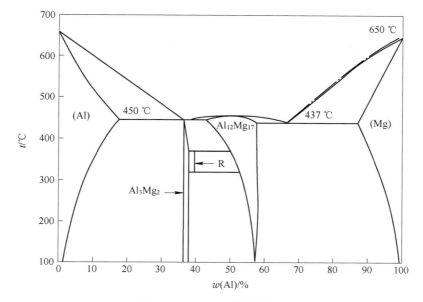

图 1-2 Mg-Al 二元合金相图

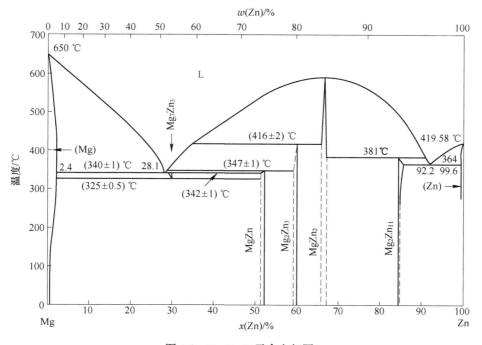

图 1-3 Mg-Zn 二元合金相图

且随着温度的降低其溶解度逐渐减小，因而可通过热处理的方式，改变 Zn 在镁基体中的固溶来改善镁合金的性能。此外，合金中添加一定量的 Zn 能够促进 Al 在镁基体中的固溶，使 Al 在室温下的固溶量从 1.5% 提高到 3%~4%，增强合金的固溶强化作用。但是，如果 Zn 含量过高时，会使合金的结晶温度间隔变大，加剧铸态合金的热裂和缩松等缺陷的出现，降低合金的性能。随着合金中 Zn 含量的增加，对合金铸造性能的影响可分为可铸造区、热裂区和脆性区，表明随着 Zn 含量的增加，Mg-Al-Zn 系镁合金的铸造性能会逐渐降低。因此 Mg-Al-Zn 系镁合金中的合金元素 Zn 添加范围为 0.2%~0.8%，一般不会超过 1%。合金元素 Zn 在 Mg-Al-Zn 系镁合金中主要存在形式有两种，一种是固溶于 Mg 基体中形成固溶体，另一种是置换 $\beta$-$Mg_{17}Al_{12}$ 相中的 Al 形成 $\beta$-$Mg_{17}(Al, Zn)_{12}$ 相。

Mg-Al-Zn 系镁合金主要由 $\alpha$-Mg 和 $\beta$-$Mg_{17}Al_{12}$ 相组成，$\beta$-$Mg_{17}Al_{12}$ 相在晶界处呈连续网状分布，对合金可以通过固溶时效的热处理工艺来改善合金的组织性能。将合金中粗大的 $\beta$-$Mg_{17}Al_{12}$ 相通过固溶处理使其固溶到镁基体中，再通过时效析出的方式，从镁基体中析出细小弥散分布的 $\beta$-$Mg_{17}Al_{12}$ 相，从而达到改善镁合金性能的目的。AZ91 镁合金是 Mg-Al-Zn 系镁合金中应用最广泛的铸造镁合金，其具备优异的综合性能被广泛应用在航空航天、3C 产品、交通运输、医疗卫生等领域。

B　AM（Mg-Al-Mn）系镁合金

AM 系镁合金主要型号有 AM60B、AM50A 和 AM20S 等。AM 系镁合金与 AZ 系镁合金相比，Al 含量减少，合金中形成的化合物含量减少，合金的塑性和韧性得到改善，但是强度有所降低。另外由于合金的主要强化相为 $Mg_{17}Al_{12}$ 化合物，其热稳定性较差，不适应在较高温度下使用。同时，由于合金中化合物含量减少，电偶腐蚀情况得到缓解，合金具有更好的耐腐蚀性能。

Mn 是镁合金中较常用的金属元素，添加少量的 Mn 对镁合金耐腐蚀性能的提高起着很大的作用，一方面 Mn 元素能与合金中的 Fe、Cu 等杂质元素形成熔渣被排除，降低 Fe 元素对镁合金腐蚀性的有害作用；同时还能作为合金元素融入基体，提高基体镁的腐蚀电位。王跃琪等通过测量铸态 AZ91-$x$Mn 镁合金在 3.5%NaCl 溶液中的腐蚀速率，结果发现，AZ91-0.8%Mn 镁合金的腐蚀速率，较 AZ91 镁合金的腐蚀速率下降了 78%，Mn 元素能够有效地提高镁合金的耐腐蚀性能。赵浩峰等通过测试不同 Mn 含量的镁锰系列合金的自腐蚀电位，发现以固溶形式存在于镁基体中的 Mn 能很好地提高镁合金的耐腐蚀能力。

金属 Mn 添加到 Mg-Al 系镁合金中除了与杂质元素 Fe 元素形成熔渣外，还能与 Al 元素反应生成一系列的 Al-Mn 金属间化合物，而不同种类的 Al-Mn 相具有不同的腐蚀电流密度，具有较高 Al 含量的 $Al_4Mn$、$Al_6Mn$，其腐蚀电流密度较低，有利于合金耐腐蚀性能的改善，而 Mn 含量较高的 Al-Mn 相如 $Al_8Mn_5$，其腐蚀电流密度较大，对合金耐腐蚀性能的改善是不利的。Ma Y 等通过研究 AM50 的电化学性能，也发现 Al-Mn 相的存在，提高了合金的耐腐蚀性能。Chen B 等通过用不同 Mn 含量的 Al-Mn 中间合金配制 Mg-6Al-5Pb-0.5Mn 合金，并测试合金的电化学及腐蚀性能，研究结果发现，添加 Al-50Mn 的镁合金具有最好的耐腐蚀性能。

C AS（Mg-Al-Si）系镁合金

为了解决 AZ 系和 AM 系镁合金高温力学性能较差的问题，通过向 Mg-Al 系合金中引入 Si 元素，形成热稳定性良好的 $Mg_2Si$ 化合物，并降低合金中的 Al 元素含量，以减少热稳定性较差的 $Mg_{17}Al_{12}$ 化合物形成，开发了 Mg-Al-Si（AS）系耐热镁合金。合金中在晶界处弥散分布的 $Mg_2Si$ 化合物，大幅度提升了合金的高温力学性能和抗蠕变性能。但是，由于 $Mg_2Si$ 化合物属于硬脆性化合物，合金的塑性随着 Si 元素的引入有所降低。

在耐热镁合金中，Mg-Al-Si 系镁合金是当下研发热度和受关注度最高的镁合金之一。AS 系镁合金的强化机理主要是通过强化相 $Mg_2Si$ 来实现。$Mg_2Si$ 相具有与镁相近的低密度（1.9 $g/cm^3$）、高熔点（1085 ℃）、高硬度（460HV）、大弹性模量以及低线膨胀系数（7.5×$10^{-6}$ $K^{-1}$）等优点，同时，Si 价格相对低廉且易于获得。以上优点使得 Si 可作为提高镁合金高温性能的最优先考虑的添加元素之一。但是，当镁合金中 $Mg_2Si$ 相形成粗大的汉字状或不均匀的块状相时，会恶化合金的组织结构，降低镁合金的室温性能和高温性能。虽然 AS 系镁合金已得到一定程度的应用，但是其仍不能满足高性能优质材料的要求，在实际应用中很难得到广泛的推广和使用。

一般而言，AS 系镁合金在实际制造和使用中受到以下客观因素的限制：AS 系镁合金的含铝量较低［一般不超过 9%（质量分数）］，因此在压铸条件下成形困难，容易产生热裂现象，这也会影响合金的耐蚀性能（通常要靠添加其他合金元素解决，如 Mn 元素）；合金的室温性能，尤其是伸长率会因为粗大的汉字状 $Mg_2Si$ 相而降低。其原因在于汉字状 $Mg_2Si$ 相周围存在较大的应力集中，会促使显微孔洞的生成与成长，并且孔洞会随温度的升高而扩展变大，从而导致合金力学性能的快速下降；Si 的添加量每增加 1%，镁合金的液相线温度会被提升约 39 ℃，这导致合金的压铸工艺性能和流动性均降低；冷却速度慢将导致粗大汉字形态的 $Mg_2Si$ 相生成。因此，AS 系合金只适用于通过冷却速度较快的压铸工艺制备压铸件，而无法通过冷却速度较慢的砂型铸造等工艺制备性能优良的铸件。

为了解决 AS 系列镁合金在应用中的缺陷问题，从微合金化角度，国内外学者与研究人员对 AS 系镁合金进行了一系列的研究。结果表明：通过向合金熔体中添加适量的 Sr、Ca、RE 等微量合金元素，可以有效地改善 AS 系镁合金中 $Mg_2Si$ 相的形态，进而达到细化的目的，从而使镁合金的力学性能以及铸造性能等得到改善。例如，上海交通大学以具有较好的力学性能和铸造工艺性能的 Mg-5Al-1Si（AS51）合金为基体合金，添加 Ca、Sr、Sb、RE 等进行合金化以及复合合金化，设计了新型的含硅耐热镁合金，改善了 AM50 合金的耐热性能；通用汽车公司在 AS 系镁合金中通过添加 Ca 和 Sr，形成新的金属间化合物（Mg，Al）$_2$Ca，使合金的抗热裂性能增强，流动性也得到了改善；韩国现代汽车公司和日本 Ube 工业公司在 Mg-Al-Zn-Si 合金基础上添加 Ca、Sr 元素分别开发出 Mg-Al-Zn-Si-Ca 和 Mg-Al-Zn-Si-Sr 两项专利合金，其原理是合金元素对强化相 Mg$_2$Si 的变质作用，使合金具有高强度和较好的高温蠕变性能。

D　AE（Mg-Al-RE）系镁合金

Mg-Al-RE 系镁合金简称 AE 系镁合金，主要包括 AE21、AE41、AE42、AE44 等系列，稀土元素 La、Ce 是合金的主要合金化元素。添加 La、Ce 稀土元素可以细化合金晶粒，改善合金微观组织，形成热稳定良好的 Al$_{11}$RE$_3$、Al$_2$RE 和 Al$_{10}$RE$_2$Mn$_7$ 等化合物，从而提高合金的抗蠕变性能和耐热性能。在 AE 系合金中添加重稀土元素 Gd，可以改善合金中 Al$_{11}$RE$_3$、Al$_2$RE 的形貌，进一步提升合金的性能。

常见铸造镁合金体系的屈服强度、抗拉强度和伸长率等力学性能指标，如图 1-4 所示。可以看出，AE（Mg-Al-RE）系镁合金（二维码彩图里的绿色区域）具有最优的强度和塑性组合，其中 AE44 镁合金具有较为均衡的强韧性，屈服强度为 160 MPa，抗拉强度为 271 MPa，伸长率为 14%。但其力学性能尤其是强度仍低于汽车承力结构件中常用的铝合金材料，如汽车减震塔壳体常用的高强韧压铸铝合金 AlSi10MnMg、AlMg5Si2Mn 等。

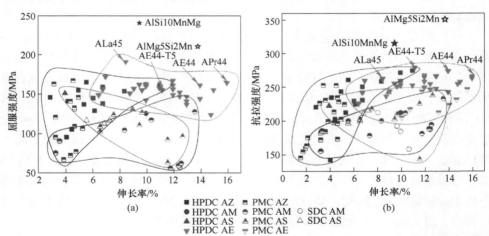

图 1-4　AZ、AM、AS 和 AE 系铸造镁合金的散点图
（a）屈服强度-伸长率；（b）抗拉强度-伸长率

彩图

AE44 镁合金微观组织中的 $Al_{11}RE_3$ 化合物多以大尺寸的针状或条状形式存在，如对其形状尺寸分布进行优化，可以进一步改善合金的强度和塑性。通过热力学计算表明 $Al_2Gd$ 化合物在镁合金中比 $Al_{11}RE_3$ 化合物优先形成，同时 $Al_2Gd$ 化合物与 $Al_{11}RE_3$ 化合物存在晶体学匹配关系，因此可以作为 $Al_{11}RE_3$ 的异质形核质点，对 $Al_{11}RE_3$ 化合物起到良好的变质作用，但其变质机理尚未完全清楚，还需要深入研究。同时，研究发现 Gd 在镁合金中具有较大的固溶量，有望在热处理过程中析出强化相，进一步强化合金力学性能，是一种潜在的可对镁合金实现时效强化的合金化元素。

#### 1.1.2.2 Mg-Zn 系

Mg-Zn 系镁合金的结晶温度间隔要比 Mg-Al 系大得多，热裂倾向较大，铸造性能与 Mg-Al 系合金相比也存在一定差距。Mg-Zn 系镁合金中的强化相主要是 $MgZn$ 相和 $MgZn_2$ 相，随着 Zn 含量的增加合金的性能逐渐得到改善，但是随着合金中 Zn 含量的增加，合金的热裂和缩松倾向也会加剧。因此，综合考虑合金的力学性能和铸造性能 Mg-Zn 系合金中的 Zn 添加量一般不会超过 6%。

Mg-Zn 系合金中添加合金元素 Zr 构成 Mg-Zn-Zr 合金体系，Zr 的添加能够显著细化合金的晶粒。Mg-Zn-Zr 镁合金主要有 ZK21A、ZK31、ZK40A、ZK60A、ZK51A 和 ZK61 等，Zr 在镁合金中不会与 Mg 形成化合物相，在合金凝固过程中 Zr 会以 α-Zr 的形式析出，α-Zr 与 Mg 同属密排六方晶体结构，并且两者的晶格常数接近，具有良好的共格关系，符合作为晶粒形核核心的"尺寸结构相匹配"原则，能够作为异质形核质点来细化合金的晶粒，因此随着 Zr 含量的增加，合金的晶粒尺寸将会逐渐细化。液态下 Zr 在镁中的溶解度很小，包晶反应时 Zr 在镁液中的溶解度仅为 0.6%。因此，当 Zr 的添加量超过 0.6% 时，不能溶解的 Zr 将在镁熔体中产生大量难熔的 Zr 质点，多余的 Zr 不会进入镁液中起到晶粒细化作用，而是沉淀到坩埚底部。因此，Mg-Zn 系合金中添加的合金元素 Zr，其含量（质量分数）一般为 0.5% 左右。此外 Zr 还能够与合金熔体中的 Fe、Si 等杂质形成化合物沉到坩埚底部，从而起到去除杂质的作用。Mg-Zn-Zr 系合金属于可热处理强化镁合金，可以通过时效处理来强化合金的性能，其中主要强化元素是 Zn。Mg-Zn-Zr 系合金随着 Zn 含量的增加，结晶温度区间变宽，热裂倾向增大，焊接性能变差，因此一般不宜用于制作形状复杂的铸件和焊接结构。

#### 1.1.2.3 Mg-RE 系

Mg-RE 系镁合金是向镁中单独添加或者复合添加稀土元素来构成的一类合金体系。稀土元素添加到镁中时会与 Mg 形成 Mg-RE 化合物相，这种化合物相熔点较高，因此 Mg-RE 系合金的热稳定性相对较好，高温下使用与 Mg-Al 系和 Mg-Zn 系相比体现出了较大的优势。稀土元素在镁基体中的固溶量都比较小，因此引起的固溶强化作用比 Mg-Al 系和 Mg-Zn 系的要差，其强化主要由形成 Mg-RE 化合物相的第二相强化和细晶强化引起。Mg-RE 合金的结晶温度间隔较小，Mg-Ce 的最大结晶温度间隔仅为 57 ℃，因此合金主要以共晶反应为主，合金的铸造性能优异，缩松和热裂倾向与 Mg-Al 系和 Mg-Zn 系相比要小得多，可用来铸造形状复杂要求较高的铸件。但是由于稀土元素较昂贵，导致使用 Mg-RE 系镁合金的成本增加，因此 Mg-RE 系镁合金的应用受到了一定的限制。

Mg-RE 系合金是一类高强韧、抗蠕变性能优异、可热处理强化的一类镁合金，由于轻稀土元素在镁基体中的固溶量没有重稀土元素在镁基体中的固溶量大，因此 Mg-RE 系合金主要以 Mg-Gd 系、Mg-Y 系镁合金为主。激活 Mg-RE 系合金的高强韧性能需要对其进行合适的固溶时效处理，使其在时效过程中析出强化相，才能发挥其高强韧的特性。

A　Mg-Gd 系镁合金

通过 PANDAT2012 软件和 Pan2012 数据库计算的 Mg-Gd 二元相图，如图 1-5 所示。当温度在 548 ℃时，Gd 在 Mg 中的平衡固溶度为 4.57%（原子数分数），随温度下降至 200 ℃时 Gd 在镁基体中的固溶度急剧下降 0.29%（原子数分数）。由此可见，Mg-Gd 系合金，随着温度的降低，固溶于镁基体中的 Gd 元素会迅速从镁基体中析出，形成析出相，从而会对合金起到强化作用，它是一种典型的可时效强化型的镁合金。

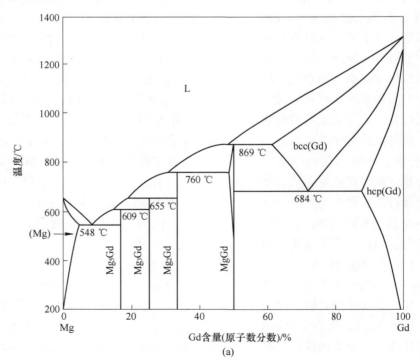

(a)

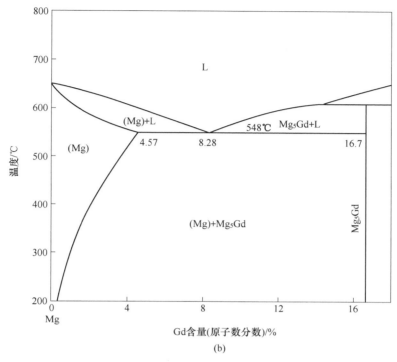

图 1-5 Mg-Gd 二元相图

（a）Mg-Gd 二元相图；（b）富 Mg 端 Mg-Gd 二元相图

　　从 Mg-Gd 二元平衡相图可知，Mg-Gd 二元系一共包含 $Mg_5Gd$、$Mg_3Gd$、$Mg_2Gd$ 和 MgGd 四种金属间化合物。四种化合物的结构如图 1-6 所示。MgGd 相具有简单的体心立方结构，$Mg_3Gd$ 和 $Mg_2Gd$ 相具有相对复杂的面心结构，$Mg_3Gd$ 相在 fcc 晶胞的内部还包含有一个小的 bcc 结构，$Mg_5Gd$ 相的单胞非常大，一共含有 448 个原子。

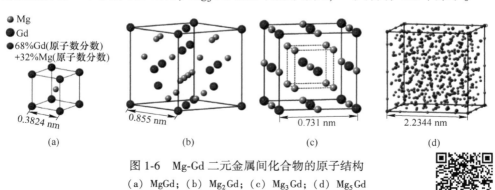

图 1-6 Mg-Gd 二元金属间化合物的原子结构

（a）MgGd；（b）$Mg_2Gd$；（c）$Mg_3Gd$；（d）$Mg_5Gd$

彩图

Mg-Gd 二元合金在 250 ℃时的时效硬化曲线如图 1-7 所示。固溶淬火态 Mg-15Gd-0.5Zr（质量分数）合金的维氏硬度约为 72HV，明显高于大多数不含 RE 的其他镁合金的维氏硬度。由图 1-7 可知，时效初期，Mg-15Gd-0.5Zr（质量分数）合金的硬度虽然有所增加，但是变化比较缓慢，存在大约 1 h 的孕育期。时效 1 h 之后，合金的硬度随时效时间的延长而快速增加，在时效时间为 8 h 时，Mg-15Gd-0.5Zr（质量分数）合金的硬度达到峰值（105HV），合金的硬度提升了 45.8%，展示了很强的时效硬化效应。当合金硬度达到峰值硬度后，继续延长时效时间，时效硬化曲线出现了近 100 h 的硬度平台，之后才会随着时效时间的增加出现硬度下降的趋势，即达到过时效状态。

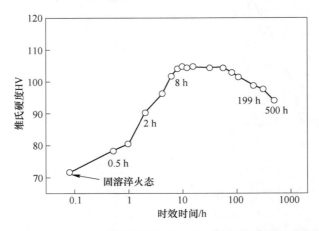

图 1-7　Mg-15Gd-0.5Zr（质量分数）合金在 250 ℃的等温时效硬化曲线

目前关于 Mg-Gd 合金时效析出相的沉淀序列可描述为：

α-Mg（S.S.S.S.）→ 有序 GP 区 → β″(D019，Mg$_3$Gd) → β′(cbco，Mg$_7$Gd) → β$_1$(fcc，Mg$_3$Gd) → β(fcc，Mg$_5$Gd)

β′相是 Mg-Gd 合金在峰时效时的主要沉淀强化强相，根据文献报道，它呈凸透镜状，宽面平行于 $\{2\bar{1}\bar{1}0\}_{\alpha\text{-Mg}}$，如图 1-8（a）所示。β′相为底心正交结构：$a=0.650$ nm，$b=2.272$ nm，$c=0.521$ nm，它和 α-Mg 基体的位向关系为：$(100)_{\beta'} // \{2\bar{1}\bar{1}0\}_{\alpha\text{-Mg}}$，$[001]_{\beta'} // [0001]_{\alpha\text{-Mg}}$。从 HAADF-STEM 原子像可知 [见图 1-8（b）]，β′相中富 Gd 原子列呈"之"字特征，且相邻富 Gd 原子列为镜面对称关系（顶角相对）。根据文献中提出的 β′相原子模型，β′相为 Mg$_7$Gd。

B　Mg-Y 系镁合金

通过 PANDAT2012 软件和 Pan2012 数据库计算的 Mg-Y 二元合金相图，如图 1-9 所示。由图可知，当在共晶温度 574 ℃时，Y 在 Mg 中的最大固溶度为 4.23%（原子数分数），随着温度的降低，Y 在 Mg 中的固溶度逐渐减少，当温度

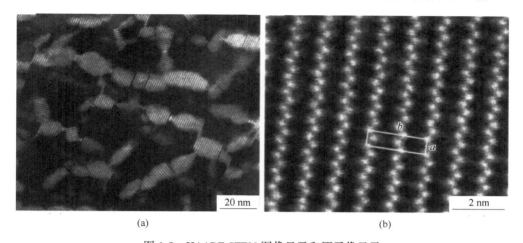

图 1-8 HAADF-STEM 图像显示和原子像显示

（a）HAADF-STEM 图像显示 200 ℃时效 10 h 的 Mg-5%Gd（原子数分数）合金中凸透镜状 β′沉淀相；
（b）HAADF-STEM 原子像显示 β′相中富 Gd 原子列呈 "之" 字状

降至 200 ℃时，Y 在 Mg 中的固溶度降至仅有 0.45%（原子数分数），固溶度减少了 89.4%，可见随着温度的降低，大量固溶于镁基体中的 Y 会从镁基体中析出形成析出相，从而会改善合金的性能。因此，Mg-Y 系合金和 Mg-Gd 系合金一样都是典型的可时效强化的一类镁合金。

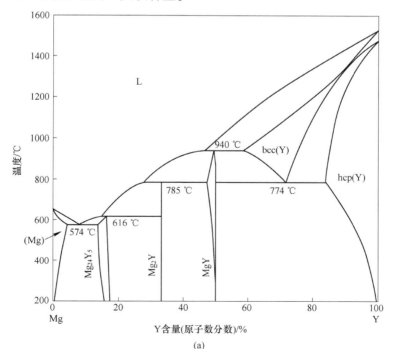

（a）

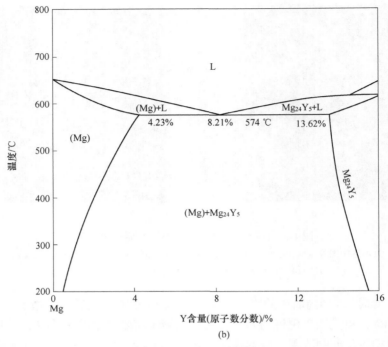

(b)

图 1-9 Mg-Y 二元相图
（a）完整 Mg-Y 二元相图；（b）富 Mg 端 Mg-Y 二元相图

由 Mg-Y 二元相图可知，Mg-Y 合金中可能存在三种二元金属间化合物，分别为 $Mg_{24}Y_5$、$Mg_2Y$ 和 MgY。其中 MgY 和 $Mg_{24}Y_5$ 属于立方结构，而 $Mg_2Y$ 属于六方结构，三种化合物的原子模型，如图 1-10 所示。

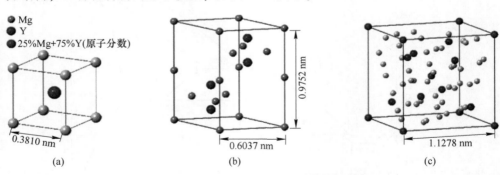

图 1-10 Mg-Y 二元金属间化合物的原子模型
（a）MgY；（b）$Mg_2Y$；（c）$Mg_{24}Y_5$

Mg-10.3%Y（质量分数）合金在不同温度下的等温时效硬化曲线，如图 1-11 所示。由图可知，Mg-10.3%Y（质量分数）合金在

彩图

175 ℃、200 ℃和 225 ℃下进行时效处理时，表现出明显的时效硬化效果，并且随着时效温度的增加，达到峰值时效的时间逐渐减少，而当合金在高温（250 ℃和 275 ℃）下时效时则未表现出显著的时效硬化效果。

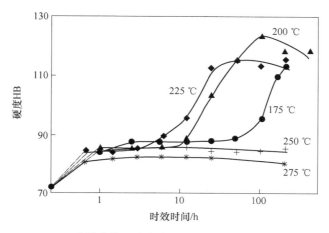

图 1-11　Mg-10.3Y%（质量分数）合金在 175~275 ℃温度区间中的时效硬化曲线

　　目前对 Mg-Y 二元合金时效过程中沉淀相的析出过程进行了大量研究工作，关于 Mg-Y 二元合金时效过程中沉淀序列的普遍共识为：α-Mg（S. S. S. S.）→GP 区→β′（cbco，$Mg_7Y$）→ β（bcc，$Mg_{24}Y_5$ 平衡相）。J. F. Nie 等人研究发现，Mg-2.32%Y（原子数分数）合金在时效初期存在 Y 原子聚集区，观察到沿 $[0001]_{\alpha-Mg}$ 方向有 1~6 个富 Y 原子列构成的有序溶质团簇。并且溶质团簇与 α-Mg 基体完全共格；相邻两个富 RE 原子列沿 $\langle 10\bar{1}0 \rangle_{\alpha-Mg}$ 方向的距离为 0.37 nm；由两个富 RE 原子列构成的溶质团簇可作为其他溶质团簇的构建块（building block）。β′相是合金峰值时效阶段的重要强化相，其为底心正交结构（cbco）：$a = 0.640$ nm，$b = 2.223$ nm，$c = 0.521$ nm，它和 α-Mg 基体的位向关系为：$(100)_{\beta'}$ // $\{2\bar{1}\bar{1}0\}_{\alpha-Mg}$，$[001]_{\beta'}$ // $[0001]_{\alpha-Mg}$。Mg-Y 合金中的峰值时效强化相 β′（$Mg_7Y$）和 Mg-Gd 合金中的峰值时效强化相 β′（$Mg_7Gd$）的晶体结构一样，但是由于两种强化相的晶格常数略有不同，其与 α-Mg 基体具有不同的错配度，因此其形貌存在一定差异。

　　C　Mg-Gd-Y-Zr 系镁合金

　　由上述对于 Mg-Gd 系和 Mg-Y 系镁合金的介绍可知，两种镁合金均是时效强化型的镁合金，其中 Mg-Gd 系合金的性能优于 Mg-Y 系合金的性能，但是 Mg-Gd 系合金的成本相对较昂贵。因此向 Mg-Gd 系合金中添加价格相对低廉的稀土元素 Y 可以降低合金的成本，从而开发出了 Mg-Gd-Y 系新型合金。细晶强化对镁合金力学性能的改善至关重要，Zr 元素是一种能够有效细化镁合金晶粒尺寸的高效细化剂，Mg-Gd-Y-Zr 系镁合金目前备受科研工作者的青睐，其固溶时效等热处理过程的组织结构演变已经进行了大量研究工作。

何上明等人研究了 GW63K、GW83K、GW103K 和 GW123K 合金的时效硬化过程，如图 1-12 所示。研究发现，Mg-Gd-Y-Zr 系镁合金均能够通过时效过程显著改善合金的力学性能，峰值时效状态下的析出相为 $Mg_5(Gd, Y)$，通过不同温度和时间的时效处理后合金的性能均得到不同程度的增加。

GWQ832K、GW83K 和 GW103K 合金不同温度下时效过程的峰值时效硬度及到达峰值时效的时间等参数，见表 1-4。从目前的研究现状不难发现 Mg-Gd-Y-Zr 系镁合金在时效处理时，均需要较长的时间才能到达峰值时效状态，如果能够缩短合金到达峰值时效的时间将有力推动 Mg-Gd-Y-Zr 系镁合金的应用。

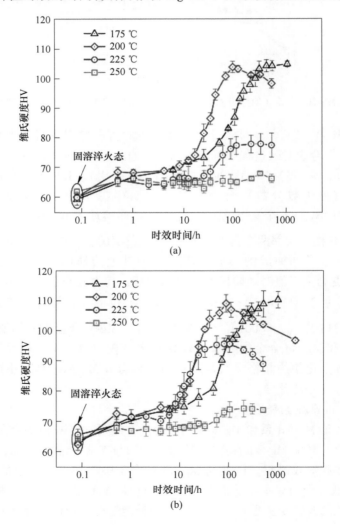

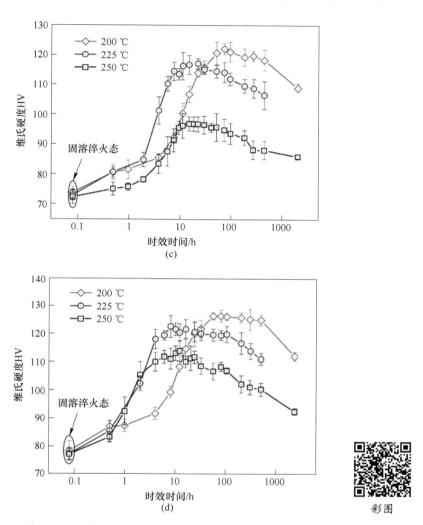

图 1-12 温度对 Mg-Gd-Y-Zr 合金时效硬化特性的影响

（a）GW63K 镁合金；（b）GW83K 镁合金；（c）GW103K 镁合金；（d）GW123K 镁合金

表 1-4 GWQ832K、GW83K 和 GW103K 合金的时效参数

| 合金 | 时效温度/℃ | 到达峰值时效的时间/h | 峰值时效硬度 HV |
|---|---|---|---|
| Mg-6Gd-3Y-0.5Zr | 200 | 104 | 80 |
| | 225 | 78 | 100 |
| Mg-8Gd-3Y-0.5Zr | 200 | 109.4 | 80 |
| | 225 | 95.9 | 16 |

| 合金 | 时效温度/℃ | 到达峰值时效的时间/h | 峰值时效硬度 HV |
|---|---|---|---|
| Mg-10Gd-3Y-0.5Zr | 200 | 122.4 | 80 |
| | 225 | 117.4 | 16 |
| Mg-12Gd-3Y-0.5Zr | 200 | 126.4 | 80 |
| | 225 | 122.6 | 16 |
| Mg-7Gd | 220 | 10 | 77 |
| Mg-7Gd-1Y | 220 | 32 | 87 |
| Mg-7Gd-3Y | 220 | 64 | 91 |
| Mg-7Gd-5Y | 220 | 120 | 99 |

## 1.2 稀土在镁合金中的作用

稀土（Rare Earth）元素是由门捷列夫元素周期表中镧系元素——镧（La）、铈（Ce）、镨（Pr）、钕（Nd）、钷（Pm）、钐（Sm）、铕（Eu）、钆（Gd）、铽（Tb）、镝（Dy）、钬（Ho）、铒（Er）、铥（Tm）、镱（Yb）、镥（Lu）和与其化学性质相似的第三副族元素钪（Sc）和钇（Y）共 17 种金属元素组成。根据稀土元素物理化学性质的差异，以及分离工艺上的特点，稀土元素通常被分为两大类，一是稀土元素钆之前的镧、铈、镨、钕、钷、钐、铕几种稀土元素（被称为轻稀土元素或铈组稀土元素），二是稀土元素钆及钆之后的铽、镝、钬、铒、铥、镱、镥、钇几种稀土元素（被称为重稀土元素或钇组稀土元素）。稀土元素自 18 世纪 90 年代发现以来，由于其独特的物理化学性质和特殊的电子层结构，在冶金、化工、功能材料、医疗卫生等行业中得到了广泛的应用。与此同时，稀土元素作为一种重要的合金化元素，在改善镁合金组织性能等方面也起到了重要作用，并推动了镁合金在更广泛领域的应用。

### 1.2.1 稀土元素的除氢作用

在镁合金熔炼过程中，在高温下由于镁可能会与附着在合金表面的水汽反应生成溶解态的氢，而溶解于镁合金熔体中的氢是铸件产生气孔、缩孔及缩松等铸造缺陷的重要原因之一。因此，必须降低镁合金熔体中的氢含量以确保铸造镁合金的质量。当稀土元素加入镁合金熔体后，溶解态的稀土元素会与熔体中的水汽反应生成稀土氢化物和稀土氧化物，从而达到除氢的目的。

镁合金熔体中稀土元素的除氢反应过程为：

$$3H_2O(g) + 5[RE] \Longrightarrow 3REH_2 + RE_2O_3$$

不同稀土元素在镁合金熔体中的除氢反应在 1033 K 时的吉布斯自由能变化见表 1-5。由表可知，稀土元素在镁合金熔体中的除氢反应吉布斯自由能变化为负值，所以稀土元素的添加在镁合金熔体中能够起到除氢的目的。

表 1-5 稀土在镁合金熔体中除氢反应的自由能变化

| 稀土 | $\Delta G^{\ominus}/(J \cdot mol^{-1})$ | $\Delta G/(J \cdot mol^{-1})$ |
|---|---|---|
| Y | −1400921 | −974337 |
| La | −1411155 | −984571 |
| Ce | −1180705 | −754121 |
| Nd | −1314842 | −888256 |
| Pr | −1358471 | −931887 |

## 1.2.2 稀土元素去除氧化夹杂的作用

镁合金中的夹杂物以 MgO 为主。一般金属熔化时的氧化行为受氧化膜性质的影响，根据 Pilling Bedwrorth 提出的氧化膜致密度 $\alpha$ 原则，$\alpha_{MgO} < 1$，因此 MgO 膜属于疏松型，对合金熔体不会起到保护作用。稀土元素与氧的亲和力大于镁与氧的亲和力，因此，稀土加入镁合金熔液后，将首先形成稀土氧化物，使形成 MgO 的能力减弱，同时 $\alpha_{RE_2O_3} > 1$，因此形成的 $RE_2O_3$ 还能够对镁合金熔体起到一定的保护作用。部分元素氧化物的 $\alpha$ 值，见表 1-6。

表 1-6 某些元素氧化物的 $\alpha$ 值

| 元素 | Mg | Al | Be | La | Ce | Y | Sc |
|---|---|---|---|---|---|---|---|
| 氧化膜 | MgO | $Al_2O_3$ | BeO | $La_2O_3$ | $Ce_2O_3$ | $Y_2O_3$ | $Sc_2O_3$ |
| $\alpha$ | 0.81 | 1.28 | 1.68 | 1.10 | 1.16 | 1.39 | 1.19 |

稀土元素在镁合金熔体中去除氧化镁夹杂的反应过程如下：

$$3MgO + 2[RE] \Longrightarrow RE_2O_3 + 3Mg(l)$$

稀土元素的化学性质非常活泼，镁合金中添加稀土后，能够起到去除氧化夹杂的作用，从而净化合金熔体。通过对合金熔体中稀土去除氧化镁夹杂的热力学计算表明，当温度为 1033 K 时，稀土元素与镁合金熔体中氧化镁反应的吉布斯自由能变化范围为 −399055 ~ −309152 J/mol，表明添加稀土后，稀土元素能够与合金熔体中的氧化镁反应，并起到去除氧化镁夹杂的作用。稀土元素与镁合金熔体中氧化镁夹杂反应在 1033 K 下的吉布斯自由能变化，见表 1-7。与此同时，稀土的加入还能够改善镁合金熔体和熔渣的表面张力、流动性和黏度等物理化学性质。

表 1-7　稀土在镁合金熔体中与氧化物夹杂反应的自由能

| RE | $\Delta G^{\ominus}/(\mathrm{J}\cdot\mathrm{mol}^{-1})$ | $\Delta G/(\mathrm{J}\cdot\mathrm{mol}^{-1})$ |
|---|---|---|
| Y | −533369 | −399055 |
| La | −443446 | −309152 |
| Ce | −493931 | −359617 |
| Nd | −490284 | −355970 |
| Pr | −508229 | −373915 |

### 1.2.3　稀土元素对镁合金组织性能的影响

镁合金由于具有较大的比强度和比刚度、优良的电磁屏蔽性能和可回收利用等优点，正在成为继铝合金之后又一重要的轻质结构合金材料，其中 AZ 系镁合金因兼有较好的力学性能和铸造成型性能，成为镁合金中重要的合金系列。AZ系镁合金虽然比强度和比刚度较大，但是室温下合金的力学性能与其他金属结构材料相比仍存在一定的差距。改善镁合金的组织性能一直是镁合金研究领域的重要方向，其中稀土元素作为一种行之有效的合金化元素，对合金性能的改善效果已经得到了广大科研人员的认同。

轻稀土元素的添加能够改善镁合金的组织和室温力学性能，胡勇等人研究发现，稀土 Ce 的添加能够使合金的组织更加均匀并改善合金的力学性能，当稀土Ce 的添加量超过 1% 时，合金的抗拉强度和伸长率开始降低。黄正华等人研究发现，添加稀土 Ce 后的实验合金中形成的 $Al_4Ce$ 相能够阻碍枝晶的自由生长，合金中的 $\beta\text{-}Mg_{17}Al_{12}$ 相也随着 Ce 的添加含量减少并得到细化，稀土 Ce 的添加量为0.7% 时，对组织的细化效果最显著，合金的综合力学性能最优。高霞等人的实验表明，合金中稀土 Ce 的添加量为 0.8% 时，合金的性能最优，而当 Ce 添加量达到 1.0% 时，强度反而降低。艾庐山等人发现 Ce 对 AZ91 镁合金具有明显的变质效果，稀土 Ce 的添加量为 1.2% 时，共晶 β 相完全变为颗粒相，弥散分布于晶界处，合金的组织得到了较好的细化效果并变得更均匀。

综合以上轻稀土 Ce 对镁合金组织性能的影响可以发现，即便是同一种稀土元素 Ce，不同研究者得出的稀土元素的最适添加量以及其对 AZ91 镁合金性能的改善程度也不尽相同。对存在差异性的结果分析发现，不同研究者进行实验合金制备时合金凝固过程存在一定的差别，具体体现在实验合金制备所用的模具、模温以及试样尺寸等存在差异。胡勇的实验合金是在钢模中制备的 $\phi$30 mm ×120 mm 铸锭，黄正华的实验合金是在预热温度为 400 ℃的金属模具中制备而成，高霞的实验合金是在金属型中浇铸成 20 mm 厚的板材，艾庐山的实验合金是在石墨模具中浇铸成 $\phi$20 mm×50 mm 的铸锭。这些铸造工艺上的差别，会引起合金凝固过程的不同，凝固过程会影响合金的铸态组织，进而可能会改变合金的性能，最终导致实验结果存在差异性。

重稀土元素 Y 也能对 AZ91 镁合金的组织和性能起到改善作用，李金锋、姚素娟、许春香等人的研究虽然都是针对 Y 对 AZ91 镁合金的组织及性能方面的影响，但得到的结果也并不完全一致。首先，在最适加入量上就有很大的差别，李金锋的研究结果显示，当 Y 加入量为 0.9% 时，晶粒最细小，Y 的加入量大于 0.9% 时，晶粒开始粗化。而姚素娟认为当 Y 的加入量为 1.52% 时合金的细化程度最大。许春香则得到 Y 的加入量为 0.7% 时合金共晶组织最细小，而晶粒最大的结论，稀土 Y 的加入非但没有细化晶粒，反而粗化了晶粒。对于性能方面的研究，也存在比较大的分歧，李金锋发现当 Y 加入量为 0.9% 时，合金的室温力学性能达到最佳，且比未加稀土时均有提升。而许春香的实验结果发现，Y 的加入使合金的室温力学性能下降，而高温力学性能（200 ℃）增强。这些分歧的存在，除了实验的偶然因素外，还有一个很重要的因素是合金成型工艺上的差别，李金锋的实验合金是通过预热 300 ℃ 的金属模浇铸而成，姚素娟的实验合金是在石墨模具中制备的直径为 40 mm 的试样，而许春香的试样是在预热 200 ℃ 左右的金属模具中制备的。同样是稀土元素 Y 对 AZ91 镁合金组织性能的影响，得到的结论并不完全一致，这其中制备工艺上的差异起到了关键的影响。

AZ 系镁合金中的强化相为 $Mg_{17}Al_{12}$，但是其熔点较低，热稳定性较差，不适合在高温环境下使用，而稀土元素 Gd 对 AZ 系镁合金进行合金化处理能够改善镁合金的耐热性。李全安等人研究发现稀土 Gd 的添加细化了合金的晶粒和 $\beta\text{-}Mg_{17}Al_{12}$ 相，形成了高熔点的 $Al_2Gd$ 相，使合金的高温性能得到改善。稀土 Gd 作为合金化元素能够显著改善镁合金的耐热性能，如 Mg-Gd-Y 系耐热镁合金的开发。靳广永等人研究发现稀土 Gd 能够改善 Mg-2Al-Zn 合金的室温力学性能。

稀土元素对镁合金进行改性，由于稀土元素的成本较高，通常也会采取稀土元素复合添加的形式，来改善镁合金组织和性能。Xie Jianchang 研究了稀土元素 Y 和 Nd 复合添加对 AZ81 镁合金高温力学性能的影响，研究发现复合添加稀土元素同样能够改善镁合金的组织性能，同时还降低了实验成本。A. Boby 等人研究发现，Y 和 Sb 复合添加到 AZ91 中也能够起到 Y 单独添加对镁合金组织性能的改善效果。

## 1.3 镁合金的强化机制

纯镁的塑性和强度较低，不能够满足结构材料的要求。为此，改善镁合金的性能是推动镁合金作为结构材料应用的重要途径。通过对镁采取合金化处理、控制制备工艺等手段均可以改善镁合金的力学性能。对于镁合金的强化机制，广大学者进行了长期大量的研究，总的说来，镁合金的强化机制主要包括细晶强化、第二相强化和固溶强化三类，三种强化机制在改善镁合金性能时共同作用，并根据合金制备工艺和合金化元素种类和含量的差异发挥着不同程度的作用。

### 1.3.1 细晶强化

细晶强化是合金强化机制中的一种重要强化机制，一般来说合金是由大量晶粒组成的多晶体，单位面积中晶粒数越多，即晶粒尺寸越小，则合金组织越均匀，相应的合金性能就越好。在合金中，位错塞积群的位错数 $n$ 与障碍物至位错源的距离 $L$ 成正比，经过统计，塞积群在障碍处产生的应力集中 $\tau$ 可以表示为：

$$\tau = n\tau_0 \tag{1-1}$$

式中，$\tau_0$ 为滑移方向的分切应力值。由表达式（1-1）可知，在位错塞积群处产生的应力集中与位错数有关，其应力值是位错数的倍数。因此，合金中塞积的位错数越多，引起的应力集中现象越明显。

在多晶体中，合金的屈服强度与滑移是否能够从已经塑性变形的晶粒转移到临近晶粒中紧密相关。而这种现象能否发生，主要取决于在已经发生滑移的晶粒晶界附近由位错塞积群产生的应力集中，是否能够使相邻晶粒滑移系中的位错源移动起来，从而引起合金中的多滑移。合金中晶粒尺寸越小，对位错运动过程的阻力就越大，进而使晶体发生滑移需要更大的外力，因此合金的晶粒尺寸越小，合金的屈服强度越大。细晶强化是材料强化机制中唯一可以既提高材料的强度又不会降低材料塑性的强化机制，材料中晶粒尺寸越小，材料受力过程中的变形就可以在更多晶粒中进行，使得材料的变形更均匀，在断裂失效之前能够承受更大的变形量。

在大量实验基础上，建立了金属屈服强度与晶粒尺寸之间的定量关系表达式（Hall-Petch 关系式）：

$$\sigma_s = \sigma_0 + kd^{-\frac{1}{2}} \tag{1-2}$$

式中，$\sigma_0$ 为阻止位错滑移的摩擦力；$d$ 为合金的平均晶粒尺寸；$k$ 为与材料相关的系数，对于纯镁和镁合金，$\sigma_0$ 约为 21 MPa。$k_{Mg}$ 值一般为 180 ~ 400 MPa $(\mu m)^{1/2}$，比大部分体心立方和面心立方金属大数倍，是铝合金的 4 倍左右（$k_{Al} \approx 68$ MPa $(\mu m)^{1/2}$）。因此，晶粒细化对于镁合金强度的改善效果十分显著。同时，晶粒细化也是改善合金塑性的重要方法。

通过稀土元素对镁合金进行合金化处理时，根据相关文献的研究，表明稀土元素添加到镁合金中能够细化镁合金的铸态平均晶粒尺寸，另外冷却速度变化也能够细化镁合金的铸态晶粒尺寸，因而对镁合金进行稀土元素合金化处理和增加镁合金的冷却速度均能够对镁合金起到细晶强化的作用，使镁合金的性能得到相应的改善。

### 1.3.2 第二相强化

第二相强化是合金强化机制中另一种重要强化机制，第二相强化与合金中第二相的尺寸、分布以及第二相的强度韧性等性能指标密切相关。因此，合金中第二相能否对合金的性能起到强化作用，与第二相的存在状态和自身性质密切相关。

合金中一般除了基体相外，还会存在一些其他相（第二相），当第二相尺寸较小且在合金中弥散分布时会对合金性能起到强化作用。当合金中存在的纳米级颗粒具有一定的强度，以致使堆积在其周围的位错在通过颗粒时，既不能切过颗粒也不能使颗粒破裂，而是在颗粒前发生弯曲，最终绕过颗粒并留下位错环，这种细小的颗粒与位错的相互作用对合金性能的改善，可以用 Orowan 强化机制来解释。位错通过颗粒时，发生弯曲并绕过颗粒需要附加一定的应力，其应力值可由 Orowan 强化模型进行定量计算。

$$\sigma_{or} = \frac{m\mu b}{1.18 \times 2\pi \times (\lambda - \phi)} \ln\left(\frac{\varphi}{2b}\right) \tag{1-3}$$

$$\lambda = \frac{1}{\sqrt{N_V \phi}} \tag{1-4}$$

$$f_V = \frac{\pi \phi^3 N_V}{6} \tag{1-5}$$

应力值也可表示为：

$$\sigma_{or} = \frac{m\mu b}{1.18 \times 2\pi\phi\left(\sqrt{\frac{\pi}{6f_V}} - 1\right)} \ln\left(\frac{\phi}{2b}\right) \tag{1-6}$$

式中，$\sigma_{or}$ 为 Orowan 的强度值；$m$ 为 Taylor 因子；$\mu$ 为剪切模量；$b$ 为柏氏矢量；$\phi$ 为第二相颗粒尺寸；$\lambda$ 为可以通过滑移面上颗粒数目；$N_V$ 为单位体积内颗粒数目；$f_V$ 为颗粒体积分数。

J. F. Nie 等人研究表明，基于 Orowan 位错绕过机制，与平行于基体的析出相相相比，垂直于基体的杆状相的强化效果更显著。假设杆状相垂直于基体分布，且无相互作用，其对合金屈服强度的贡献量为：

$$\sigma = \frac{Gb}{2\pi\sqrt{1 - \nu}\left(\frac{0.953}{\sqrt{f_V}} - 1\right)d_t} \ln\left(\frac{d_t}{b}\right) \tag{1-7}$$

式中，$G$ 为基体的剪切模量；$b$ 为柏氏矢量；$\nu$ 为泊松比；$d_t$ 为析出相的平均尺寸；$f_V$ 为析出相的体积分数。可知，由第二相引起的合金屈服强度的增加与合金中第二相的尺寸和体积分数密切相关。

合金中的第二相尺寸会影响第二相对合金屈服强度的改善情况。一般来说，合金中的第二相，依据其尺寸不同可分为三类。一是粗大第二相，主要来自原始铸造组织中尺寸范围为 $0.5 \sim 10 \mu m$ 的第二相。大部分情况下，这些粗大的第二相属于硬脆相，几乎无变形能力，在合金受力过程中，在大尺寸第二相附近会形成较大的应力集中。使得第二相容易发生断裂形成微裂纹，表现出对力学性能的不利影响。二是中等尺度的第二相，其尺寸范围为 $0.05 \sim 0.5 \mu m$。这种尺度的第二相对于合金力学性能的改善存在双重且相互对立的影响，一方面这些弥散相能够有效抑制再结晶，细化合金的晶粒尺寸，对合金力学性能的改善有益；另一方面这些第二相在合金受力时容易发生界面脱黏现象而形成小孔穴，从而加快由粗大第二相引起的微裂纹的连接和聚合，对于力学性能的改善不利。因此，中等尺度的第二相，对于合金力学性能的改善依据具体情况而不同。三是小尺度的第二相，尺度在纳米级的小尺度第二相能够作为强化相来阻碍位错的运动，从而能够改善合金的力学性能。

稀土元素对镁合金进行合金化处理时，形成的含稀土化合物相能否对镁合金起到第二相强化作用，与稀土相的尺寸、性质和分布息息相关，但是稀土元素添加到 AZ 系镁合金中引起的 $\beta$-$Mg_{17}Al_{12}$ 相的细化和使其弥散分布的结果，有利于 $\beta$-$Mg_{17}Al_{12}$ 相发挥其第二相强化作用。

### 1.3.3　固溶强化

固溶强化是材料强化机制中的另一种重要的强化方法，其主要通过溶质原子和位错之间的作用来改善合金的性能。按照溶质原子的分布情况，固溶强化可分为均匀强化和非均匀强化，当溶质原子均匀分布时即为均匀强化，当溶质原子随机分布时被称为非均匀强化。Cottrell 气团、Snoek 气团、Suzuki 气团等类型气团产生的强化作用，化学相互作用强化、静电相互作用强化和有序强化等均属于非均匀固溶强化。

合金中的固溶强化主要体现在，在固溶体中随着溶质原子浓度的增加，固溶体的强度和硬度会得到改善，而塑性韧性有所下降。其中如果溶质原子和溶剂原子二者的原子半径相差较大，所引起的晶格畸变也较大时，固溶强化改善合金性能的作用就越显著。同时，间隙固溶造成的晶格畸变要比置换固溶造成的晶格畸变大，因而间隙固溶引起的强化效果相较于置换固溶而言更显著。随着溶质原子浓度的增加，固溶强化效率相应增加，而影响溶质原子固溶度的主要因素有，原子尺寸因素、电负性因素、电子浓度因素和晶体结构因素等。根据 Hume-Rothery 准则，溶质原子和溶剂原子的半径差在 ±15% 以内时有利于溶质原子的固溶，当超过 15% 时不利于溶质原子的大量固溶。如果溶质原子和溶剂原子的电负性差值较大，则不利于形成固溶体，而是形成金属间化合物，例如 Gordy 定义的电负性差值相差 0.4 以上时，固溶度就极小。合金晶体结构中价电子总数与原子总数之比（电子浓度）为：

$$\frac{e}{a} = \frac{V_A(100 - r) + V_B r}{100} \tag{1-8}$$

式中，$r$ 为溶质原子的摩尔分数；$V_A$ 为溶剂原子的价电子数；$V_B$ 为溶质原子的价电子数。一般来说电子浓度值大于 0.4 时，固溶体就不稳定，容易转换成金属间化合物。此外，如果溶剂原子和溶质原子的晶体结构相同则有利于置换固溶体的形成，当溶剂原子和溶质原子的晶体结构不同时，形成固溶体的难度加大。不同稀土元素在镁合金中的固溶能力不同，通过合金化方式改善镁合金性能时，由固溶强化引起的性能改善程度也就存在差异，稀土元素在镁中的极限固溶度，见表 1-8。

**表 1-8 稀土元素在镁中的最大固溶度**

| 稀土元素 RE | 原子序数 | 共晶温度 /℃ | 最大固溶度 | | 稀土元素 RE | 原子序数 | 共晶温度 /℃ | 最大固溶度 | |
|---|---|---|---|---|---|---|---|---|---|
| | | | 元素的质量分数 /% | 元素的原子数分数 /% | | | | 元素的质量分数 /% | 元素的原子数分数 /% |
| La | 57 | 613 | 0.79 | 0.14 | Gd | 64 | 548 | 23.5 | 4.53 |
| Ce | 58 | 590 | 1.6 | 0.28 | Tb | 65 | 559 | 24 | 4.57 |
| Pr | 59 | 575 | 1.7 | 0.31 | Dy | 66 | 561 | 25.8 | 4.83 |
| Nd | 60 | 548 | 3.6 | 0.63 | Ho | 67 | 565 | 28 | 5.44 |
| Pm | 61 | 550 | 2.9 | 0.5 | Er | 68 | 584 | 32.7 | 6.56 |
| Sm | 62 | 542 | 5.8 | 0.99 | Tm | 69 | 592 | 31.8 | 6.26 |
| Eu | 63 | 571 | ≈0 | ≈0 | Yb | 70 | 509 | 3.3 | 0.48 |
| Y | 39 | 565 | 12 | 3.35 | Lu | 71 | 616 | 41 | 8.8 |

为了研究固溶原子对合金屈服强度的影响，Fleischer 和 Labusch 考虑到溶质原子和溶剂原子之间的尺寸错配和模量错配等因素提出了各自的经典固溶强化理论。Fleischer 固溶强化理论认为，合金的屈服强度与固溶原子浓度的二分之一次方成正比，固溶原子浓度与合金屈服强度之间的关系可表示为：

$$\sigma_{ys} = \sigma_0 + Z_F G(\alpha^2 \delta^2 + \eta^2)^{\frac{3}{2}} c^{\frac{1}{2}} \tag{1-9}$$

Labusch 固溶强化理论认为，合金的屈服强度与固溶原子浓度的三分之二次方成正比，固溶原子浓度与合金屈服强度之间的关系可表示为：

$$\sigma_{ys} = \sigma_0 + Z_L G(\alpha^2 \delta^2 + \eta^2)^{\frac{2}{3}} c^{\frac{2}{3}} \tag{1-10}$$

式中，$\sigma_0$ 为纯金属的屈服强度；$\alpha$ 为常数；$\delta$ 为尺寸错配度；$\eta$ 为模量错配度；$c$

为溶质元素的浓度。由式（1-9）和式（1-10）可知，合金的屈服强度与固溶原子浓度的 $n$ 次方（$n$ 为 1/2 或 2/3）成正比，其斜率被定义为固溶原子的固溶强化因子。

　　Gypen 基于 Labusch 和 Fleischer 提出的经典固溶强化理论忽略溶质原子和基体原子之间的尺寸错配和模量错配，提出了多元合金固溶强化模型：

$$\Delta\sigma = \left( \sum_i k_i^{\frac{1}{n}} c_i \right)^n \tag{1-11}$$

式中，$n$ 为常数（镁合金一般取 2/3）；$c_i$ 为固溶元素 $i$ 的原子浓度；$k_i$ 为固溶元素 $i$ 的固溶强化系数。

　　目前，镁合金中稀土元素固溶强化机制的研究还比较少，但是也受到了部分学者的关注并进行了相应的研究，Yasummas Chino 等人研究表明，稀土元素 Ce 在镁合金中会以少量固溶的形式存在于镁基体中，可以改善合金的抗拉强度，同时稀土元素的加入会引起非基面滑移的进行，在一定程度上提高了合金的塑性。Agnew 等人研究发现，稀土 Y 在镁合金中的固溶，改善了镁合金的韧性，提高了其塑性变形能力。Cáceres 等人研究发现，镁铝合金中随着 Al 含量的增加（Al 在 Mg 中固溶量的增加），合金的显微硬度随着 Al 含量的增加，呈现线性增加的趋势，合金的屈服强度与 Al 含量的 $n$（$n = 1/2 \sim 2/3$）次方呈线性关系。Somekawa 等人研究发现，Zn 在 Mg-Zn 二元合金中的固溶提高了合金的断裂韧性，断裂韧性与 Zn 含量的三分之一次方成正比。

## 1.4　镁合金的应用

　　镁合金具有良好的综合力学性能、阻尼减振性能、电磁屏蔽性能、可生物降解性能，在航空航天、交通运输、移动通信、笔记本电脑、国防工业、医药卫生等领域具有广阔的应用前景。而镁合金的塑性变形能力较差，铸造镁合金在镁合金应用领域发挥了无可替代的作用。

### 1.4.1　国防军工领域

　　具有质轻、比强度高、比刚度高、阻尼减振、电磁屏蔽以及铸造、切削加工性能优异和易回收等优点的镁合金材料在大飞机、载人航天、探月工程等国家重大工程和军事领域的轻量化和减重方面发挥着越来越关键的作用，日益受到重视，应用面逐渐扩大。军用机、机载雷达、运载火箭、武器弹药、人造卫星上均选用了部分镁合金构件，镁合金在卫星蜂窝结构蒙皮上的应用，对卫星减重效果十分显著。地空导弹的仪表舱、尾舱和发动机支架等零部件也已经使用镁合金材料进行制备。镁合金在武器轻量化领域也发挥了不可替代的作用，通过锻造或铸造成型方式，质轻、减震性好的镁合金已经在冲锋枪机匣、枪托体、瞄具座、小弹匣座以及军用铸造发动机等军用武器装备上得到了相关应用。

飞机结构中除了内部支架框架以外，地板、舱板等最适合使用宽幅镁合金薄板。有试验结果表明，飞机减重 1 磅（1 磅＝0.453592 kg）所带来的经济效益分别为，商用机 300 美元，战斗机 3000 美元，航天器 30000 美元，综合减重效果比铝合金高出 25%~35%。此外，导弹每减重 1 kg，射程可增加 15 km；火箭每减重 1 kg，可减少发射费用 2 万美元。欧洲空客公司早在 20 世纪就开发了镁合金板，我国的西飞、成飞很早就在机体内使用了镁合金锻件、铸件和板材。高性能镁合金在航空航天和军工关键装备等领域应用潜力十分巨大。随着高性能镁合金的发展，镁合金在飞机发动机附件机匣、进气机匣、反推力叶栅，直升机传动系统机匣、导弹舱体、导弹弹翼，卫星舱体、战斗机驾驶舱框架，月球车机械臂、战车发动机部件、轮毂、框架，卫星部件，坦克零部件等领域的应用潜力将逐步释放。大飞机、载人航天、探月工程等国家重大工程和军事领域对轻量化和减重提出了非常苛刻的要求。因此，世界各国都在加快国防军工领域用轻质高性能镁合金结构材料的研发。

## 1.4.2 汽车工业领域

镁合金作为最轻的金属结构材料之一，在汽车轻量化领域也发挥了巨大的作用。2016 年 9 月 29 日世界第一辆镁合金轻量化电动客车在山东下线，该客车车身骨架（底盘除外）采用 200 kg 镁合金材料，车身骨架相对于铝合金骨架减重 110 kg，相对于钢铁材料减重 780 kg。在汽车工业中的方向盘、仪表盘、制动器、离合器、踏板架、轮毂、座位架、变速箱、发动机等零部件上都有镁合金压铸产品的应用。

2017 年 9 月，工业和信息化部、财政部、商务部、海关总署、国家市场监督管理总局等五部委共同发布了《乘用车企业平均燃料消耗量与新能源汽车积分并行管理办法》，对新能源汽车和汽车轻量化节能减排提出了具体目标。国家制造强国建设战略咨询委员会和工信部委托中国汽车工程学会，组织制订了《节能与新能源汽车技术路线图》，为汽车轻量化发展指出了清晰的目标和明确的技术途径。随着我国汽车工业的稳步发展和新能源汽车的快速发展，节能减排和环保要求日益严格，汽车轻量化显得越发重要。因此，镁合金作为重要的轻量化金属材料在汽车上的大规模应用需求十分旺盛。

近年来，我国汽车保有量稳步增加，消耗的石油占整个石油消费总量的59%。我国汽车轻量化效果较低，汽车平均百公里油耗远高于国外发达国家，对环境带来极大压力。与钢铁和铝相比，使用镁合金零部件产生的轻量化效果更加显著。每使用 1 kg 镁，可使轿车寿命期减少 30 kg 尾气排放。目前，北美汽车生产厂家每辆汽车用镁量为 1.5~3.5 kg，某些车型已超过 20 kg。根据我国汽车轻量化路线图，到 2025 年和 2030 年，单车用镁合金要分别达到 25 kg 和 45 kg。以 2025 年生产 3500 万辆、单车消耗 25 kg 镁合金测算，需求量为 87.5 万吨。以 2030 年单车用量 45 kg 计算，则需要 172 万吨。2019 年，我国生产纯电汽车 130 万辆，小型乘用车 2500 万辆，如果仅把每辆车的覆盖件改为 65 kg 的镁合金板材，就需要 203 万吨。长春一汽、上汽大众、重庆长安汽车等车企都已开始批量使用镁合金，展望未来，汽车用镁合金用量或将迎来井喷式增长。

在汽车、摩托车等交通工具领域，镁合金充分展示出质轻、减振性能优良的特点，已在以发动机和变速箱为代表的动力传动系统，以副车架、轮毂、悬架、转向器为代表的行驶转向系统，以车身、车门、前后舱体、仪表板支架、座椅骨架、中控支架为代表的车体及内装系统等形成了规模化应用。根据我国最新的汽车轻量化路线图，未来镁合金在汽车上的应用量将超过 100 kg/台。

与此同时，我国轨道交通发展迅猛，由于能源紧张和对节能减排、安全舒适的更高要求，轨道交通装备轻量化已成为轨道交通发展的重要课题。很多新建的轨道交通列车装备开始大面积使用铝合金等轻量化材料，产生了巨大的经济效益和社会效益。镁合金由于具有更高的比强度和比刚度、更好的减振降噪效果、更优异的电磁屏蔽效果，已在部分轨道交通内饰件和连接件上得到初步的规模应用。

新建的和即将更新换代的轨道交通装备是镁合金材料及制品的潜在应用对象，以长春轨道客车厂和唐山轨道客车厂等为代表的我国轨道交通列车年产量近几年均在 3000 辆左右，产值将超过 1200 亿元。山西银光华盛镁业等镁合金加工企业的镁制品已在 100 余条地铁、400 余条高铁线路上得到了应用，使整车车身得以减重，很大程度上提高了列车的动力，降低了能耗。随着轨道交通的快速发展和镁合金材料制备与加工技术的进步，具有优异性能的镁合金材料及制品必将在轨道交通装备上获得更加广泛的应用。

### 1.4.3 3C 产品领域

镁合金由于其优异的电磁屏蔽性能、出众的触感和外观感受，在移动通信领域得到了广泛的应用。在手机外壳、笔记本电脑外壳、手表外壳、照相机、摄像机、收音机、电视机、移动硬盘、U 盘等领域得到了广泛的应用，并受到了广大消费者的青睐。

镁合金已在笔记本电脑外壳领域得到广泛应用，目前惠普、戴尔、联想等主流品牌均大量使用，而且应用量正在呈上升趋势。采用镁合金挤压板材进行 CNC 机加工 3C 产品外壳，可以获得更好的力学性能和外观质量。因此，微软公司平板电脑外壳几乎都采用镁合金挤压板材，2017 年镁合金的采购量就在 1.5 万吨左右。应用镁合金的 3C 产品还包括投影仪、数码相机、网络通信设备、视听设备等。2024 年 1 月 9 日，在拉斯维加斯举办的 CES 2024 展上，联想发布了世界首款高亮不锈镁笔记本电脑-ThinkBook X Gen 4。该款电脑的外壳采用了上海交通大学丁文江院士、曾小勤教授团队开发的新型不锈镁合金，使 ThinkBook X Gen 4 的侧边呈现出令人惊艳的高光泽金属质感外观。

### 1.4.4　医疗卫生领域

镁合金的密度与人体骨骼的密度（$1.75~g/cm^3$）接近，镁合金的弹性模量也与人体骨骼的弹性模量相近，能缓解合金在人体内的"应力遮挡效应"，并且具有优良的力学性能，能够在人体内自行生物降解而无毒害，具有生物安全性，免除患者二次手术带来的痛苦，因此镁合金作为医用植入金属材料具有相当大的优势，已成为金属生物材料研发的热点。其在心血管支架、骨固定材料、多孔骨修复材料等生物医用金属植入材料领域得到了一定的应用。

生物镁合金的主要发展方向是骨科植入材料和心血管介入支架材料，镁合金骨科植入材料已在动物试验中显示出良好的性能，部分镁合金材料已在临床中用于非承力部位的骨植入。国外已有临床试验报道证实了镁合金用作可降解支架的可行性，可有效预防惰性支架长期在体内留存而造成的血管再狭窄问题。

### 1.4.5　储能材料领域

能源安全涉及经济安全和国家安全。全球化石能源严重不足，而太阳能、风能等再生能源并网难度极大。为了节省能源和充分利用再生能源，大力推广氢气清洁能源的应用，必须加快发展新型储能技术。镁基储能材料主要包括镁基储氢材料和镁电池。镁及其合金可与氢形成 Mg-H 化合物，例如 $Mg_2Ni$、$Mg_2Cu$、$Mg(BH_4)_2$ 等镁基储氢材料，稳定储氢量质量分数为 2%～15%，且具有较好的吸放氢动力学，部分体系非常接近燃料电池中质子交换膜的工作温度（约 80 ℃），为未来规模化应用打下了基础。镁电池的应用将推动电池工业的颠覆性革命，市场容量将超万亿美元。

2023 年 5 月 29 日，由上海交通大学氢科学中心牵头研发的全球首台吨级镁基固态储运氢原理样车亮相上海交通大学闵行校区。该车装载的镁基固态储运氢装置为 40 尺集装箱大小，箱体总重 32.5 t，其中装填镁合金材料 14.4 t，最大储氢量 1.03 t，12 h 内可吸氢 900 kg 以上，放氢 860 kg，且可常温低压存储和运输氢气，运氢量约是目前主流 20 MPa 高压长管拖车的 3 倍以上，具有安全性高的特点，可用于加氢站、氢冶金、氢化工、储能等领域的氢气储存与运输。因此，镁合金在储能材料领域同样具有非常广阔的应用前景。

# 参 考 文 献

[1] Niu L Y, Jiang Z H, Li G Y, et al. A study and application of zinc phosphate coating on AZ91D magnesium alloy [J]. Surface & Coatings Technology, 2006, 200 (9): 3021-3026.

[2] Zhang D, Qi Z, Wei B, et al. Low temperature thermal oxidation towards hafnium-coated magnesium alloy for biomedical application [J]. Materials Letters, 2017, 190: 181-184.

[3] 訾炳涛, 王辉. 镁合金及其在工业中的应用 [J]. 稀有金属, 2004, 28 (1): 229-232.

[4] 翟春泉, 曾小勤, 丁文江, 等. 镁合金的开发与应用 [J]. 铸造工程, 2000, 24 (1): 6-9.

[5] Tan L, Dong J, Chen J, et al. Development of magnesium alloys for biomedical applications: structure, process to property relationship [J]. Materials Technology, 2018, 33 (3): 235-243.

[6] Lin D J, Hung F Y, Yeh M L, et al. Development of a novel micro-textured surface using duplex surface modification for biomedical Mg alloy applications [J]. Materials Letters, 2017, 206: 9-12.

[7] Yamashita A, Horita Z, Langdon T G. Improving the mechanical properties of magnesium and a magnesium alloy through severe plastic deformation [J]. Materials Science & Engineering A, 2001, 300 (1): 142-147.

[8] Wang J L, Wan Y, Ma Z J, et al. Glass-forming ability and corrosion performance of Mn-doped Mg-Zn-Ca amorphous alloys for biomedical applications [J]. Rare Metals, 2018, 37 (7): 579-586.

[9] Oppedal A L, Kadiri H E, Tomé C N, et al. Anisotropy in hexagonal close-packed structures: improvements to crystal plasticity approaches applied to magnesium alloy [J]. Philosophical Magazine, 2013, 93 (35): 4311-4330.

[10] Guang Y Y, Yang S S, Wen J D. Effects of Sb addition on the microstructure and mechanical properties of AZ91 magnesium alloy [J]. Scripta Materialia, 2016, 43 (11): 1009-1013.

[11] Gao L, Chen R S, Han E H. Effects of rare-earth elements Gd and Y on the solid solution strengthening of Mg alloys [J]. Journal of Alloys & Compounds, 2009, 481 (1): 379-384.

[12] Zeng Z R, Bian M Z, Xu S W, et al. Effects of dilute additions of Zn and Ca on ductility of magnesium alloy sheet [J]. Materials Science & Engineering A, 2016, 674: 459-471.

[13] Chen J, Chen Z, Yan H, et al. Effects of Sn addition on microstructure and mechanical properties of Mg-Zn-Al alloys [J]. Journal of Alloys & Compounds, 2017, 461 (1/2): 209-215.

[14] Anil K, Santosh K, Mukhopadhyay N K. Introduction to magnesium alloy processing technology and development of low-cost stir casting process for magnesium alloy and its composites [J]. Journal of Magnesium and Alloys, 2018, 6 (3): 245-254.

[15] Osaki K, Nakai Y, Watanabé T. The crystal structures of magnesium formate dihydrate and manganous formate dihydrate [J]. Journal of the Physical Society of Japan, 2007, 19 (5): 717-723.

[16] 刘庆. 镁合金塑性变形机理研究进展 [J]. 金属学报, 2010, 46 (11): 1458-1472.

[17] Agnew S R, Ozgur Duygulu. Plastic anisotropy and the role of non-basal slip in magnesium alloy

AZ31B〔J〕. International Journal of Plasticity, 2005, 21（6）: 1161-1193.

〔18〕 Obara T, Yoshinga H, Morozumi S.｛11-22｝<1123> slip system in magnesium〔J〕. Acta Metallurgica, 1973, 21（7）: 845-853.

〔19〕 Par Jean François Stohr, Jean Paul Poirier. Etude en microscopie electronique du glissement pyramidal｛1122｝<1123> dans le magnesium〔J〕. Philosophical Magazine, 1972, 25（6）: 1313-1329.

〔20〕 Styczynski A, Hartig C, Bohlen J, et al. Cold rolling textures in AZ31 wrought magnesium alloy〔J〕. Scripta Materialia, 2004, 50（7）: 943-947.

〔21〕 Agnew S R, Yoo M H, Tomé C N. Application of texture simulation to understanding mechanical behavior of Mg and solid solution alloys containing Li or Y〔J〕. Acta Materialia, 2001, 49（20）: 4277-4289.

〔22〕 Agnew S R, Tomé C N, Brown D W, et al. Study of slip mechanisms in a magnesium alloy by neutron diffraction and modeling〔J〕. Scripta Materialia, 2003, 48（8）: 1003-1008.

〔23〕 张尚威. Al-Mn 中间合金对 Mg-Al-Mn 系合金组织及高温力学性能影响的研究〔D〕. 武汉: 武汉科技大学, 2016.

〔24〕 Antonyraj A, Eliezer D, Augustin C. Electrochemical studies of ZM alloy in aqueous electrolyte under static and dynamic conditions〔A〕. Proceeding of the Second Israeli International Conference on Magnesium Science and Technology "Magnesium 2000". Dead Sea, Israel, 2000, 401.

〔25〕 王跃琪. AZ91-$x$Mn 合金微观组织和耐蚀性能的研究〔D〕. 太原: 太原理工大学, 2011.

〔26〕 赵浩峰, 王玲, 吴红艳, 等. 镁-锰合金抗环境腐蚀性能的研究〔J〕. 轻合金加工技术, 2009, 37（2）: 45-47.

〔27〕 Sin S L, Dube D, Tremblay R. Characterization of Al-Mn particles in AZ91 dinvestment castings〔J〕. Materials Characterization, 2007, 58（10）: 989-996.

〔28〕 Ma Y, Zhang J, Yang M. Research on microstructure and alloy phases of AM50 magnesium alloy〔J〕. Journal of Alloys & Compounds, 2009, 470（1）: 515-521.

〔29〕 Chen B, Wang R C, Peng C Q, et al. Influence of Al-Mn master alloys on microstructures and electrochemical properties of Mg-Al-Pb-Mn alloys〔J〕. Transactions of Nonferrous Metals Society of China, 2014, 24（2）: 423-430.

〔30〕 Wei L Y, Dunlop G L, Westengen H. Age hardening and precipitation in a cast magnesium-rare-earth alloy〔J〕. Journal of Materials Science, 1996, 31（2）: 387-397.

〔31〕 王宝刚. AS 系镁合金变质处理及作用〔D〕. 抚顺: 辽宁石油化工大学, 2014.

〔32〕 王柏树. 轧制和快速凝固加工的 Mg-Y-Zn 合金的组织与性能〔D〕. 长春: 吉林大学, 2008.

〔33〕 贾俊豪. $Mg_2Si$ 增强 ZK60 镁合金 ECAP 变形组织及力学性能研究〔D〕. 太原: 太原理工大学, 2008.

〔34〕 白晶, 孙扬善, 薛烽, 等. Ca, Sr 加入对 Mg-Al 基合金显微组织和蠕变性能的影响〔J〕. 东南大学学报, 2007, 37（4）: 639-644.

〔35〕 康慧君. $Mg_3Zn_6Y$ 准晶颗粒增强 Mg-8Gd-3Y 复合材料组织和性能〔D〕. 哈尔滨: 哈尔滨

工业大学, 2009.

[36] 刘子利, 丁文江, 袁广银, 等. 镁铝基耐热铸造镁合金的进展 [J]. 机械工程材料, 2001, 25 (11): 1-4.

[37] 杨明波, 潘复生, 张静. Mg-Al 系耐热镁合金的开发及应用 [J]. 铸造技术, 2005, 26 (4):331-335.

[38] 张文毓. 高性能稀土镁合金研究与应用 [J]. 稀土信息, 2018 (4): 8-13.

[39] Wei J, Wang Q D, Zhang L, et al. Microstructure refinement of Mg-Al-RE alloy by Gd addition [J]. Materials Letters, 2019, 246: 125-128.

[40] Graf A. Chapter 3-aluminum alloys for lightweight automotive structures [M]. Materials, Design and Manufacturing for Lightweight Vehicles (Second Edition), MALLICK P K, Woodhead Publishing, 2021, 97-123.

[41] 万里, 吴晗, 胡祖麒, 等. 压射工艺及时效对 Al-5Mg-2Si-Mn 合金组织及性能的影响 [J]. 特种铸造及有色合金, 2013, 33 (3): 249-253.

[42] Cai H, Guo F, Su J, et al. Thermodynamic analysis of Al-RE phase formation in AZ91-RE (Ce, Y, Gd) magnesium alloy [J]. Physica Status Solidi (b), 2019, 257 (5): 1900453.

[43] Turen Y. Effect of Sn addition on microstructure, mechanical and casting properties of AZ91 alloy [J]. Materials & Design, 2013, 49: 1009-1015.

[44] Nami B, Miresmaeili S M, Jamshidi F, et al. Effect of Ca addition on microstructure and impression creep behavior of cast AZ61 magnesium alloy [J]. Transactions of Nonferrous Metals Society of China, 2019, 29 (10): 2056-2065.

[45] Suresh M, Srinivasan A, Ravi K R, et al. Influence of boron addition on the grain refinement and mechanical properties of AZ91 Mg alloy [J]. Materials Science and Engineering: A, 2009, 525 (1/2): 207-210.

[46] Hirai K, Somekawa H, Takigawa Y, et al. Effects of Ca and Sr addition on mechanical properties of a cast AZ91 magnesium alloy at room and elevated temperature [J]. Materials Science and Engineering: A, 2005, 403 (1/2): 276-280.

[47] Wang Q, Chen W, Ding W, et al. Effect of Sb on the microstructure and mechanical properties of AZ91 magnesium alloy [J]. Metallurgical & Materials Transactions A, 2001, 32 (13): 787-794.

[48] Yuan G, Sun Y, Ding W. Effects of bismuth and antimony additions on the microstructure and mechanical properties of AZ91 magnesium alloy [J]. Materials Science and Engineering: A, 2001, 308 (1): 38-44.

[49] Su G, Zhang L, Cheng L, et al. Microstructure and mechanical properties of Mg-6Al-0. 3Mn-$x$Y alloys prepared by casting and hot rolling [J]. Transactions of Nonferrous Metals Society of China, 2010, 20 (3): 383-389.

[50] Zhang J, Wang S, Zhang J, et al. Effects of Nd on microstructures and mechanical properties of AM60 magnesium alloy in vacuum melting [J]. Rare Metal Materials and Engineering, 2009, 38 (7): 1141-1145.

[51] Wang M, Zhou H, Wang L. Effect of yttrium and cerium addition on microstructure and

mechanical properties of AM50 magnesium alloy ［J］. Journal of Rare Earths, 2007, 25 （2）: 233-237.

［52］ Yong H, Li R. Effects of silicon on mechanical properties of AM60 magnesium alloy ［J］. China Foundry, 2012, 9 （3）: 244-247.

［53］ Kondori B, Mahmudi R. Effect of Ca additions on the microstructure, thermal stability and mechanical properties of a cast AM60 magnesium alloy ［J］. Materials Science and Engineering: A, 2010, 527 （7/8）: 2014-2021.

［54］ 刘时英. ZK 系镁合金轧制工艺及组织性能研究 ［D］. 长沙: 湖南大学, 2014.

［55］ Liu J W, Chen D, Chen Z H. Twinning in weld HAZ of ZK21 commercial magnesium alloy ［J］. Transactions of Nonferrous Metals Society of China, 2008, 18: 81-85.

［56］ Chen S L, Zhang F, Xie F Y, et al. Calculating phase diagrams using PANDAT and panengine ［J］. Jom, 2003, 55 （12）: 48-51.

［57］ 张宇. Ag 对 Mg-Gd(-Y)-Zr 合金微观组织、力学性能和腐蚀行为的影响 ［D］. 上海: 上海交通大学, 2017.

［58］ Celotto S. TEM study of continuous precipitation in Mg-9wt.% Al-1wt.% Zn alloy ［J］. Acta Materialia, 2000, 48 （8）: 1775-1787.

［59］ Geng J, Gao X, Fang X Y, et al. Enhanced age-hardening response of Mg-Zn alloys via Co additions ［J］. Scripta Materialia, 2011, 64 （6）: 506-509.

［60］ Oh-ishi K, Watanabe R, Mendis C L, et al. Age-hardening response of Mg-0.3at.% Ca alloys with different Zn contents ［J］. Materials Science and Engineering A, 2009, 526 （1/2）: 177-184.

［61］ Nie J F. Precipitation and hardening in magnesium alloys ［J］. Metallurgical and Materials Transactions A, 2012, 43A （11）: 3891-3939.

［62］ Gao X, He S M, Zeng X Q, et al. Microstructure evolution in a Mg-15Gd-0.5Zr （wt.%） alloy during isothermal aging at 250 ℃ ［J］. Materials Science and Engineering A, 2006, 431 （1/2）: 322-327.

［63］ Nishijima M, Hiraga K, Yamasaki M, et al. Characterization of β′ phase precipitates in an Mg-5at.% Gd alloy aged in a peak hardness condition studied by high-angle annular detector dark-field scanning transmission electron microscopy ［J］. Materials Transactions, 2006, 47 （8）: 2109-2112.

［64］ He S M, Zeng X Q, Peng L M, et al. Precipitation in a Mg-10Gd-3Y-0.4Zr （wt.%） alloy during isothermal ageing at 250 ℃ ［J］. Journal of Alloys and Compounds, 2006, 421 （1/2）: 309-313.

［65］ Rokhlin L L. Magnesium alloys containing rare earth metals: structure and properties ［M］. New York: CRC Press, 2003.

［66］ Nie J F, Wilson N C, Zhu Y M, et al. Solute clusters and GP zones in binary Mg-RE alloys ［J］. Acta Materialia, 2016, 106: 260-271.

［67］ 何上明. Mg-Gd-Y-Zr(-Ca) 合金的微观组织演变、性能和断裂行为研究 ［D］. 上海: 上海交通大学, 2007.

[68] Wang J, Meng J, Zhang D, et al. Effect of Y for enhanced age hardening response and mechanical properties of Mg-Gd-Y-Zr alloys [J]. Materials Science and Engineering：A, 2007, 456 (1/2)：78-84.

[69] Boynton W V. Chapter 3-cosmochemistry of the rare earth elements：meteorite studies [J]. Developments in Geochemistry, 1984, 2 (2)：63-114.

[70] 罗治平, 张少卿, 汤亚力, 等. 稀土在镁合金溶液中作用的热力学分析 [J]. 中国稀土学报, 1995, 13 (2)：119-122.

[71] 韩英芬, 刘建睿, 沈淑娟, 等. 镁合金中的非金属夹杂物及其净化方法 [J]. 铸造技术, 2006, 27 (6)：613-616.

[72] 韩英芬. AZ91 镁合金中非金属夹杂物的去除研究 [D]. 西安：西北工业大学, 2006.

[73] 胡勇, 饶丽, 黎秋萍. 稀土 Ce 含量对 AZ91D 镁合金组织和性能的影响 [J]. 材料热处理学报, 2014, 35 (4)：121-126.

[74] 黄正华, 郭学锋, 张忠明. Ce 对 AZ91D 镁合金力学性能与阻尼性能的影响 [J]. 稀有金属材料工程, 2005, 34 (3)：375-378.

[75] 高霞, 郭锋, 李鹏飞, 等. 稀土 Ce 对 AZ91D 镁合金组织及力学性能的影响 [J]. 内蒙古工业大学学报, 2010, 29 (1)：25-28.

[76] 艾庐山, 袁森, 康彦, 等. 添加稀土元素 Ce 对 AZ91D 镁合金组织的影响 [J]. 稀有金属快报, 2006, 25 (2)：31-35.

[77] 李金锋, 耿浩然, 杨中喜, 等. 钇对 AZ91 镁合金组织和力学性能的影响 [J]. 铸造, 2005, 54 (1)：53-56.

[78] 姚素娟, 李旺兴, 杨胜, 等. 钇对 AZ91 镁合金微观组织及腐蚀性能的影响研究 [J]. 中国稀土学报, 2007, 25 (3)：329-333.

[79] 许春香, 吕正玲. 钇对 AZ91 镁合金晶粒大小显微组织及力学性能的影响 [J]. 铸造, 2009, 58 (1)：53-58.

[80] 李全安, 程彬, 张清, 等. 含 Gd 镁合金 AZ81 的组织和力学性能 [J]. 河南科技大学学报, 2012, 33 (5)：15-18.

[81] Li L, Zhang X M, Tang C P, et al. Mechanical properties and deep draw ability of Mg-Gd-Y-Zr alloy rolling sheet at elevated temperatures [J]. Materials Science & Engineering A, 2010, 527 (4/5)：1266-1274.

[82] Zhang X, Li L, Deng Y, et al. Superplasticity and microstructure in Mg-Gd-Y-Zr alloy prepared by extrusion [J]. Journal of Alloys and Compounds, 2009, 481 (1/2)：296-300.

[83] 靳广永, 吴玉峰, 李建辉. Gd 对 Mg-2Al-Zn 合金微观组织及力学性能的影响 [J]. 特种铸造及有色合金, 2007, 27 (8)：642-644.

[84] Xie J C, Li Q A, Wang X Q, et al. Microstructure and mechanical properties of AZ81 magnesium alloy with Y and Nd elements [J]. Transactions of Nonferrous Metals Society of China, 2008, 18 (2)：303-308.

[85] Boby A, Ravikumar K K, Pillai U T S, et al. Effect of antimony and yttrium addition on the high temperature properties of AZ91 magnesium alloy [J]. Procedia Engineering, 2013, 55：98-102.

[86] Mabuchi M, Higashi K. Strengthening mechanisms of Mg-Si alloys [J]. Acta Materialia, 1996,

44 (11): 4611-4618.

[87] Oskooie M S, Asgharzadeh H, Kim H S. Microstructure, plastic deformation and strengthening mechanisms of an Al-Mg-Si alloy with a bimodal grain structure [J]. Journal of Alloys & Compounds, 2015, 632: 540-548.

[88] Nussbaum G, Sainfort P, Regazzoni G, et al. Strengthening mechanisms in the rapidly solidified AZ 91 magnesium alloy [J]. Scripta Metallurgica, 1989, 23 (7): 1079-1084.

[89] Wei Z, Jiang W, Zou C, et al. Microstructural evolution and mechanical strengthening mechanism of the high pressure heat treatment (HPHT) on Al-Mg alloy [J]. Journal of Alloys & Compounds, 2017, 692: 629-633.

[90] Loucif A, Figueiredo R B, Baudin T, et al. Ultrafine grains and the Hall-Petch relationship in an Al-Mg-Si alloy processed by high-pressure torsion [J]. Materials Science & Engineering A, 2012, 532 (1): 139-145.

[91] Yoo M H. Slip, twinning, and fracture in hexagonal close-packed metals [J]. Metallurgical Transactions A, 1981, 12 (3): 409-418.

[92] Han B Q, Dunand D C. Microstructure and mechanical properties of magnesium containing high volume fractions of yttria dispersoids [J]. Materials Science & Engineering A, 2000, 277 (1):297-304.

[93] Neh K, Ullmann M, Kawalla R. Effect of grain refining additives on microstructure and mechanical properties of the commercial available magnesium alloys AZ31 and AM50 [J]. Materials Today: Proceedings, 2015, 2 (S1): S219-S224.

[94] Wang L, Mostaed E, Cao X, et al. Effects of texture and grain size on mechanical properties of AZ80 magnesium alloys at lower temperatures [J]. Materials & Design, 2016, 89: 1-8.

[95] Zhang Z, Chen D L. Contribution of Orowan strengthening effect in particulate-reinforced metal matrix nanocomposites [J]. Materials Science & Engineering A, 2008, 483 (1): 148-152.

[96] Ferguson J B, Lopez H, Kongshaug D, et al. Revised Orowan strengthening: effective interparticle spacing and strain field considerations [J]. Metallurgical & Materials Transactions A, 2012, 43 (6): 2110-2115.

[97] Monnet G, Naamane S, Devincre B. Orowan strengthening at low temperatures in bcc materials studied by dislocation dynamics simulations [J]. Acta Materialia, 2011, 59 (2): 451-461.

[98] Nie J F. Effects of precipitate shape and orientation on dispersion strengthening in magnesium alloys [J]. Scripta Materialia, 2003, 48 (8): 1009-1015.

[99] Hahn G T, Rosenfield A R. Metallurgical factors affecting fracture toughness of aluminum alloys [J]. Metallurgical Transactions A, 1975, 6 (4): 653-668.

[100] Argon A S, Im J, Safoglu R. Cavity formation from inclusions in ductile fracture [J]. Metallurgical Transactions A, 1975, 6 (4): 825-837.

[101] Thompson D S. Metallurgical factors affecting high strength aluminum alloy production [J]. Metallurgical Transactions A, 1975, 6 (4): 671-683.

[102] Walsh J A, Jata K V, Jr E A S. The influence of Mn dispersoid content and stress state on ductile fracture of 2134 type Al alloys [J]. Acta Metallurgica, 1989, 37 (11): 2861-2871.

[103] Stone R H V, Cox T B, Low J R, et al. Microstructural aspects of fracture by dimpled rupture [J]. Metallurgical Reviews, 2013, 30 (1): 157-180.

[104] Becker R, Smelser R E. Simulation of strain localization and fracture between holes in an aluminum sheet [J]. Journal of the Mechanics & Physics of Solids, 1994, 42 (5): 773-796.

[105] Hu W W, Yang Z Q, Ye H Q. Cottrell atmospheres along dislocations in long-period stacking ordered phases in a Mg-Zn-Y alloy [J]. Scripta Materialia, 2016, 117: 77-80.

[106] Baker G S. Snoek atmosphere dislocation pinning in tantalum [J]. Journal of Applied Physics, 1966, 37 (8): 2983-2984.

[107] 卢光熙, 侯增寿. 金属学教程 [M]. 上海: 上海科学技术出版社, 1985: 198-249.

[108] Degtyareva V F, Afonikova N S. Complex structures in the Au-Cd alloy system: Hume-Rothery mechanism as origin [J]. Solid State Sciences, 2015, 49: 61-67.

[109] 陈振华, 严红革, 陈吉华, 等. 镁合金 [M]. 北京: 化学工业出版社, 2004: 313-314.

[110] Fleisgher R L. Solution hardening [J]. Acta Metallurgica, 1961, 9 (11): 996-1000.

[111] Fleischer R L. Substitutional solution hardening [J]. Acta Metallurgica, 1963, 11 (3): 203-209.

[112] Labusch R. A statistical theory of solid solution hardening [J]. Physica Status Solidi, 2010, 41 (2): 659-669.

[113] Gypen L A, Deruyttere A. Multi-component intrinsic solid solution softening and hardening [J]. Journal of the Less Common Metals, 1977, 56 (1): 91-101.

[114] Gypen L A, Deruyttere A. Multi-component solid solution hardening [J]. Journal of Materials Science, 1977, 12 (5): 1034-1038.

[115] Chino Y, Kado M, Mabuchi M. Compressive deformation behavior at room temperature-773 K in Mg-0.2mass% (0.035at.%) Ce alloy [J]. Acta Materialia, 2008, 56 (3): 387-394.

[116] Agnew S R, Yoo M H, Tomé C N. Application of texture simulation to understanding mechanical behavior of Mg and solid solution alloys containing Li or Y [J]. Acta Materialia, 2001, 49 (20): 4277-4289.

[117] Agnew S R, Senn J W, Horton J A. Mg sheet metal forming: lessons learned from deep drawing Li and Y solid-solution alloys [J]. JOM, 2006, 58 (5): 62-69.

[118] Cáceres C H, Rovera D M. Solid solution strengthening in concentrated Mg-Al alloys [J]. Journal of Light Metals, 2001, 1 (3): 151-156.

[119] Somekawa H, Osawa Y, Mukai T. Effect of solid-solution strengthening on fracture toughness in extruded Mg-Zn alloys [J]. Scripta Materialia, 2006, 55 (7): 593-596.

# 2 冷却速度对镁合金微观组织和性能的影响研究现状

镁合金的成分、组织、工艺是影响镁合金性能最重要的三要素，对于特定成分的镁合金，其组织状态直接决定了镁合金的性能（包括力学性能、耐腐蚀性能、抗氧化性能、阻尼性能等）。冷却速度是镁合金重要的工艺因素之一，其会影响镁合金的凝固参数（过冷度、温度梯度、形核率、液相线温度、固相线温度、结晶温度、共晶温度、凝固时间等）、流变性能、合金元素的扩散、偏析及其在镁基体中的固溶、长周期堆垛有序（LPSO）结构、亚稳相、准晶相的形成、共晶相及第二相的含量形貌尺寸、晶粒尺寸、枝晶形貌、应力分布等。因而，冷却速度变化会对镁合金的力学性能、耐腐蚀性能、抗氧化性能等产生影响，如图 2-1 所示。

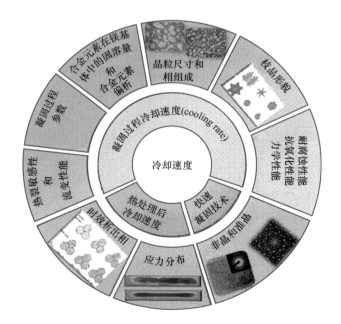

彩图

图 2-1　冷却速度对镁合金组织性能的影响

大部分镁合金是通过铸造的形式制备的，那么由液态变成固态的凝固过程对合金微观组织的影响不能忽视，其中冷却速度是至关重要的一个影响因素，也是不可忽视的影响因素。与此同时，铸态合金的应用会受到铸态组织和性能较差的影响而受到限制，因此对于某些特殊场合使用的镁合金还需要进行退火、固溶、时效等热处理，优化合金的组织结构，以更好地发挥镁合金轻质高强的特点。镁合金经过热处理工艺后的冷却速度对后续合金组织的影响也同样不可忽视，通过合理地控制热处理后合金的冷却速度，可以进一步改善合金的性能。另外，快速凝固技术在镁合金领域的应用也越来越重要，由于其极快的冷却速度会使合金呈现出与常规铸造合金不同的组织结构（亚稳相、纳米晶、过饱和固溶体，甚至形成准晶和非晶等），使合金具备更加优异的硬度、韧性、耐磨性、抗氧化性、耐腐蚀性等，为高性能合金制备提供了一个新的途径。

目前，关于冷却速度对镁合金组织和性能的影响，广大科研工作者进行了广泛深入的研究，也取得了较好的研究成果。但是，也不难发现，冷却速度增加改善镁合金性能基本达成了共识，但是对于组织结构方面的影响还存在一些分歧或相悖的结论，比如高冷速引起晶粒粗化还是细化、冷却速度对共晶组织/第二相含量的影响是增加还是减少等。对于这方面的深入探讨还比较欠缺，为此，本章将对近年来有关冷却速度对镁合金组织性能的影响进行系统分析，重点阐述冷却速度变化对合金凝固参数、合金元素的扩散、偏析及分布、长周期堆垛有序（LPSO）结构和准晶相形成、共晶相及第二相含量形貌尺寸、晶粒尺寸、枝晶形貌、应力分布等的影响，并对冷却速度变化对镁合金力学性能、耐腐蚀性能以及抗氧化性能的影响进行介绍，结合研究结果对存在分歧的结论进行探讨和阐释。

## 2.1　获得冷却速度的方法

目前，关于冷却速度对镁合金组织和性能的影响，主要聚焦于镁合金由液态向固态凝固过程中的冷却速度以及固态镁合金热处理后的冷却速度（固溶、时效等热处理后合金的冷却速度）。广大科研工作者就冷却速度对镁合金组织性能的影响做了深入的研究，目前不同冷却速度的获得主要通过采用楔形模具、不同直径铸件模具、台阶模具、不同厚度压铸模具等模具制备不同厚度/直径的铸件，以获得具有不同冷却速度的铸件，如图 2-2 所示。与此同时，还可以通过采用不同材质模具的方式来获得不同冷却速度，比如型腔相同的砂型模具、石墨模具、钢制模具、铜制模具等。此外，不同冷却速度的获得还可通过采取不同的冷却条件，比如使铸件在炉冷、空冷、水冷等不同冷却条件下凝固，以及在铸件末端添加冷铁与否等。另外，对固态合金冷却速度的获得往往是采用不同的冷却方式，比如通过不同温度的水冷淬火、空冷、炉冷等方式。快速凝固技术可以使铸件在极快的冷却速度下凝固，主要通过喷射沉积、单辊甩带、水冷铜模喷铸、激光快速凝固等铸造方式制备镁合金。

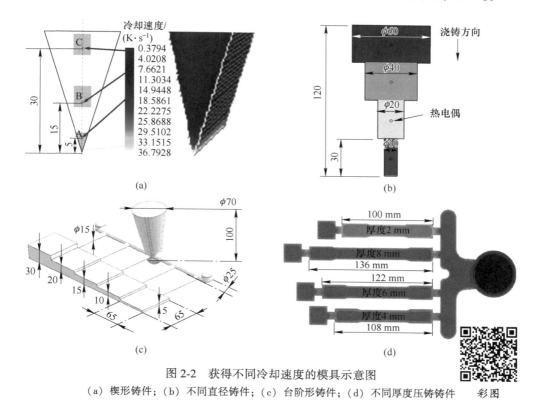

图 2-2 获得不同冷却速度的模具示意图
（a）楔形铸件；（b）不同直径铸件；（c）台阶形铸件；（d）不同厚度压铸铸件 彩图

## 2.2 冷却速度对镁合金凝固行为的影响

镁合金由液态向固态转变的凝固过程会受到冷却速度的影响，冷却速度变化将产生不同的过冷度，影响合金的整个凝固过程，从而对合金的微观组织乃至性能产生影响。本节将首先介绍镁合金凝固过程的冷却速度变化对镁合金凝固行为的影响。

### 2.2.1 凝固参数

吴国华等人通过研究不同冷却速度下 Mg-10Gd-3Y-0.4Zr 合金的冷却曲线，系统分析了冷却速度变化对合金凝固行为的影响，定量表征了冷却速度对合金凝固参数的影响。Mg-10Gd-3Y-0.4Zr 合金砂型铸造合金的冷却曲线、一阶微分曲线及主要凝固参数分别如图 2-3（a）和表 2-1 所示。Mg-10Gd-3Y-0.4Zr 合金的凝固过程主要分为液相冷却阶段、α-Mg 形成阶段、共晶反应阶段和固相冷却阶段。由于凝固过程结晶潜热的释放，在冷却曲线中存在初晶平台和共晶平台。

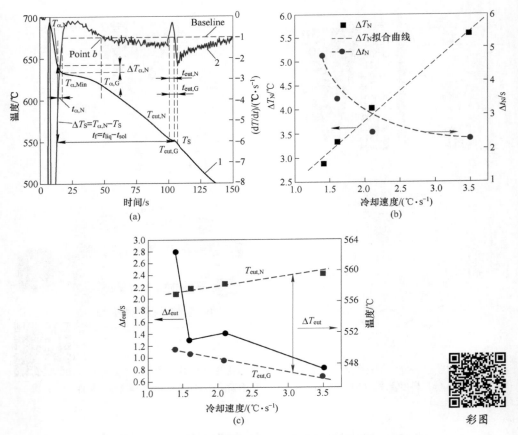

图 2-3　砂型铸造 GW103K 合金的凝固参数

（a）砂型铸造 GW103K 合金的冷却曲线（线 1）、一阶导数曲线（线 2）及本书中使用的凝固特征参数；
（b）α-Mg 相的形核过冷参数（$\Delta T_N$ 和 $\Delta t_N$）与冷却速度之间的关系；（c）共晶相的温度参数
（$T_{eut,N}$，$T_{eut,G}$ 和 $\Delta t_{eut}$）与冷却速度之间的关系

彩图

表 2-1　图 2-3 中的凝固参数

| 符号 | 符号意义 |
| --- | --- |
| $T_{\alpha,N}$ | α-Mg 起始形核温度 |
| $T_{\alpha,Min}$ | 再辉前最低温度 |
| $\Delta T_N$ | α-Mg 形核过冷度（$\Delta T_N = T_{\alpha,N} - T_{\alpha,Min}$） |
| $t_{\alpha,N}$ | 形核时间 |
| $T_{\alpha,G}$ | 再辉温度 |
| $T_{eut,N}$ | 共晶反应开始温度 |

| 符号 | 符号意义 |
|---|---|
| $T_{\text{eut,G}}$ | 共晶反应结束温度 |
| $t_{\text{eut,N}}$ | 共晶反应开始时间 |
| $t_{\text{eut,G}}$ | 共晶反应结束时间 |
| $T_{\text{S}}$ | 固相线温度（最后凝固温度） |
| $\Delta T_{\text{S}}$ | 凝固温度区间<br>（$\Delta T_{\text{S}} = T_{\alpha,\text{N}} - T_{\text{S}}$） |
| $t_{\text{f}}$ | 凝固时间 |

　　研究发现随着冷却速度由 1.4 ℃/s 增加到 3.5 ℃/s，$\alpha$-Mg 的开始结晶温度由 634.8 ℃ 增加到 636.3 ℃，冷却速度的增加使合金的结晶过程提前。在开始形核之前，过冷会使合金熔体中形成晶胚，因此较高的冷却速度会使合金熔体中存在更多的晶胚，致使形核驱动力增加，从而引起形核开始温度增加。较快的冷却速度会加快固/液界面的推进速度，使 Gd、Y 等元素来不及通过固/液界面向液相迁移，而大量固溶于 $\alpha$-Mg 中，从而减少液相中 Gd、Y 等元素含量，最终降低合金的固相线温度。与此同时，随着冷却速度的增加合金的整体凝固时间逐渐减小。

　　形核过冷度可以有效地评估合金熔体的形核能力，冷却速度的增加会增加 $\alpha$-Mg 的形核过冷度，从而增加形核率。晶核长大时间是另一个影响合金最终晶粒度的重要凝固参数，在较慢冷却速度下凝固时，随着冷却速度的增加，晶核长大时间逐渐缩短，在较快冷却速度下凝固时，虽然冷却速度增加也减少了晶核的长大时间，但是减小程度降低。合金凝固过程的冷却速度变化对形核过冷度（$\Delta T_{\text{N}}$）和形核时间（$\Delta t_{\text{N}}$）的影响规律，如图 2-3（b）所示。

　　共晶组织是合金微观组织中的重要组织之一，其形成过程也受到冷却速度的影响。由于冷却速度增加会增大熔体的过冷度，因此随着冷却速度的增加，会使共晶反应偏离原平衡位置，导致共晶反应开始温度增加，而共晶反应结束温度降低，即增加了共晶反应的温度区间范围，但是共晶反应时间由于整体凝固时间的减少而减少。合金凝固过程的冷却速度变化对共晶反应开始温度 $T_{\text{eut,N}}$、共晶反应结束温度 $T_{\text{eut,G}}$ 和共晶反应时间 $\Delta t_{\text{eut}}$ 的影响，如图 2-3（c）所示。

　　F. Yavari 等人也发现，冷却速度增加会使合金熔体存在一定程度的过冷度，从而促进形核。随着冷却速度的增加合金的形核温度增加，形核过冷度也相应增加。此外，研究发现，液相过冷度和再辉过冷度随着冷却速度的增加而降低。随着冷却速度的增加，合金形核温度提高，凝固结束温度降低，使得凝固温度区间增大。但是，随着冷却速度增加，冷却曲线斜率变陡，因此凝固过程的凝固时间和各个相变所需时间均减少。

Guo Erjun 等人研究发现，随着冷却速度由 0.3 ℃/s 增加到 3.5 ℃/s，Mg-3Al-3Nd 合金的 α-Mg 开始形核温度、过冷度、凝固温度区间均增加。而 $Al_2Nd$ 和 $Al_{11}Nd_3$ 的开始形成温度和凝固时间，均随冷却速度的增加而减少，凝固时间（$t_f$）与冷却速度（CR）之间的关系满足 $t_f = 58.95 (CR)^{-1.195}$ 的关系。再辉过冷度随冷却速度的增加而减小，直至消失（冷却速度为 1.2 ℃/s 和 3.5 ℃/s时再辉过冷度为0）。但是也有一些学者研究发现随着冷却速度的增加，形核温度逐渐降低，他们认为扩散动力学是影响形核温度的主要因素。冷却速度越快，合金元素在熔体中的扩散越受到抑制，从而降低了开始形核温度。

综上所述，合金凝固过程的冷却速度变化，对合金的整个凝固过程都会产生极大的影响，直接决定了合金凝固后的铸态组织。因此，合理控制镁合金凝固过程的冷却速度，可以实现对镁合金铸态组织的调控，从而进一步改善镁合金的性能。

### 2.2.2 流变行为及热裂敏感性

半固态镁合金浆料的表观黏度随温度降低（固相分数的增加）而逐渐增加。随着温度的降低，半固态浆料中固相分数不断增加，而液相逐渐减少，固相颗粒之间的碰撞越来越频繁，这将成为阻碍半固态浆料流动的主要阻力，即表观黏度增加。毛卫民等人研究发现，冷却速度会影响固态相的形貌，在连续冷却条件下，冷却速度增加不利于固相颗粒向非枝晶形态转变。因而，随着冷却速度的增加，半固态 AZ91D 镁合金浆料的表观黏度变大，如图 2-4 所示。

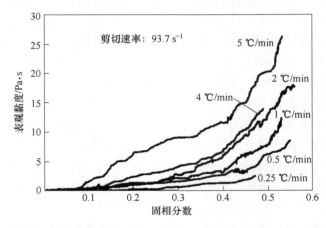

图 2-4　相同剪切速率时不同连续冷却速度（0.25 ℃/min、0.5 ℃/min、1 ℃/min、2 ℃/min、4 ℃/min、5 ℃/min）下 AZ91D 半固态表观黏度随固相分数的变化曲线

吴国华等人研究发现冷却速度增加，会增加半固态 AZ91 浆料中固相的分数，并减小固态颗粒的平均形状因子（$S_F = 4\pi A/P^2$），其中 $A$ 和 $P$ 分别是固态颗粒的

面积和周长。当冷却速度较低时（1.56 ℃/min）时，颗粒尺寸不均匀，当冷却速度较高（8.04 ℃/min）时，大颗粒（大于 120 μm）的数量增加。冷却速度变化对镁合金半固态浆料流变行为的影响，主要源于冷却速度对半固态浆料中固态颗粒形态、体积分数、形状因子、尺寸、分布的影响。

冷却速度变化也同样会对合金的热裂敏感性产生影响。合金的热裂敏感性与合金的枝晶相干固相分数密切相关，冷却速度增加使枝晶相干固相分数先增加后降低，而枝晶相干固相分数越大，枝晶间的液相含量越低，固相网络应力也越低，因而使热裂敏感性随冷却速度的增加呈现先减小后增大的趋势。

## 2.3 冷却速度对镁合金微观组织的影响

由于冷却速度会对镁合金的凝固行为产生影响，因而镁合金的铸态组织会随着冷却速度的变化而变化，本节将对冷却速度变化对合金元素在镁基体中的固溶、相组成、合金元素偏析、晶粒尺寸、枝晶形貌等的影响规律进行介绍。

### 2.3.1 固溶

镁合金凝固过程的冷却速度变化会影响合金熔体中元素的扩散，从而导致合金元素在镁基体中的固溶量发生变化。Lin Pengyu 等人发现，向通过快速凝固技术制备的 AM50 镁合金中添加 Ce 后，合金中未形成 $Al_{11}Ce_3$ 化合物，而是几乎全部的 Ce 固溶于镁基体中。Guo Feng 等人通过制备不同冷却速度下凝固的 AZ91-$x$RE（Ce、Y、Gd，$x = 0$，0.3，0.6，0.9）合金，系统分析了 Al 和 RE（Ce、Y、Gd）在不同冷却速度下 AZ91 镁合金中的固溶行为。通过电化学相分离技术实际测定了 Al 和 RE（Ce、Y、Gd）在镁基体中的固溶量，研究发现随着冷却速度增加，Al 和 RE（Ce、Y、Gd）在镁基体中的固溶量均增加，并且稀土元素添加后，由于 Al-RE 化合物的形成会减少 Al 在镁基体中的固溶。

较高的冷却速度下凝固的镁合金中合金元素固溶量的增加，一方面是由于较快的冷却速度会缩短合金中化合物的形成时间，使化合物形成不够充分；另一方面冷却速度也会影响合金元素的分配系数。Aziz 提出合金的冷却速度会影响合金元素的分配系数，界面生长速度（与冷却速度相关）与分配系数之间的表达式为：

$$k_v = \frac{k_e + \delta V/D}{1 + \delta V/D} \tag{2-1}$$

式中，$k_e$ 为平衡配分系数；$V$ 为界面生长速率；$\delta$ 为特征界面宽度；$D$ 为界面扩散系数。由上式可知，当镁合金在较慢冷却速度下凝固时 $k_v \approx k_e$，而当冷却速度显著增加时，$k_v > k_e$。因此，在较快冷却速度下凝固时，会使更多的溶质元素固溶于 α-Mg 相中，从而增加合金元素在镁基体中的固溶。

### 2.3.2　相组成

　　镁合金凝固过程中的冷却速度变化在影响合金元素在镁基体中固溶的同时，也会影响镁合金中的相组成及其尺寸、含量、分布等。Sun Weihua 研究发现，较高冷却速度会抑制 AE42 ［Mg-4Al-2%RE（质量分数）］镁合金中块状 $Al_2RE$ 的形成，在冷却速度较快的高压铸造（HPDC）合金中不会形成 $Mg_{17}Al_{12}$ 化合物。Chen Jihua 等人研究发现冷却速度会影响 Mg-6Zn-3Sn-2Al-0.2Ca 合金的相组成，在较慢冷却速度下凝固时，主要由 $\alpha$-Mg、$Mg_2Sn$ 和 MgZn 组成，较快冷却速度下凝固时，主要由 $\alpha$-Mg、$Mg_2Sn$、$Mg_{51}Zn_{20}$ 和 $Mg_{32}(AlZn)_{49}$ 组成。对于高锌低铝镁合金，Mg-Zn 化合物在共晶组织中的出现与冷却速度有关。一般来说，$Mg_{51}Zn_{20}$ 存在于冷却速度较高的铸件中，而 MgZn 主要存在于冷却速度较慢的铸件中。较快冷却速度下的非平衡凝固会抑制 $Mg_{51}Zn_{20}$ 分解为 $\alpha$-Mg 和 MgZn。Levent Elen 研究发现，随着冷却速度的增加 AM50 镁合金中的 $Mg_{17}Al_{12}$ 化合物变薄，其分布也由连续分布转变为细小的断续弥散分布。

　　Wang Lidong 等人研究了金属模铸造方法和水冷铜模喷铸制备方法对 Mg-1Zn-0.5Ca 铸态合金微观组织的影响，研究发现金属模铸造的合金中存在共晶组织（$\alpha$-Mg+$Mg_2Ca$+$Mg_6Ca_2Zn_3$），而水冷铜模喷铸合金由于冷却速度较快，未形成共晶组织。Liu Honghui 等人研究发现冷却速度会影响 Mg-Zr 合金中富 Zr 核心的形貌和尺寸，冷却速度越大富 Zr 核心的尺寸越小。Chen Yanhong 等人研究了冷却速度对 Mg-Al-Ca-Sm 合金凝固行为和组织演变的影响，研究发现冷却速度会影响合金的相组成，随着冷却速度增加，$Al_2Sm$ 相和 $Al_2Ca$ 相逐渐转变为 $Al_{11}Sm_3$ 相和（Mg，Al）$_2$Ca 相。S. Zhang 等人研究发现，冷却速度会影响 GWZ1032K 合金中 14H-LPSO 相的形成，在通过单辊甩带制备的合金（冷却速度为 $10^4$ K/s）中不存在 LPSO 相，随着冷却速度的降低 LPSO 相逐渐增多，当冷却速度很慢（0.005 K/s）时，层状 14H-LPSO 组织贯穿镁合金基体。

　　镁合金的冷却速度变化除了影响合金凝固过程中形成的相之外，还可能使合金中形成亚稳相和准晶相。Zhai Cong 等人研究发现，Mg-24%Nd（质量分数）合金在 6 ℃/min 冷却速度下凝固时，合金的微观组织为 $\alpha$-Mg 和平衡相 $Mg_{41}Nd_5$，而当冷却速度增加到 14 ℃/min 时，合金中平衡相 $Mg_{41}Nd_5$ 消失，出现了亚稳相 $Mg_{12}Nd$。冷却速度也会影响 Mg-Zn-Y 合金中准晶相（Ⅰ 相 $Mg_3YZn_6$）的形成，当合金在较快冷却速度下凝固时，$\alpha$-Mg 的结晶速度很快，固液界面前沿溶质原子的扩散和迁移受阻，Y 和 Zn 原子会更加均匀地固溶在 $\alpha$-Mg 中，Y/Zn 比将减小，因而更容易形成准晶相。Shechtman 等人研究发现，准晶的形成需要较大的过冷度，以抑制晶态相的形成，或者避免准晶相在冷却过程中转变为晶相。大部分准晶相都可在较快冷却速度下形成，但是冷却速度也不能过快，需要保证准晶相能够在熔体中形核和长大，超过临界冷却速度反而不利于准晶相的形成。

　　Cui Jie 研究发现 Mg-6Al-4Zn-1.2Sn 合金在较快冷却速度下凝固时，合金中会出现准晶相，如图 2-5 所示。当冷却速度为 $4.5 \times 10^1$ K/s 时合金中会出现具有明显五重对称性的衍射斑点的二十面体准晶相 [Mg-Al-Zn 三元准晶相（Ⅰ相）]，其空间点群为 $m35$，晶格参数为 $a = 0.515$ nm。并且随着冷却速度的增加 $Mg_{17}(Al, Zn)_{12}$ 和准晶相Ⅰ中的 Zn 含量显著增加。类似的现象在文献中也有报道。而当 Mg-6Al-4Zn-1.2Sn 合金在较慢冷却速度（10 K/s）下凝固时其铸态组织主要由 α-Mg、$Mg_{17}Al_{12}$ 共晶化合物、$Mg_2Sn$ 相和 Mg-Al-Zn 三元相组成。

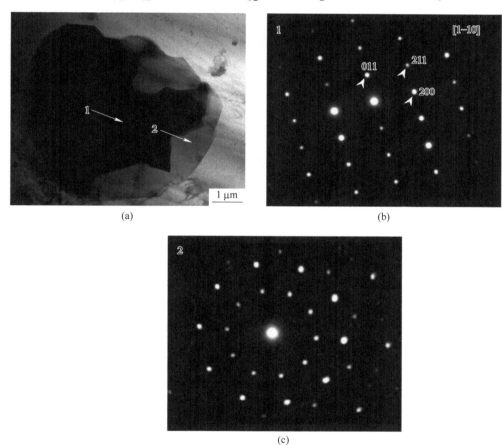

图 2-5　Mg-6Al-4Zn-1.2Sn 合金的 TEM 测试结果
（a）Mg-6Al-4Zn-1.2Sn 合金的 TEM 图；（b）（c）在 $4.5\times10^1$ K/s 冷却速度下凝固时 Mg-6Al-4Zn-1.2Sn 合金中相的衍射花样

　　Shechtman 和 Sastry 等人指出对于某种固定成分的合金，其准晶相的形成，存在最适宜的冷却速度，准晶形成的冷却速度必须足够慢使其能够形核，同时又必须足够快以防止结晶。当冷却速度大于临界冷却速度时，随着冷却速度的增加准晶的形核和生长会受到抑制，使得二十面体团簇在液相中的扩散和重排的时间变短，甚至形成非晶。当冷却速度低于临界冷却速度时，随着冷却速度的增加，会促进准晶相（I相）的形成，给准晶相的形核和长大提够充足的时间，如图2-6所示。

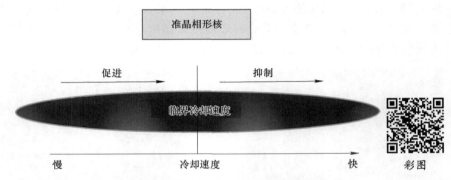

图2-6 准晶相形核与冷却速度之间的关系示意图

因此，在研究冷却速度对准晶相形成的影响时，不能单单指出准晶相随冷却速度的变化趋势，同时需要考虑实验范围内的冷却速度与临界冷却速度之间的关系。

冷却速度变化除了对镁合金中的相转变、亚稳相、准晶甚至非晶的形成产生影响外，还会对合金中相含量产生影响。Cui Jie 等人研究发现 Mg-6Al-4Zn-1.2Sn 合金中共晶相的尺寸和体积分数随着冷却速度的增加而减小。Guo Feng 等人研究发现 AZ91-RE（Ce、Y、Gd）合金中的共晶化合物和稀土化合物 Al-RE 含量和尺寸也均随冷却速度的增加而减小。Chi Yuan Cho 等人研究发现，随着冷却速度的增加，AZ91D 镁合金中的 $Mg_{17}Al_{12}$ 化合物的体积分数逐渐减少。然而，也有研究发现随着冷却速度的增加，镁合金中相的含量逐渐增加。Pang Song 等人研究发现随着冷却速度由 0.7 ℃/s 增加到 3.61 ℃/s，Mg-10Gd-3Y-0.5Zr 合金中的第二相体积分数逐渐增多。Chen Yanhong 等人研究发现，Mg-5Al-2Ca-2Sm 合金中第二相的体积分数随冷却速度的增加而增加，但是其尺寸随冷却速度的增加而减小。Wang Lei 等人研究发现，冷却速度从 1.0 ℃/s 增加到 8.6 ℃/s，共晶相体积分数逐渐增多，$Al_2RE$ 化合物含量增加，尺寸变细小。同时研究发现，冷却速度会影响不同形貌 $Al_2RE$ 化合物的形成。随着冷却速度的增加，多边形 $Al_2RE$ 相的体积分数降低，但随着冷却速度的增加，针状 $Al_2RE$ 相的体积分数增加，即较快冷却速度，有利于针状 $Al_2RE$ 相的形成。

虽然随着冷却速度增加合金中化合物含量变化存在着一定的分歧，但是随着冷却速度的增加，第二相的分布更均匀、尺寸更细小基本达成了共识。冷却速度对合金中第二相的影响，主要分为两个部分。冷却速度增加，能够减少溶质元素扩散的时间，有利于溶质元素在残余液相中富集，这有利于合金中的第二相形成。残余液体中的溶质浓度能够通过下式进行计算得到：

$$C_L = C_0 \left[ 1 - (1 - 2\alpha k_0) f_S \right]^{(k_0-1)/(1-2\alpha k_0)} \tag{2-2}$$

式中，$C_L$ 为凝固过程中液相中的溶质浓度；$C_0$ 为合金的初始溶质浓度；$f_S$ 为凝固过程中的固相分数；$\alpha$ 为傅里叶数，为无量纲反扩散系数。当 $\alpha = 0.5$ 时，式 (2-2) 变为 $C_L = C_0 / \left[ 1 - (1 - k_0) f_S \right]$，当 $\alpha = 0$ 时，式 (2-2) 变为 $C_L = C_0 (1 - f_S)^{k_0-1}$。

但是，当冷却速度增加到一定程度时，溶质元素在液相中的扩散不足以成为限制第二相形成的主导因素。固液界面前沿处溶质浓度高的液相，溶质元素的扩散时间不足，溶质被困在固相中，导致残留液相中溶质元素含量减少，从而不利于第二相的形成。根据目前的研究，Wu Keyan 等人推断对于 Mg-Gd-Y-Zr 合金其临界冷却速度为 2.6~3.6 K/s。冷却速度变化与 Mg-Gd-Y-Zr 合金中第二相的含量之间的变化关系，如图 2-7 所示。

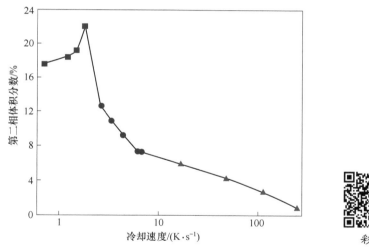

图 2-7　Mg-Gd-Y-Zr 合金中第二相体积分数与合金的冷却速度之间的关系

因此，目前关于冷却速度对镁合金中化合物含量变化的分歧根源在于冷却速度可能存在一个临界冷却速度，而目前的研究范围可能仅集中在某一段冷却速度范围内，未跨越临界冷却速度，因此导致一些研究认为随着冷却速度的增加合金中化合物含量减少，而另一些研究却得到相反的结论。类似的研究结果在 Al-Mg 合金中也有报道，冷却速度对 Al-Mg 合金中共晶相的影响存在一个临界冷却速度，当冷却速度过慢或过快时合金中会形成细小的共晶相组织。

### 2.3.3　元素偏析

Zhou Jixue 等人研究发现，随着冷却速度增加 Mg-Gd-Y-Zr 合金的共晶组织分布更加均匀，减弱了 Gd 和 Y 元素在合金中的枝晶偏析情况。随着冷却速度的增加，合金元素 Gd 和 Y 的枝晶偏析系数减小。Cui Jie 等人研究发现，冷却速度变化同样会影响 Mg-6Al-4Zn-1.2Sn 合金中合金元素的偏析。枝晶间的溶质含量与枝晶中心的溶质含量的比值，定义为溶质的微观偏析比。随着冷却速度的增加，合金中的 Al、Zn、Sn 元素的微观偏析程度得到缓解。

　　然而，也有一些研究人员在研究冷却速度对镁合金中合金元素偏析的影响时，得到了相反的研究结果。Zhao Xueting 等人研究发现冷却速度增加，会加剧 Gd、Y 元素在枝晶区域的富集和分布不均匀性。Chi Yuan Cho 等人研究发现，冷却速度会影响 AZ91D 镁合金中 Al 和 Zn 元素在合金中的分布，冷却速度增加会加大合金的成分不均匀性，AZ91D 镁合金中 Al 和 Zn 元素在是否添加冷铁的合金中的分布，如图 2-8 所示。冷却速度越大的部分合金中的 Al 含量越小。类似的研

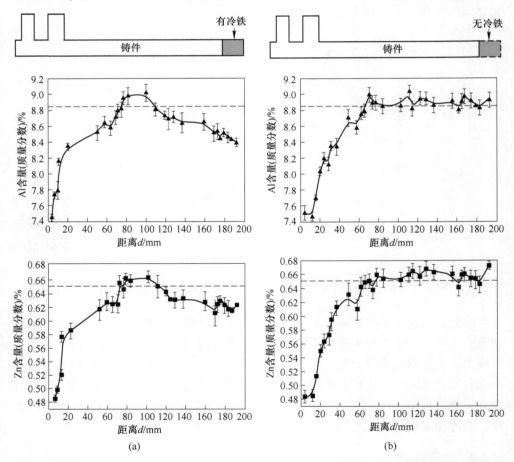

图 2-8　"有冷铁"和"无冷铁"的 AZ91 合金板中合金元素（Al 和 Zn）的浓度随距离的变化曲线
(a) 有冷铁；(b) 无冷铁

究结果在 Al-Mg 合金中也到了证实, 冷却速度越快, 微观偏析越严重, 越容易形成共晶组织, 即对于低合金元素含量的合金, 较高的冷却速度有助于共晶组织的形成。

目前关于冷却速度变化对合金元素在镁合金中偏析的影响存在分歧的原因在于冷却速度对合金中溶质元素的偏析具有双重影响。在冷却速度较低的平衡凝固过程中, 溶质元素具有充足的扩散时间, 从而溶质元素可以均匀地存在于合金中, 几乎不存在枝晶偏析现象。随着冷却速度的增加, 凝固转变为非平衡凝固, 对于正偏析元素, 其熔体中具有较大的溶解度, 在凝固过程中, 其在固液界面前沿的液相中逐渐富集, 因而在后期凝固的组织中其含量较大, 而先凝固的组织中含量较少, 从而引起成分偏析。随着冷却速度增加, 溶质元素的扩散越来越困难, 枝晶偏析越来越严重, 直到达到某一临界值时, 偏析最严重。当冷却速度超过临界值时, 溶质元素的扩散越困难, 溶质元素通过固液界面扩散到液相的过程受阻, 而固液界面两侧的固相和液相的成分接近, 溶质元素枝晶偏析现象相应得到缓解。因此当冷却速度超过临界值时, 合金凝固后溶质元素分布均匀, 溶质枝晶偏析现象得到缓解。

Zhang Chuan 等人利用 CALPHAD 对 Mg-Al、Mg-Al-Ca、Mg-Al-Sn 体系合金进行了凝固过程模拟, 并结合实验结果, 深入分析了合金元素微观偏析与冷却速度之间的关系, 实验值和模拟值具有良好的一致性, 为研究冷却速度对镁合金元素的偏析情况的影响提供了新的思路。

### 2.3.4 晶粒细化

镁合金的凝固过程分成高温熔体阶段和凝固阶段, 普遍认为不论是高温熔体阶段还是凝固阶段的冷却速度增加均会细化合金的一次枝晶间距和二次枝晶间距。但是, 高温熔体阶段的冷却速度对合金凝固组织的影响更显著。冷却速度增加, 会增加合金熔体的过冷度, 提高合金的形核率, 减少晶核的长大时间。一般情况下, 随着冷却速度的增加, 镁合金的晶粒尺寸逐渐减小。M. Ünal 研究发现, AM60 镁合金的晶粒尺寸随着冷却速度的增加逐渐细化。Erfan Azqadan 等人研究发现冷却速度增加会细化 AZ80 镁合金中的 α-Mg, 并形成细小离散分布的 $Mg_{17}Al_{12}$。对于 Mg-Gd-Y-Al 系合金, 冷却速度增加, 对合金晶粒细化的效果更明显。但是合金的细化效果与作为异质形核质点的 $Al_2(Gd_xY_{1-x})$ 化合物的尺寸分布密切相关。Lei Wang 等人也发现了类似的现象, $Al_2RE$ 作为镁合金的主要异质形核质点, 其存在一个临界尺寸, 当合金中形成的 $Al_2RE$ 化合物尺寸超过临界尺寸后, 晶粒细化对冷却速度的敏感性降低。因此, 合金中异质形核质点的尺寸控制对合金晶粒尺寸细化也是至关重要的。

Guo Feng 等人研究了不同冷却速度下 AZ91-xRE (Ce、Y、Gd, x = 0, 0.3,

0.6，0.9）合金的微观组织变化，研究发现冷却速度会使镁合金的晶粒尺寸得到显著细化，稀土元素（Ce、Y、Gd）也能够细化镁合金的晶粒，但是当合金在较高冷却速度下凝固时，会弱化稀土元素对镁合金的晶粒细化效果，同时研究发现在较高冷却速度下凝固时进一步提高冷却速度对镁合金的晶粒细化效果减弱。与较高冷却速度会弱化稀土元素对镁合金晶粒尺寸的细化效果类似，镁合金中添加晶粒细化剂对镁合金晶粒尺寸的细化效果也会受到冷却速度的影响，高冷速时细化剂对镁合金的细化效果也会减弱。因此，在通过添加晶粒细化剂来细化镁合金晶粒尺寸的时候，需要重点考虑镁合金的铸造工艺，如果冷却速度较快则添加细化剂细化镁合金的晶粒效果会受到影响，只有在较慢冷却速度下凝固时，添加晶粒细化剂才会得到较好的晶粒细化效果。

铸态金属的晶粒尺寸与形核条件（形核质点的数量、尺寸，形核能力等）、溶质元素、冷却条件等密切相关。金属熔体的冷却速度越快，固相线的偏差程度就越大。二次枝晶间距 $\lambda$ 与冷却速度 $R$ 的关系由下式表示：

$$\lambda = KR^{(-1/3)} \tag{2-3}$$

式中，$K$ 为系数。

Wang Jia'an 等人研究了定向凝固过程中，凝固速度变化（10~200 μm/s）将会影响 Mg-1.5Gd 合金的微观组织，研究发现合金的凝固组织主要为胞晶结构，胞晶间距与冷却速度之间满足 $\lambda = 130.2827V^{-0.228}$ 关系。

基于冷却速度对合金晶粒尺寸的影响，StJohn 等人发现晶粒尺寸与冷却速度平方根的倒数成正比。

$$d = a + \frac{b}{Q\sqrt{R}} \tag{2-4}$$

式中，$Q$ 为生长抑制因子；$R$ 为冷却速度。

Dai Jichun 等人在研究 Mg-Gd-Y-Al 系合金晶粒尺寸与冷却速度之间的关系时发现，Mg-Gd-Y-Al 系合金晶粒尺寸与冷却速度之间较好地满足了式（2-4）的定量关系。

### 2.3.5 晶粒粗化

虽然目前普遍认为随着冷却速度的增加会逐渐细化镁合金的晶粒尺寸，但是在研究过程中也观察到了一些反常现象。比如，Liu Dongrong 等人研究发现，Mg-4Y-3Nd-1.2Al（质量分数/%）在 1.8 ℃/s 的冷却速度下的晶粒尺寸比 7.0 ℃/s 的冷却速度下的晶粒尺寸大，即慢冷比快冷更有利于合金晶粒尺寸的细化。此外，Yahia Ali 等人在通过 V 形铜模制备不同冷却速度下镁合金微观组织时发现，虽然随着冷却速度的增加，合金的晶粒尺寸得到了细化，但是观察到在较高冷却速度下凝固时，合金的晶粒尺寸非但没有继续细化反而出现粗化现象，如图 2-9 所示。

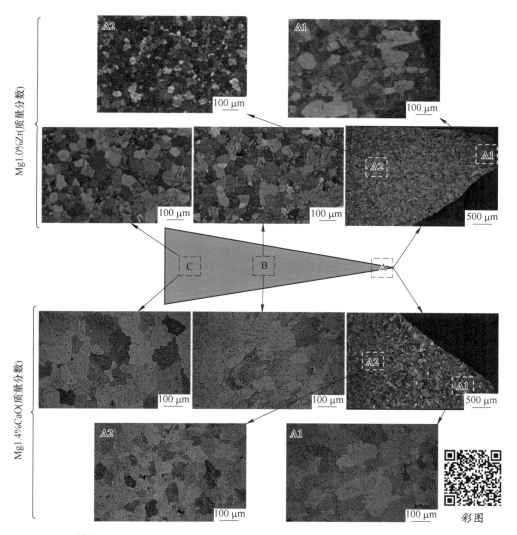

图 2-9 铸态 Mg-1.0Zr（上半部分）和 Mg-1.4% CaO（下半部分）合金（质量分数）
在 V 形铜模铸锭中不同位置的典型光学金相组织

合金的晶粒尺寸与凝固过程中成分过冷区的形成密切相关，非均匀形核在成分过
冷区中更容易发生。成分过冷区的形成取决于溶质偏析和固液界面前沿的实际温
度梯度。因此对于特定成分的合金，成分过冷区的形成，与熔体中的温度梯度
（冷却速度）是紧密相关的。如图 2-10 所示，$TG_1$ 和 $TG_2$ 分别代表不同的温度梯
度，由于冷却速度越大温度梯度越大，因此，$TG_1$ 代表快冷速下的温度梯度，
$TG_2$ 代表慢冷速下的温度梯度，TI 为实际熔体中固液界面前沿的实际温度。较快
冷却速度下（较大温度梯度 $TG_1$）形成的成分过冷区小于较慢冷却速度下（较小

温度梯度 $TG_2$）形成的成分过冷区。根据 Interdependency 理论，在熔体中的固液界面前沿存在一个无形核区。当在无形核区凝固时，即使存在成分过冷区，也不会有新晶核形成。因此，存在一个临界冷却速度，当冷却速度超过临界冷却速度时，成分过冷区完全处于无形核区。此时，成分过冷区的存在只能促进先前已经形成的晶粒长大，而不能促进形成新的晶粒。

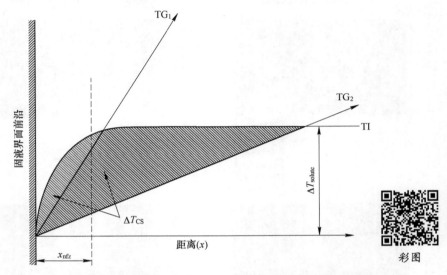

图 2-10　冷却速度和溶质对固液界面前沿成分过冷区形成的影响示意图

　　另外，向纯镁中添加溶质元素，同样会在固液界面前沿形成成分过冷区，当成分过冷区足够大时，合金凝固过程中可以继续形核，并抑制先前形成的晶粒长大，从而细化合金的晶粒尺寸。形成足够大的成分过冷区与冷却速度（扩散温度）和溶质元素的扩散密切相关。在非常高的冷却速度下凝固时，合金元素扩散受到抑制，从而影响成分过冷区的形成，使其形成的时间增加。

　　综上所述，在较快冷却速度下凝固时，出现晶粒粗化现象的原因在于：一是较快的冷却速度使得成分过冷区尺寸减小；二是溶质原子在较快冷却速度下的扩散受到抑制。

### 2.3.6　枝晶

　　合金在凝固过程的冷却速度变化除了影响合金的晶粒尺寸外，还会对合金的枝晶形成及形貌产生影响。F. Yavari 等人研究发现，随着冷却速度从 0.22 ℃/s 增加到 8.13 ℃/s，由于液相和固相对元素扩散的影响，使得溶质原子不能够充分扩散形成枝晶网络，使得 AZ31、AZ61、AZ91 合金的枝晶相干温度和枝晶相干时间均逐渐降低。Cui Jie 等人研究发现，随着冷却速度从 $4.5 \times 10^1$ K/s 增加到

$2.3 \times 10^3$ K/s，Mg-6Al-4Zn-1.2Sn 合金的二次枝晶间距逐渐减小，枝晶组织由玫瑰状向明显的等轴晶转变，并伴有三次枝晶形成。Goh Chwee Sim 研究发现，随着冷却速度的增加，Mg-30Y 合金的形核率增加，枝晶生长时间受限，形成细小的枝晶，而较小的枝晶间距会有效阻碍位错运动，从而使合金的硬度提高。

Wang Yongbiao 等人采用同步 X 射线技术并结合相场模拟技术，研究了 Mg-Gd 合金在定向凝固过程中，不同冷却速度对合金枝晶的影响。研究发现，在固定温度梯度下（5 K/mm），定向凝固开始时，固/液界面是平面，随着时间的推移，由于出现微小热扰动，平衡状态被打破，进而开始形成初始枝晶组织。随后开始大量形成枝晶，溶质元素主要偏析在枝晶间区域，随着冷却速度的增加，枝晶生长速度（固液界面推移速度）加快，枝晶间距逐渐变小，枝晶生长方向逐渐向温度梯度方向偏转，并且二次枝晶和三次枝晶的形成受到抑制，如图 2-11所示。

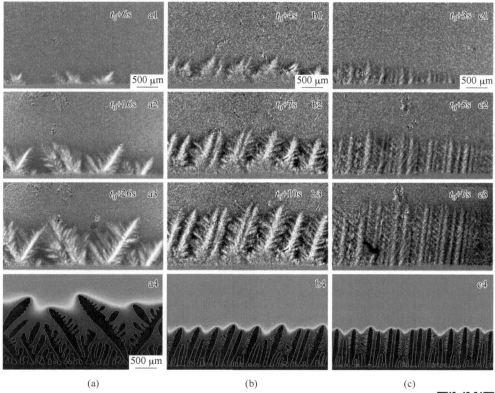

图 2-11　不同冷却速度下 Mg-6%Gd（质量分数）合金凝固组织的演变
过程的实验结果和模拟结果（其中 $t_0$ 为凝固开始时间）
（a）$R = 0.033$ K/s；（b）$R = 0.1$ K/s；（c）$R = 0.25$ K/s

彩图

通常来说，枝晶的形成受到溶质原子扩散和热释放的共同影响，在较低冷却速度下凝固时，溶质原子扩散对枝晶的形成起到主导作用，同时由于固/液界面迁移速度缓慢，枝晶只能在某些低表面刚性的晶面生长，例如<11$\bar{2}$0>。而在较高冷却速度下凝固时，溶质原子扩散受到抑制，热释放对其形成起到主要作用，固/液界面过冷度增大，从而直接影响枝晶的生长速度和方向。此外，Wang Yongbiao 等人发现，冷却速度变化还会影响合金中枝晶的形貌。在较高冷却速度下（大于 1 K/s）凝固时，Mg-6Gd（质量分数/%）合金微观组织以等轴枝晶为主，并含有少量蝴蝶形枝晶。当冷却速度降低至 0.5~1 K/s 时，会发生柱状晶向等轴晶转变的现象。

Cunlong Wang 等人通过低频电磁搅拌工艺（low frequency electromagnetic stirring，LFEMS）制备了 Mg-Gd-Zn 系镁合金，研究了冷却速度对合金微观组织的影响。研究发现，对于 Gd 含量较低的合金随着冷却速度的降低，枝晶尖端由尖向圆转变，对于较高 Gd 含量的合金随着冷却速度的降低，晶粒形貌由细小的玫瑰状逐渐转变为等轴晶。冷却速度对合金枝晶组织的影响主要源于，在较低的冷却速度下凝固时会引起枝晶根部重熔。

不同 Gd 含量的 Mg-Gd-Zn 合金在 LFEMS 处理前后初生 α-Mg 的演化示意图如图 2-12 所示。

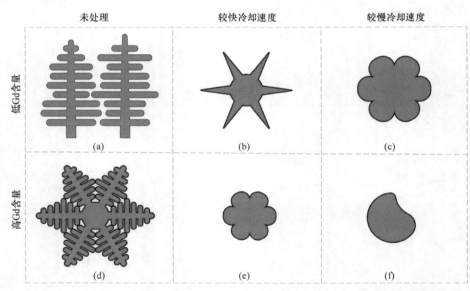

图 2-12  不同 Gd 含量的 Mg-Gd-Zn 合金在 LFEMS 处理前后初生
α-Mg 的演化示意图

（a）低 Gd 含量 Mg-Gd-Zn 合金未 LFEMS 处理；（b）较快冷却速度下低 Gd 含量 Mg-Gd-Zn 合金；（c）较慢冷却速度下低 Gd 含量 Mg-Gd-Zn 合金；（d）高 Gd 含量 Mg-Gd-Zn 合金未 LFEMS 处理；（e）较快冷却速度下高 Gd 含量 Mg-Gd-Zn 合金；（f）较慢冷却速度下高 Gd 含量 Mg-Gd-Zn 合金

彩图

Zhao Xueting 等人综合考虑合金的热力学和动力学对 GW103（Mg-0.69%Gd-1.32%Y，摩尔分数）合金进行了相场模拟。研究发现，GW103 镁合金的枝晶主要为初生六重对称枝晶和少量二次枝晶，几乎没有高阶枝晶形成。随着冷却速度的增加，一次枝晶得到细化，二次枝晶含量变少，如图 2-13 所示。

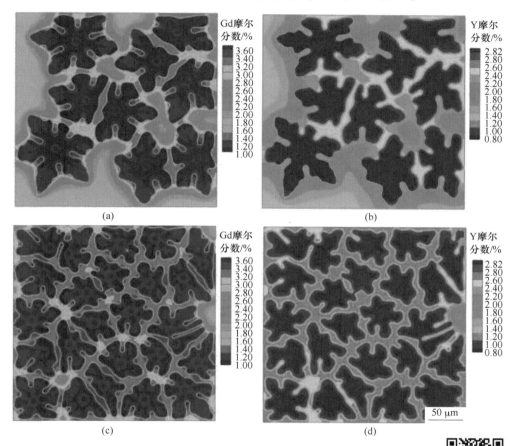

图 2-13　不同冷却速度下溶质 Gd 和 Y 的模拟浓度分布及枝晶形貌
（a）（b）0.0005 K/Δt；（c）（d）0.0010 K/Δt

彩图

综上所述，冷却速度增加会细化枝晶间距、加快枝晶尖端生长速度、改变枝晶形貌、抑制高阶枝晶形成。

## 2.4　快速凝固技术对镁合金微观组织及性能的影响

快速凝固技术由于其使镁合金在极大的冷却速度下凝固，其组织状态表现出与常规铸造合金组织状态存在较大差异的特点。Shuai Cijun 等人通过激光快速凝固技术制备了 Mg-Zn-Zr 合金，他们认为快速凝固后合金细小的晶粒、均匀的微观组织和合金元素固溶量的增加是合金耐腐蚀性能改善的主要原因。Wang Dawei 等人研究发现，亚快速凝固技术制备的 Mg-Al-Sn-Ca 合金能够将合金中较大尺寸的棒状粗大的 CaMgSn 共晶相细化到 1 μm 左右，并能够细化合金的晶粒尺寸，从而改善合金的力学性能，降低合金的腐蚀速率。

W. Li 等人研究发现，快速凝固后（$1.5 \times 10^5$ ℃/s）AZ91D-0.98%Ce（质量分数）合金的组成相主要由 α-Mg、$Mg_{17}Al_{12}$ 组成，合金中的 Ce 来不及与 Al 形成 Al-RE 化合物，而大部分以固溶的形式存在于镁基体中。J. Cai 等人研究发现通过快速凝固技术制备的 Mg-Zn-Ce-Ag 合金的晶粒尺寸、二次枝晶间距、共晶相尺寸均得到了细化，并且优化了共晶相的形貌，从而提高了合金的力学性能。由于水冷铜模喷铸制备的 Mg-1Zn-0.5Ca 合金中未发现共晶组织，合金的微观组织更均匀，很大程度上减缓了合金中的微电偶腐蚀倾向，因此使其在 3.5% NaCl 溶液和 Hank's 溶液中的耐腐蚀性能均得到了大幅提升。同时由于晶粒尺寸的细化，力学性能也得到了改善。

快速凝固除了会影响合金中的稳定相、固溶、晶粒尺寸外，还可能造成合金中形成非晶等特殊组织。Wang Jingfeng 等人采用铜模喷铸的方式制备了直径分别 1.5 mm、2 mm、3 mm 的 Mg69Zn27Ca4 合金，研究发现冷却速度最快的直径 1.5 mm 的合金全部由非晶相组成，随着冷却速度的减慢，非晶基体中出现少量 α-Mg 和 Mg-Zn 相，并且直径为 1.5mm 的非晶合金具有最好的耐腐蚀性能。Yu Bangyi 等人研究发现 Mg-Al 合金熔体在较快冷却速度（$10^{10}$ K/s、$10^{11}$ K/s、$10^{12}$ K/s、$10^{13}$ K/s）下凝固时，可以形成金属玻璃，随着冷却速度的降低，玻璃化转变起始温度降低。

## 2.5  热处理后冷却速度对镁合金微观组织及应力分布的影响

### 2.5.1  微观组织

镁合金热处理后（固溶处理、时效处理）的冷却速度会影响合金元素在镁基体中的固溶量以及时效析出相的含量、尺寸、分布等微观组织状态。Fu Jinlong 等人研究了 Mg-Gd-Er-Zn-Zr 合金固溶处理后经过水冷（water-quenching, QC）、空冷（air-cooling, AC）和随炉冷（furnace-cooling, FC）后合金的组织变化情况。研究发现，随着冷却速度的降低，固溶态合金中的 LPSO 相的体积分数逐渐增大。在时效处理过程中固溶态合金中的层错（SFs）和 LPSO 相几乎不溶解，因此时效析出相的数量，与固溶在基体中的 RE 和 Zn 含量密切相关。由于固溶处理后较快冷却速度得到的固溶试样中合金元素固溶量较大，因此固溶后冷却速度越大，析出相的数量越多，尺寸越小，力学性能也最优，如图 2-14 所示。由此可见，通过控制固溶处理后镁合金的冷却速度，可以调控合金中的 LPSO 相，以及时效析出相的含量和尺寸，从而有利于镁合金组织性能的改善。

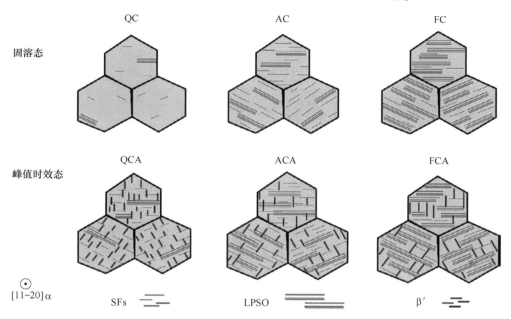

图 2-14　固溶态和峰值时效态 GEZ1011K 合金的层错、LPSO 和析出相的组织特征示意图

A. F. Abd El-Rehim 等人研究了 AZ91 镁合金时效处理后不同冷却方式对合金组织性能的影响，时效处理后的试样分别进行水冷和炉冷处理，即对应着不同的冷却速度。冷却速度快慢与否不影响合金到达峰值时效的时间，但是较快的冷却速度会使合金中析出相尺寸变得细

彩图

小且体积分数增多，因此较快冷却速度下凝固的合金的峰值硬度高于较慢冷却速度下凝固的合金的峰值硬度。

镁合金热处理过程中还可能引起局部重熔，随后的冷却速度变化会直接影响合金元素的再分布。Meng Yi 等人研究了重新加热并立即快速冷却对 Mg-8.20Gd-4.48Y-3.34Zn-0.36Zr 合金微观组织的影响，研究发现，合金再热过程中会发生局部重熔，重熔主要发生在晶界附近和合金元素富集的区域，并形成液膜。液膜中合金元素较高，在随后的快速凝固过程中，会快速形成具有高合金元素比的鱼骨状（Mg, Zn）$_3$RE 化合物，在局部也会形成（Mg, Zn）$_5$RE 化合物，从而使得合金元素在快速凝固过程中出现动态再分布。

## 2.5.2　应力分布

热处理后镁合金冷却速度变化，会使合金表层和心部产生较大的温度梯度，

从而会在合金中形成差异性的应力分布。Xie Qiumin 等人研究了 Mg-Gd-Y-Zr-Ag-Er
合金在固溶处理（500 ℃ +8 h）后在 20 ℃水中液淬、100 ℃水中液淬、空冷等冷
却方式后合金的微观组织、应力及力学性能。研究发现，淬火冷却速度降低对合
金的晶粒尺寸影响较小，但是会使合金中的孪晶消失、析出相增加、织构弱化、
失效后的合金更容易发生脆性断裂。Mg-Gd-Y-Zr-Ag-Er 合金在 20 ℃水中液淬和
100 ℃水中液淬后的内部残余应力实验结果和模拟结果，如图 2-15 所示。

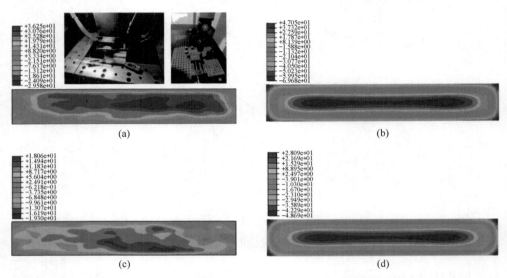

图 2-15　Mg-Gd-Y-Zr-Ag-Er 合金在 20 ℃水中液淬和 100 ℃水中液淬后的内部残余应力
（a）20 ℃水中液淬的实验结果；（b）20 ℃水中液淬的模拟结果；（c）100 ℃水中液淬的实验结果；
（d）100 ℃水中液淬的模拟结果

　　较大的液淬冷却速度会带来较大的温度梯度，合金表层温度较
低，而合金心部温度较高，加大合金表层和心部的热应变的不均匀
性，从而在合金冷却过程中形成应力。随着液淬冷却速度的降低，合

彩图

金中的织构会逐渐弱化从而引起合金中残余应力的减小，空冷后的合金中残余应
力接近于 0。

## 2.6　冷却速度对镁合金性能的影响

　　综上所述，无论是镁合金凝固过程的冷却速度变化还是热处理后的冷却速度
变化都会对合金的微观组织产生重要的影响，微观组织的变化直接决定了合金的
力学性能、耐腐蚀性能、抗氧化性能等性能。为此，本节将主要对冷却速度对镁
合金力学性能、耐腐蚀性能、抗氧化性能的影响规律进行归纳总结和介绍。

### 2.6.1 力学性能

镁合金凝固过程中的冷却速度增加，会细化合金的晶粒尺寸、优化合金中第二相的形状尺寸分布、增加合金元素在镁基体中的固溶量、改善合金元素的偏析，使合金的组织更加均匀，因而随着冷却速度的增加，合金的力学性能得到不同程度的改善。

合金的屈服强度和合金的微观组织密切相关，屈服强度与平均晶粒尺寸之间满足 Hall-Petch 关系，即

$$\sigma_y = \sigma_0 + kd^{-\frac{1}{2}} \tag{2-5}$$

式中，$k$ 为与材料相关的系数；$d$ 为合金的平均晶粒尺寸；$\sigma_0$ 为阻止位错滑移的摩擦力。

考虑到合金微观组织表层和心部区域的晶粒尺寸可能存在较大差异，例如高压铸造合金。提出了一种考虑表层和心部比例的修正 Hall-Petch 公式：

$$\sigma_y = \sum f_t (\sigma_0 + kd^{-\frac{1}{2}}) \tag{2-6}$$

式中，$f_t$ 为合金的表层细晶层和心部粗晶层的比例。

合金的冷却速度对合金的晶粒尺寸具有重要的影响，目前文献报道了两种晶粒尺寸与合金的冷却速度之间的关系模型，两种模型异曲同工，分别为：

$$d = mR^{-\frac{1}{3}} \tag{2-7}$$

$$d = a + \frac{b}{Q\sqrt{R}} \tag{2-8}$$

为了计算方便，将公式（2-7）和公式（2-8）修改为：

$$d = a + bR^x \tag{2-9}$$

式中，$x$ 为负数，为 $-1/2 \sim -1/3$。

将公式（2-9）代入公式（2-6），得到冷却速度与合金屈服强度之间的关系为：

$$\sigma_y = \sum f_t [\sigma_0 + k(a + bR^x)^{-\frac{1}{2}}] \tag{2-10}$$

由此可知，随着冷却速度的增加，合金的屈服强度逐渐增加。

另外，从固溶强化角度考虑，合金的屈服强度与合金元素在基体中的固溶量密切相关，合金元素在镁基体中的固溶量越大，引起的晶格畸变程度越大，固溶强化效果越好。对于固溶强化，合金元素固溶引起的屈服强度与固溶原子浓度（%）之间的关系可表示为：

$$\sigma_{ss} \approx M\sigma_{\tau CRSS(0001)} \approx 38.9M\left[\left(\frac{\varepsilon_b}{0.176}\right)^2 + \left(\frac{\varepsilon_{SFE}}{5.67}\right)^2 - \frac{\varepsilon_b \varepsilon_{SFE}}{2.98}\right]^{\frac{3}{2}} c_s^{\frac{1}{2}} \tag{2-11}$$

式中，$M$ 为泰勒因子；$\varepsilon_b$ 为尺寸错配度；$\varepsilon_{SFE}$ 为化学错配度；$c_s$ 为合金元素固

溶量,%。

由于冷却速度增加会增加合金中合金元素在镁基体中的固溶量,因此从固溶强化的角度看,冷却速度增加也有利于合金力学性能的改善。

镁合金热处理后冷却速度增加,会增加合金元素在镁基体中的固溶量,有利于时效过程中形成更多的细小析出相,从而改善合金的力学性能。

对于析出相强化,基于 Orowan 临界分切应力机制(Orowan critical resolved shear stress, CRSS),合金中的柱面析出相对合金屈服强度的贡献量为:

$$\sigma_{ps} = \frac{Gb}{2\pi\sqrt{1-\nu}\left(0.825\sqrt{\dfrac{d_t t_t}{f_V}} - 0.393d_t - 0.886t_t\right)}\ln\left(\frac{0.886\sqrt{d_t t_t}}{b}\right) \quad (2\text{-}12)$$

对于镁合金,其中 $G$ 为基体的剪切模量,$b$ 为柏氏矢量,$\nu$ 为泊松比,$d_t$ 为析出相的平均尺寸,$t_t$ 为析出相的厚度,$f_V$ 为析出相的体积分数。

综上所述,增加合金的冷却速度,无论是从细晶强化、固溶强化还是第二相强化角度考虑,均能够改善镁合金的力学性能。因此,增加镁合金的冷却速度(包括热处理后的冷却速度)是一种行之有效的改善镁合金力学性能的途径。

### 2.6.2 耐腐蚀性能

镁及镁合金的耐腐蚀性能较差,极易发生腐蚀,由于冷却速度变化会影响镁合金的微观组织,因而也会改变镁合金的耐腐蚀性能。Liu Yichi 等人研究发现,虽然纯镁的腐蚀敏感性随着晶粒尺寸的减小(冷却速度增加)而增大。但是,随着冷却速度的增加,纯镁的晶粒尺寸得到细化,细小晶粒的纯镁表面会形成更加均匀致密的腐蚀产物膜从而提高纯镁的耐腐蚀性能。不同冷却速度(不同晶粒尺寸)下纯镁在模拟体液中浸泡后的腐蚀形貌,如图 2-16 所示。

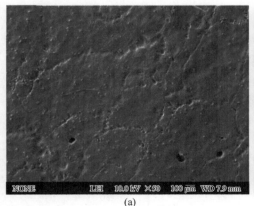 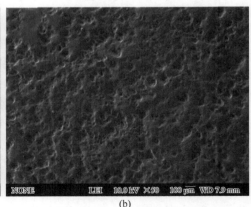

(a)                      (b)

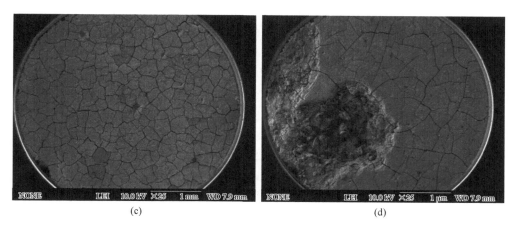

图 2-16　不同晶粒度的纯镁在模拟体液中浸泡 12 h 和 24 h 后的表面形貌

（a）去除腐蚀产物后，细晶试样在模拟体液中浸泡 12 h；（b）去除腐蚀产物后，粗晶试样在模拟体液中浸泡 12 h；（c）细晶试样在 SBF 中浸泡 12 h 后不去除腐蚀产物的表面形貌；（d）粗晶试样在 SBF 中浸泡 12 h 后不去除腐蚀产物的表面形貌

S. Candan 等人研究发现，AZ91 镁合金的耐腐蚀性能与合金的冷却速度密切相关。冷却速度增加会提高合金的耐腐蚀性能。Liu Hening 等人研究了冷却速度变化对 Mg-3Zn-1Ca-0.5Sr 微观组织和耐腐蚀性能的影响，随着冷却速度的增加合金的晶粒尺寸逐渐细化，Zn 和 Sr 的偏析减少，$Mg_{17}Sr_2$ 相和 $Ca_2Mg_6Zn_3$ 相更加细小且分布更均匀。合金的腐蚀多以局部电偶腐蚀为主，冷却速度越大，电偶腐蚀的数量越多，腐蚀速率呈现出先增加后减小的趋势。冷却速度增加使第二相变得细小而分布均匀，使得电偶腐蚀增多，因而腐蚀开始时腐蚀速率较大，但是细小致密均匀的组织会抑制深层 α-Mg 的腐蚀，从而随着腐蚀的进行，腐蚀速率又呈现出下降的趋势。

Liu Debao 等人研究发现，随着冷却速度的增加 Mg-Zn-Ca 合金的耐腐蚀性能得到显著提升。随着冷却速度的增加共晶组织变得更加分散和细小，促进 Zn、Ca 合金元素在镁基体中的固溶，这将有利于在镁合金表面形成包含 Zn、Ca 合金元素的膜，从而提高合金的耐腐蚀性。同时也可促进杂质元素在镁基体中的固溶，从而减弱杂质元素对合金耐腐蚀性能的影响。较低冷却速度下凝固的 Mg-Zn-Ca 合金的表面腐蚀膜是疏松多孔的，而较高冷却速度下凝固的 Mg-Zn-Ca 合金的表面腐蚀膜是致密的，冷却速度增加会改善合金的耐腐蚀性能。

Shogo Izumi 等人研究发现，随着冷却速度的增加，合金的腐蚀速率大幅减小。在冷却速度较慢的合金中发现了尺寸较大的块状和层片状网格分布的 18R-LPSO 相，而随着冷却速度增加 LPSO 相逐渐变得细小。高纯镁表面形成的腐蚀产物膜，能够对镁起到钝化保护作用，快速凝固技术制备的合金由于形成过饱和固溶体，虽然存在少量 LPSO 相，但合金更接近于单相合金，组织更均匀，因而可以有效避免合金发生丝状腐蚀，从而提高合金的耐腐蚀性能。冷却速度增加会延长合金初始腐蚀的时间。也有研究表明快冷制备的 Mg-1Zn-0.5Ca 合金组织更均匀，很大程度上减缓了合金中的微电偶腐蚀，从而改善镁合金的耐腐蚀性能。

对镁合金进行表面处理也可以改善镁合金的耐腐蚀性能，表面处理形成的膜层也会受到合金凝固过程中冷却速度的影响。Hu Lifang 等人在对压铸镁合金进行化学转化处理研究时，发现在较低冷却速度下凝固的镁合金表面形成的化学转化膜较粗糙，并存在裂纹，而在较高冷却速度下凝固的镁合金表面形成的化学转化膜更致密且未发现有裂纹存在。在较高冷却速度下凝固的镁合金表面形成的化学转化膜能够对镁合金起到更好的保护作用，耐腐蚀性更好。而在较低冷却速度下凝固的镁合金表面形成的化学转化膜对镁合金的保护作用较差。

冷却速度对镁合金耐腐蚀性能的影响主要体现在，随着冷却速度增加，会逐渐细化合金的晶粒尺寸及合金中的第二相，并促进合金微观组织和化学成分更加均匀、增加合金元素在镁基体中的固溶，这样有利于形成相对致密的腐蚀膜，减缓合金中电偶腐蚀的倾向，进而提高镁合金的耐腐蚀性能。另外在较高冷却速度下凝固的镁合金，由于合金晶粒尺寸较小且组织均匀，在其表面形成的保护性膜层也更加致密，可以进一步改善镁合金的耐腐蚀性能。此外，随着冷却速度增加，会降低局部微电偶腐蚀的活性和概率，使点蚀腐蚀机制逐渐转变为整体腐蚀机制。

### 2.6.3  抗氧化性能

由于镁合金表面形成的 MgO 氧化膜疏松多孔，所以镁合金的抗氧化性能较差，在熔炼和热处理过程镁合金容易发生氧化。目前研究表明冷却速度会影响镁合金的微观组织，从而会影响镁合金的抗氧化性能。镁合金的抗氧化性能与在镁合金表面形成的氧化膜的致密性和厚度密切相关，研究发现 AZ31 镁合金在 2 K/s 的冷却速度下凝固时，其表面的氧化膜是致密连续的，随着冷却速度的减小（0.7 K/s），氧化膜逐渐出现褶皱，随着冷却速度的进一步减小（0.3 K/s），氧化膜表面出现结节和裂纹，并且氧化膜的厚度随着冷却速度的增加而逐渐变薄。

单辊甩带制备的 AM50-Y 合金中，未发现 $Al_2Y$ 化合物的形成，稀土元素 Y 主要以固溶的形式存在于镁基体中，且合金的微观组织更均匀，其表面氧化膜也更致密，具有较好的抗氧化性能和较高的燃点温度。镁合金的微观组织对合金的抗氧化性能和燃点温度至关重要。减少合金中化合物含量，使合金元素主要以固溶形式存在于镁基体中，从而使合金组织更加均匀，便有利于提高氧化膜的结构稳定性，进而可以有效改善合金的抗氧化性能。AM50 镁合金中添加 Ce 后经快速凝固技术制备的合金中未形成 $Al_{11}Ce_3$ 化合物，而是几乎全部的 Ce 固溶于镁基体中，从而改善了合金的抗氧化性能。固溶态的 RE 对合金阻燃效果的改善作用最优，更容易形成 $RE_2O_3$ 氧化膜，因此随着冷却速度的增加合金的阻燃性能越好。综合现在的研究结果不难发现，RE 固溶于镁基体比其以 Al-RE 化合物形式存在，更有利于改善镁合金的抗氧化性能。因此，快速凝固技术是一种能够有效改善镁合金抗氧化性能的技术方法。

镁合金熔体中 $Mg^{2+}$ 扩散对镁合金氧化膜的形成和生长至关重要，镁合金氧化动力学可以由菲克第一定律进行推导。假设氧化膜/大气侧的 $Mg^{2+}$ 能够立刻与氧气反应生成 MgO 膜，并假设初始形成的 MgO 膜层是致密均匀的，忽略其晶界及缺陷对 $Mg^{2+}$ 扩散的影响，镁合金表面氧化膜厚度可由式（2-13）计算得到，

$$x^2 = -2DV_0C_{Mg^{2+}}t = -2D_0\exp\left(\frac{-Q}{RT}\right)V_0C_{Mg^{2+}}t \tag{2-13}$$

式中，$D_0$ 为 $Mg^{2+}$ 在 MgO 中的扩散系数；$V_0$ 为 MgO 摩尔分数，$m^3/mol$；$Q$ 为扩散激活能；$R$ 为气体常数；$C_{Mg^{2+}}$ 为 $Mg^{2+}$ 的浓度，$mol/m^3$。

合金凝固过程中 $Mg^{2+}$ 扩散系数 $D = D_0\exp\left(\frac{-Q}{RT}\right)$ 随温度变化而变化，因此式（2-13）可修改为：

$$\int x\mathrm{d}x = -V_0\Delta C_{Mg^{2+}}D_0\int\exp\left[\frac{-Q}{RT(t)}\right]\mathrm{d}t \tag{2-14}$$

$T(t)$ 为合金熔体的温度随时间变化的函数，合金熔体温度与冷却速度 $a$（K/s）之间符合一次函数关系，因此式（2-14）可以修改为：

$$\frac{1}{2}x^2 = K\int_0^t\exp\left[\frac{-Q}{R(T_0-at)}\right]\mathrm{d}t \tag{2-15}$$

式中，$K$ 为常数；$T_0$ 为合金的浇注温度。根据镁合金氧化动力学模型可知，镁合金氧化膜主要形成于液态金属凝固阶段，冷却速度越快，合金表面形成的氧化膜越薄，氧化膜的形态越致密，褶皱、裂纹等缺陷越少。随着冷却速度降低，镁合金的表面氧化膜形貌逐渐由扁平状转变成褶皱状，随着冷却速度进一步降低，镁合金表面的氧化膜会出现裂纹。结合目前的研究现状不难发现，镁合金表面的氧化膜致密性与氧化膜的厚度呈现相反的变化规律，即薄的氧化膜相对致密，氧化膜变厚后氧化膜容易出现褶皱、结节和裂纹，反而更不利于改善合金的抗氧化性能。

# 本 章 小 结

毋庸置疑，无论是合金凝固过程的冷却速度变化还是合金热处理后固态合金的冷却速度变化，都会显著影响合金的微观组织，进而影响合金的性能。但是，不同冷却速度区间的研究结论可能会不一致，甚至相悖。根据目前的研究现状不

难发现，众多研究结果往往只是在某一冷却速度区间内得到的结果，可能并不适应于其他的冷却速度区间。为了深入全面研究冷却速度对合金组织性能的影响，需要系统研究较大冷却速度区间范围内冷却速度变化对镁合金组织性能的影响，弄清是否存在临界冷却速度是至关重要的。但是太大的冷却速度范围，实验研究的难度较大，通过分子动力学、第一性原理等模拟计算手段辅助实验研究，可以更好地研究冷却速度变化在较大冷却速度范围内对合金组织性能的影响，同时有助于从内在机理上揭示冷却速度对镁合金组织和性能影响的根源。

（1）凝固过程中的冷却速度变化会影响镁合金中合金元素的扩散和偏析，从而改变合金元素在残余熔体和已凝固固相中的分布，使剩余熔体的合金成分偏离原始合金成分，同时合金的凝固过程会随着冷却速度的变化（过冷度变化）而发生变化，因此会影响最终镁合金的铸态组织，而改变镁合金的力学性能、耐腐蚀性能、抗氧化性能等。

（2）镁合金经过固溶处理后的冷却速度会影响合金元素在镁基体中的固溶，最终影响时效过程中时效析出相的含量、尺寸、分布等，对可热处理强化镁合金的性能改善十分重要。另外热处理后不同的冷却速度还会影响合金中应力的大小和分布，同样会影响合金的性能，这也是不可忽视的因素。

（3）为了更好地研究冷却速度变化对镁合金组织性能的影响，研究不同冷却速度下镁合金微观组织的变化，揭示冷却速度对镁合金微观组织的影响规律是至关重要的。通过同步 X 射线技术等原位测试技术，原位观察不同冷却速度下合金微观组织的变化情况，将有助于分析冷却速度对镁合金微观组织的影响规律，但是其所研究的冷却速度范围较小。通过分子动力学和第一性原理计算等方式，可研究较大冷却速度范围内冷却速度对镁合金组织性能的影响，其也将在阐明冷却速度对镁合金组织性能的影响机理等方面发挥越来越重要的作用。

## 参 考 文 献

［1］ Wu G H, Wang C L, Sun M, et al. Recent developments and applications on high-performance cast magnesium rare-earth alloys ［J］. Journal of Magnesium and Alloys, 2021（9）：1-20.

［2］ Ravichandran N, Srinivas R M. Manufacturing and deployment of magnesium alloy parts for light weighting applications ［J］. Materials Today：Proceedings, 2021（47）：4838-4843.

［3］ Cai H S, Zhao Z, Wang Q D, et al. Study on solution and aging heat treatment of a super high strength cast Mg-7.8Gd-2.7Y-2.0Ag-0.4Zr alloy ［J］. Materials Science & Engineering A, 2022（849）：143523.

［4］ Cai H S, Wang Q D, Zhao Y, et al. Influence of calcium on ignition proof mechanism of AM50 magnesium alloy ［J］. Journal of Materials Science, 2022, 57：7719-7728.

［5］ Zhou X P, Yan H G, Chen J H, et al. Effects of the $\beta'_1$ precipitates on mechanical and damping properties of ZK60 magnesium alloy ［J］. Materials Science & Engineering A,

2021 (804):140730.

[6] Pang S, Wu G H, Liu W C, et al. Influence of cooling rate on solidification behavior of the sand-cast Mg-10Gd-3Y-0.4Zr alloy [J]. Transactions of Nonferrous Metals Society of China, 2014 (24): 3413-3420.

[7] Wilfried K, Fisher D J. Fundamentals of solidification [M]. Trans Tech Publications, Aedermannsdorf, Switzerland, 1992.

[8] 庞松. 砂型铸造 Mg-Gd-Y 合金凝固行为与晶粒细化机制研究 [D]. 上海：上海交通大学, 2015.

[9] Zhen Z S, Mao W M, Yan S J, et al. Microstructure and rheological behavior of semi-solid state AZ91D alloy in continuously cooling process [J]. Acta Metallurgica Sinica, 2003 (1):71-74.

[10] Zhang L A, Wu G H, Wang S H, et al. Effect of cooling condition on microstructure of semi-solid AZ91 slurry produced via ultrasonic vibration process [J]. Transactions of Nonferrous Metals Society of China, 2012 (22): 2357-2363.

[11] Gowri S, Samuel F H. Effect of cooling rate on the solidification behavior of Al-7 Pct Si-SiCp metal-matrix composites [J]. Metallurgical Transactions A, 1992, 23: 3369-3376.

[12] Ghoncheh M H, Shabestari S G, Abbasi M H. Effect of cooling rate on the microstructure and solidification characteristics of Al2024 alloy using computer-aided thermal analysis technique [J]. Journal of Thermal Analysis and Calorimetry, 2014, 117: 1253-1261.

[13] Zhou J X, Yang Y S, Tong W H, et al. Effect of cooling rate on the solidified microstructure of Mg-Gd-Y-Zr alloy [J]. Rare Metal Materials and Engineering, 2010, 39 (11): 1899-1902.

[14] Lin P Y, Zhou H, Sun N, et al. Influence of cerium addition on the resistance to oxidation of AM50 alloy prepared by rapid solidification [J]. Corrosion Science, 2010 (52): 416-421.

[15] Cai H S, Guo F, Su J, et al. Existing forms of Gd in AZ91 magnesium alloy and its effects on mechanical properties [J]. Materials Research Express, 2019 (6): 066541.

[16] Zhang S, Yuan G Y, Lu C, et al. The relationship between (Mg, Zn)$_3$RE phase and 14H-LPSO phase in Mg-Gd-Y-Zn-Zr alloys solidified at different cooling rates [J]. Journal of Alloys and Compounds, 2011, 509 (8): 3515-3521.

[17] Zhai C, Luo Q, Cai Q, et al. Thermodynamically analyzing the formation of Mg$_{12}$Nd and Mg$_{41}$Nd$_5$ in Mg-Nd system under a static magnetic field [J]. Journal of Alloys and Compounds, 2019 (773): 202-209.

[18] Langsdorf A, Assmus W. Growth of large single grains of the icosahedral quasicrystal ZnMgY [J]. Journal of Crystal Growth, 1998, 192 (1/2): 152-156.

[19] Cai H S, Guo F, Su J, et al. Microstructure and strengthening mechanism of AZ91-Y magnesium alloy [J]. Materials Research Express, 2018 (5): 036501.

[20] Cai H S, Guo F, Ren X S, et al. Effects of cerium on as-cast microstructure of AZ91 magnesium alloy under different solidification rates [J]. Journal of Rare Earths, 2016, 34 (7): 736-741.

[21] Ünal M. Effects of solidification rate and Sb additions on microstructure and mechanical properties of as cast AM60 magnesium alloys [J]. International Journal of Cast Metals

Research, 2014, 27 (2): 80-86.

[22] Erfan A, Jared U, Roostaei A A, et al. The effect of cooling rate and degassing on microstructure and mechanical properties of cast AZ80 magnesium alloy [J]. Materials Science & Engineering A, 2022 (844): 143176.

[23] Liu D R, Zhao H C, Wang L. Numerical investigation of grain refinement of magnesium alloys: Effects of cooling rate [J]. Journal of Physics and Chemistry of Solids, 2020 (144): 109486.

[24] Wang Y B, Peng L M, Ji Y Z, et al. The effect of low cooling rates on dendrite morphology during directional solidification in Mg-Gd alloys: In situ X-ray radiographic observation [J]. Materials Letters, 2016, 163: 218-221.

[25] Wang Y B, Jia S S, Wei M J, et al. Coupling in situ synchrotron X-ray radiography and phase-field simulation to study the effect of low cooling rates on dendrite morphology during directional solidification in Mg-Gd alloys [J]. Journal of Alloys and Compounds, 2020 (815): 152385.

[26] Wang Y B, Peng L M, Ji Y Z, et al. Effect of cooling rates on the dendritic morphology transition of Mg-6Gd alloy by in situ X-ray radiography [J]. Journal of Materials Science & Technology, 2018, 34 (7): 1142-1148.

[27] Xie Q M, Wu Y X, Zhang T, et al. Effects of quenching cooling rate on residual stress and mechanical properties of a rare-earth wrought magnesium alloy [J]. Materials, 2022, 15: 5627.

[28] Woo W, Choo H, Prime M, et al. Microstructure, texture and residual stress in a friction-stir-processed AZ31B magnesium alloy [J]. Acta Materialia, 2008, 56: 1701-1711.

[29] Fu J L, Du W B, Jia L Y, et al. Cooling rate controlled basal precipitates and age hardening response of solid-soluted Mg-Gd-Er-Zn-Zr alloy [J]. Journal of Magnesium and Alloys, 2021 (9):1261-1271.

[30] Li W, Zhou H, Zhou W, et al. Effect of cooling rate on ignition point of AZ91D-0. 98 wt. % Ce magnesium alloy [J]. Materials Letters, 2007 (61): 2772-2774.

[31] Cai J, Ma G C, Liu Z, et al. Influence of rapid solidification on the mechanical properties of Mg-Zn-Ce-Ag magnesium alloy [J]. Materials Science and Engineering A, 2007 (456): 364-367.

[32] Cui J, Luo T J, Wang C, et al. Evolution of the microstructure and microsegregation in subrapidly solidified Mg-6Al-4Zn-1. 2Sn magnesium alloy [J]. Advanced Engineering Materials, 2020: 2000583.

[33] Pang S, Wu G H, Liu W C, et al. Effect of cooling rate on the microstructure and mechanical properties of sand-casting Mg-10Gd-3Y-0. 5Zr magnesium alloy [J]. Materials Science & Engineering A, 2013 (562): 152-160.

[34] Yahia A, You G Q, Pan F S, et al. Grain coarsening of cast magnesium alloys at high cooling rate: a new observation [J]. Metallurgical and Materials Transactions A, 2017 (48): 474-481.

[35] Guo E J, Wang L, Feng Y C, et al. Effect of cooling rate on the microstructure and solidification parameters of Mg-3Al-3Nd alloy [J]. Journal of Thermal Analysis and

Calorimetry, 2019, 135: 2001-2008.

［36］ Cai H S, Wang Z Z, Liu L, et al. Regulation mechanism of cooling rate and RE (Ce, Y, Gd) on $Mg_{17}Al_{12}$ in AZ91 alloy and it's role in fracture process ［J］. Journal of Materials Research and Technology, 2022, 19: 3930-3941.

［37］ Sun M, et al. Effect of cooling rate on the grain refinement of Mg-Y-Zr alloys ［J］. Metallurgical and Materials Transactions A, 2020 (51): 482-496.

［38］ Chi Yuan Cho, Jun Yen Uan, Te Chang Tsai. Effect of cooling rate on $Mg_{17}Al_{12}$ volume fraction and compositional inhomogeneity in a sand-cast AZ91D magnesium plate ［J］. Materials Transactions, 2006, 47 (8): 2060-2067.

［39］ Abd El-Rehim A F, Zahran H Y, Al-Masoud H M, et al. Microhardness and microstructure characteristics of AZ91 magnesium alloy under different cooling rate conditions ［J］. Materials Research Express, 2019 (6): 086572.

［40］ Wang L D, Li X S, Wang C, et al. Effects of cooling rate on bio-corrosion resistance and mechanical properties of Mg-1Zn-0.5Ca casting alloy ［J］. Transactions of Nonferrous Metals Society of China, 2016 (26): 704-711.

［41］ Wang J F, Huang S, Guo S F, et al. Effects of cooling rate on microstructure, mechanical and corrosion properties of Mg-Zn-Ca alloy ［J］. Transactions of Nonferrous Metals Society of China, 2013 (23): 1930-1935.

［42］ Yavari F, Shabestari S G. Effect of cooling rate and Al content on solidification characteristics of AZ magnesium alloys using cooling curve thermal analysis ［J］. Journal of Thermal Analysis and Calorimetry, 2017, 129: 655-662.

［43］ Shabestari S G, Malekan M. Thermal analysis study of the effect of the cooling rate on the microstructure and solidification parameters of 319 aluminum alloy ［J］. Canadian Metallurgical Quarterly, 2005, 44: 305-312.

［44］ Malekan M, Naghdali S, Abrishami S, et al. Effect of cooling rate on the solidification characteristics and dendrite coherency point of ADC12 aluminum die casting alloy using thermal analysis ［J］. Journal of Thermal Analysis and Calorimetry, 2016, 124: 601-609.

［45］ Hosseini V A, Shabestari S G, Gholizadeh R. Study of the cooling rate on the solidification parameters, microstructure, and mechanical properties of LM13 alloy using cooling curve thermal analysis technique ［J］. Materials & Design, 2013, 50: 7-14.

［46］ Yavari F, Shabestari S G. Assessment of the effect of cooling rate on dendrite coherency point and hot tearing susceptibility of AZ magnesium alloys using thermal analysis ［J］. International Journal of Cast Metals Research, 2019, 32 (2): 85-94.

［47］ Shewmon P G. Diffusion in solids ［M］. New York: McGraw-Hill, 1963.

［48］ Aziz M J. Model for solute redistribution during rapid solidification ［J］. Journal of Applied Physics, 1982 (53): 1158-1168.

［49］ Sun W H, Shi X Y, Emre C, et al. Investigation of the non-equilibrium solidification microstructure of a Mg-4Al-2RE (AE42) alloy ［J］. Journal of Materials Science, 2016 (51): 6287-6294.

［50］Chen J H, Wei J Y, Yan H G, et al. Effects of cooling rate and pressure on microstructure and mechanical properties of sub-rapidly solidified Mg-Zn-Sn-Al-Ca alloy［J］. Materials and Design, 2013（45）: 300-307.

［51］Levent E, Bunyamin C, Erkan K, et al. Effects of alloying element and cooling rate on properties of AM60 Mg alloy［J］. Materials Research Express, 2019（6）: 096511.

［52］Liu H H, Ning Z L, Cao F Y, et al. Effect of cooling condition on Zr-rich core formation and grain size in Mg alloy［J］. Advanced Materials Research, 2011（189-193）: 3920-3924.

［53］Chen Y H, Feng Y C, Wang L P, et al. Effect of cooling rate and Al content on solidification behavior and microstructure evolution of as-cast Mg-Al-Ca-Sm alloys［J］. Journal of Thermal Analysis and Calorimetry, 2019, 135: 2237-2246.

［54］Shechtman D, Blech I. The microstructure of rapidly solidified Al6Mn［J］. Metallurgical Transactions A, 1985, 16（6）: 1005-1012.

［55］Akio Niikura, An-Pang Tsai, Nobuyuki Nishiyama, et al. Amorphous and quasi-crystalline phases in rapidly solidified Mg-Al-Zn alloys［J］. Materials Science and Engineering: A, 1994（181/182）: 1387-1391.

［56］Li L F, Li D Q, Mao F, et al. Effect of cooling rate on eutectic Si in Al-7. 0Si-0. 3Mg alloys modified by La additions［J］. Journal of Alloys and Compounds, 2020（826）: 154206.

［57］Dong X G, Fu J W, Wang J, et al. Microstructure and tensile properties of as-cast and as-aged Mg-6Al-4Zn alloys with Sn addition［J］. Materials and Design, 2013, 51: 567-574.

［58］Shechtman D, Blech I, Gratias D, et al. Metallic phase with long-range orientational order and no translational symmetry［J］. Physical Review Letters, 1984（53）: 1951-1954.

［59］Sastry G V S, Ramachandrarao P. A study of the icosahedral phase: $Mg_{32}(Al, Zn)_{49}$［J］. Journal of Materials Research, 1986（1）: 247-250.

［60］Bancel P A, Heiney P A, Stephens P W, et al. Structure of rapidly quenched Al-Mn［J］. Physical Review Letters, 1985（54）: 2422-2425.

［61］Liu Y, Yuan G Y, Yin J, et al. The effect of cooling rate on the microstructure and mechanical properties of Mg-Zn-Gd based alloys［J］. International Journal of Materials Research, 2008, 99（9）: 973-978.

［62］Chen Y H, Feng Y C, Wang L P, et al. Effect of cooling rate on solidification behavior and microstructure evolution of as-cast Mg-5Al-2Ca-2Sm alloy［J］. Transactions of the Indian Institute of Metals, 2019, 72（2）: 533-543.

［63］Wang L, Feng Y C, Zhao S C, et al. Effect of cooling rate on grain refining behavior of Mg-4Y-3Nd-1. 5Al alloy［J］. Materials Research Express, 2019（6）: 1165h3.

［64］Wu K Y, Wang X Y, Xiao L, et al. Experimental study on the effect of cooling rate on the secondary phase in as-cast Mg-Gd-Y-Zr alloy［J］. Advanced Engineering Materials, 2017: 1700717.

［65］Brody H D, Flemings M C. Solute Redistribution in dendritic solidification［J］. Transaction of American Institute of Mining, Metallurgical, and Petroleum Engineers, 1966（236）: 615-624.

［66］Liu Y L, Kang S B. Solidification and segregation of Al-Mg alloys and influence of alloy composition and cooling rate [J]. Materials Science and Technology, 1997, 13 (4): 331-336.

[67] Zhao X T, Shang S, Zhang T X, et al. Phase-field simulation on the influence of cooling rate on the solidification microstructure of Mg-Gd-Y ternary magnesium alloy [J]. Rare Metal Materials and Engineering, 2020, 49 (11): 3709-3717.

[68] Zhang C, Miao J S, Chen S L, et al. CALPHAD-based modeling and experimental validation of microstructural evolution and microsegregation in magnesium alloys during solidification [J]. Journal of Phase Equilibria and Diffusion, 2019 (40): 495-507.

[69] Dai J C, Mark A E, Zhang M X, et al. Effects of cooling rate and solute content on the grain refinement of Mg-Gd-Y alloys by aluminum [J]. Metallurgical and Materials Transactions A, 2014 (45): 4665-4678.

[70] Wang L, Feng Y C, Guo E J, et al. Effect of cooling rate on the grain refinement of Mg-3Nd alloys by aluminum [J]. International Journal of Metalcasting, 2018 (12): 906-918.

[71] Bolzoni L, Nowak M, Yan F, et al. Grain refiner development for Al containing Mg alloys [J]. Materials Science Forum, 2013 (765): 145-149.

[72] Wang J A, Wang J H, Song Z X. Microstructures and microsegregation of directionally solidified Mg-1.5Gd magnesium alloy with different growth rates [J]. Rare Metal Materials and Engineering, 2017, 46 (1): 12-16.

[73] StJohn D H, Easton M A, Qian M, et al. Grain refinement of magnesium alloys: a review of recent research, theoretical developments, and their application [J]. Metallurgical and Materials Transactions A, 2013 (44): 2935-2949.

[74] Easton M, StJohn D. An analysis of the relationship between grain size, solute content, and the potency and number density of nucleant particles [J]. Metallurgical and Materials Transactions A, 2005 (36): 1911-1920.

[75] StJohn D H, Ma Q, Easton M A, et al. Grain refinement of magnesium alloys [J]. Metallurgical and Materials Transactions A, 2005 (36): 1669-1679.

[76] Hunt J D. Steady state columnar and equiaxed growth of dendrites and eutectic [J]. Materials Science and Engineering, 1984, 65 (1): 75-83.

[77] Goh Chwee Sim, Khin Sandar Tun, Tan Xinghe, et al. Effect of cooling rate on the microstructures and mechanical properties of Mg-Y alloys [J]. Applied Mechanics and Materials, 2014 (597): 135-139.

[78] Wang Y N, Shuai S S, Huang C L, et al. Revealing the diversity of dendritic morphology evolution during solidification of magnesium alloys using synchrotron X-ray imaging: a review [J]. Acta Metallurgica Sinica (English Letters), 2022, 35 (2): 177-200.

[79] Wang M Y, Williams J J, Jiang L, et al. Dendritic morphology of α-Mg during the solidification of Mg-based alloys: 3D experimental characterization by X-ray synchrotron tomography and phase-field simulations [J]. Scripta Materialia, 2011 (65): 855-858.

[80] Wang M Y, Xu Y J, Jing T, et al. Growth orientations and morphologies of α-Mg dendrites in Mg-Zn alloys [J]. Scripta Materialia, 2012 (67): 629-632.

[81] Wang C L, Wu G H, Sun M, et al. Formation of non-dendritic microstructures in preparation of semi-solid Mg-RE alloys slurries: roles of RE content and cooling rate [J]. Journal of Materials Processing Technology, 2020 (279): 116545.

[82] Wang C L, Chen A, Zhang L, et al. Preparation of an Mg-Gd-Zn alloy semisolid slurry by low frequency electro-magnetic stirring [J]. Materials and Design, 2015 (84): 53-63.

[83] Shuai C J, Yang Y W, Wu P, et al. Laser rapid solidification improves corrosion behavior of Mg-Zn-Zr alloy [J]. Journal of Alloys and Compounds, 2017 (691): 961-969.

[84] Wang D W, Dong K J, Jin Z Z, et al. Novel Mg-Al-Sn-Ca with enhanced mechanical properties and high corrosion rate via sub-rapid solidification for degradable magnesium alloy [J]. Journal of Alloys and Compounds, 2022 (914): 165325.

[85] Yu B Y, Liang Y C, Tian Z A, et al. MD study on topologically close-packed and configuration entropy of Mg40Al60 metallic glasses under rapid solidification [J]. Journal of Non-Crystalline Solids, 2019 (522): 119578.

[86] Meng Y, Chen Q, Sugiyama S, et al. Effects of reheating and subsequent rapid cooling on microstructural evolution and semisolid forming behaviors of extruded Mg-8. 20Gd-4. 48Y-3. 34Zn-0. 36Zr alloy [J] Journal of Materials Processing Technology, 2017 (247): 192-203.

[87] Li J Y, Sumio S, Jun Y. Microstructural evolution and flow stress of semisolid type 304 stainless steel [J]. Journal of Materials Processing Technology, 2005 (161): 396-406.

[88] Sharifi P, Fan Y, Anaraki H B, et al. Evaluation of cooling rate effects on the mechanical properties of die cast magnesium alloy AM60 [J]. Metallurgical and Materials Transactions A, 2016 (47): 5159-5168.

[89] Sharifi P, Fan Y, Weiler J P, et al. Predicting the flow stress of high pressure die cast magnesium alloys [J]. Journal of Alloys and Compounds, 2014 (605): 237-243.

[90] Luo S Q, Tang A T, Jiang B, et al. The element features and criterion of formation of LPSO in magnesium alloys [J]. Materials Research Innovations, 2015, 19 (S4): S133-S137.

[91] Yasi J A, Hector L G, Trinkle D R. First-principles data for solid-solution strengthening of magnesium: from geometry and chemistry to properties [J]. Acta Materialia, 2010 (58): 5704-5713.

[92] Yang Q, Bu F, Qiu X, et al. Strengthening effect of nano-scale precipitates in a die-cast Mg-4Al-5. 6Sm-0. 3Mn alloy [J]. Journal of Alloys & Compounds, 2016 (665): 240-250.

[93] Wan Y, Tang B, Gao Y, et al. Bulk nanocrystalline high-strength magnesium alloys prepared via rotary swaging [J]. Acta Materialia, 2020 (200): 274-286.

[94] Prameela S E, Yi P, Hollenweger Y, et al. Strengthening magnesium by design: integrating alloying and dynamic processing [J]. Mechanics of Materials, 2022 (167): 104203.

[95] Liu Y C, Liu D B, You C, et al. Effects of grain size on the corrosion resistance of pure magnesium by cooling rate-controlled solidification [J]. Frontiers of Materials Science, 2015 (9):247-253.

[96] Candan S, Celik M, Candan E. Effectiveness of Ti-micro alloying in relation to cooling rate on corrosion of AZ91 Mg alloy [J]. Journal of Alloys and Compounds, 2016 (672): 197-203.

[97] Liu H N, Zhang K, Li X G, et al. Microstructure and corrosion resistance of bone-implanted Mg-Zn-Ca-Sr alloy under different cooling methods [J]. Rare Metals, 2021 (40): 643-650.

[98] Liu D B, Liu Y C, Huang Y, et al. Effects of solidification cooling rate on the corrosion resistance of Mg-Zn-Ca alloy [J]. Progress in Natural Science: Materials International, 2014 (24):452-457.

[99] Shogo Izumi, Michiaki Yamasaki, Yoshihito Kawamura. Relation between corrosion behavior and microstructure of Mg-Zn-Y alloys prepared by rapid solidification at various cooling rates [J]. Corrosion Science, 2009 (51): 395-402.

[100] Nobuyoshi Hara, Yasuhiro Kobayashi, Daisuke Kagaya, et al. Formation and breakdown of surface films on magnesium and its alloys in aqueous solutions [J]. Corrosion Science, 2007 (49):166-175.

[101] Hu L F, Chen D M, Shi F R, et al. Effect of die-casting cooling rate on the chemical conversion treatments of AZ91D magnesium alloy [J]. International Journal of Cast Metals Research, 2016, 29 (6): 355-361.

[102] Zhao X Y, Gu T, Zhang H Y, et al. The relationship between ignition and oxidation of molten magnesium alloys during the cooling process [J]. Frontiers in Chemistry, 2022, 10: 980860.

[103] Lin P Y, Zhou H, Li W P, et al. Effect of cooling rate on oxidation resistance and powder ignition temperature of AM50 alloy with addition of yttrium [J]. Corrosion Science, 2009 (51): 301-308.

[104] Zhou H, Wang M X, Li W, et al. Effect of Ce addition on ignition point of AM50 alloy powders [J]. Materials Letters, 2006 (6): 3238-3240.

[105] Aydin D S, Bayindir Z, Pekguleryuz M O. High temperature oxidation behavior of hypoeutectic Mg-Sr binary alloys: the role of the two-phase microstructure and the surface activity of Sr [J]. Advanced Engineering Materials, 2015, 17 (5): 697-708.

[106] Liu C, Lu S, Fu Y, et al. Flammability and the oxidation kinetics of the magnesium alloys AZ31, WE43, and ZE10 [J]. Corrosion Science, 2015, 100: 177-185.

# 3 AZ91-RE（Ce、Y、Gd）合金中化合物形成机理及性质

　　镁合金因具有比强度、比刚度高、导热导电性好、阻尼减振等优点，在航空航天、汽车、电子通信和生物医疗等领域具有极其重要的应用价值和广阔的应用前景。但是，镁合金的真实强度低，也制约着其在更广泛领域的应用。通过合金化的方式，尤其是利用稀土元素自身的独特性对镁合金进行合金化处理，可以显著改善镁合金的性能。稀土元素在 AZ 系镁合金中的固溶量较小，其与 Al 具有较高的结合能力，容易形成 Al-RE 化合物，因而在 Mg-Al 系合金中进行稀土合金化处理时，稀土元素主要以 Al-RE 化合物的形式存在。

　　目前采用稀土元素对镁合金进行合金化处理已经进行了大量的研究工作，但是这些研究并未深入分析合金中化合物的形成机理及性质。目前的研究往往认为在镁合金中添加稀土后，形成的稀土化合物就会对合金起到第二相强化作用。但是，合金中的化合物能否对合金起到第二相强化作用，与化合物的性质、形状、尺寸、分布等密切相关。与此同时，目前关于稀土镁合金中化合物的形成机理的研究非常少，为了更好地发挥合金中化合物对合金的第二相强化作用，对其进行必要的调控是非常有效的。而阐明合金中化合物的形成机理，对调控合金中化合物具有重要的指导意义。

　　为了更好地明确镁合金稀土合金化后合金中形成的化合物对合金力学性能的影响，本章将从分析添加稀土 Ce、Y、Gd 后 AZ91 镁合金中化合物的形成机理、性质等方面展开系统全面的研究。通过 Miedema 模型和 Toop 模型对稀土化合物的形成过程进行热力学分析，从热力学角度分析稀土化合物形成的原因；通过 Thermo-calc 热力学计算软件和镁合金热力学数据库对合金凝固过程进行计算分析，并结合液淬实验、DSC 测试等实验手段，明确合金中化合物的形成机理；通过第一性原理计算添加稀土 Ce、Y、Gd 后 AZ91 镁合金中形成的主要化合物的性质。AZ91-RE（Ce、Y、Gd）合金中化合物形成机理及性质研究，将有助于准确分析合金中化合物能否对合金起到第二相强化作用，并为调控合金中化合物的形貌尺寸分布等提供理论指导，对稀土镁合金强韧化机理研究具有重要的理论指导意义。本章将通过实验研究和理论计算相结合的方式，介绍 AZ91 镁合金中添加稀土元素（Ce、Y、Gd）后合金中化合物的形成机理及性质。

# 3.1 AZ91-RE（Ce、Y、Gd）合金中 Al-RE 化合物形成的热力学分析

    AZ91-RE 镁合金中的稀土化合物主要形成于合金的凝固过程中，化合物能否形成、形成的具体阶段以及不同稀土元素形成化合物的能力，可通过热力学计算来分析。因 AZ91 镁合金中 Zn 的含量较低且基本不参与化合反应，故在热力学分析中将 AZ91-RE 镁合金近似看作给定 RE 和 Al 含量的 Mg-Al-RE 三元体系予以考虑。在此基础上，根据经典热力学和相关模型，对 Mg-Al-RE（Ce、Y、Gd）三元系合金的二元化合物生成热和凝固过程中稀土化合物 $Al_4Ce$、$Al_2Y$ 和 $Al_2Gd$ 形成反应的吉布斯自由能变化进行计算。

## 3.1.1 Mg-Al-RE 体系中二元化合物的生成序

    Mg-Al-RE 体系中的任意两个组元之间存在形成金属间化合物的可能，根据合金组元的有关物理化学性质，利用 Miedema 模型计算出 Mg-Al、Al-RE 和 Mg-RE 三个二元系合金生成热的大小，可以判断各化合物的形成能力。生成热越负则说明该化合物越容易形成。

    Miedema 模型表达式如下：

$$\Delta H_{AB} = f_{AB}\left(\frac{x_A X x_B Y}{x_A V_A^{\frac{2}{3}} X + x_B V_B^{\frac{2}{3}} Y}\right) \tag{3-1}$$

    其中：

$$X = 1 + \mu_A x_B(\varphi_A - \varphi_B) \tag{3-2}$$

$$Y = 1 + \mu_B x_A(\varphi_B - \varphi_A) \tag{3-3}$$

$$f_{AB} = 2pV_A^{\frac{2}{3}}V_B^{\frac{2}{3}} \frac{(q/p)(n_A^{\frac{1}{3}} - n_B^{\frac{1}{3}})^2 - (\varphi_A - \varphi_B)^2 - a\dfrac{r}{p}}{n_A^{-\frac{1}{3}} + n_B^{-\frac{1}{3}}} \tag{3-4}$$

    模型中，$x_A$、$x_B$、$\varphi_A$、$\varphi_B$、$n_A$、$n_B$、$V_A$、$V_B$ 分别为组元 A、B 的摩尔分数、电负性、电子密度和摩尔体积，元素的电负性、电子密度、摩尔体积见表 3-1。本研究的合金体系所涉及元素的电负性、摩尔体积、电子密度见表 3-2。$p$，$q/p$，$r$，$a$ 均为经验常数，$p$ 取值原则，见表 3-3，$q/p$ 一般情况下取 9.4，对于液态合金 $a$ 取 0.73，对固态合金 $a$ 取 1。当过渡族与非过渡族元素形成合金时，需要加入修正值 $r/p$，本书中 Mg、Al 是非过渡族元素，RE 是过渡族元素，其值为表 3-4 中两个元素相应数值的乘积，例如：Mg，Y 形成二元合金时 $r/p$ 为 0.28。Miedema 模型中 $\mu$ 的取值与元素的价态有关，其取值规则见表 3-5。

### 表 3-1 元素的电负性、电子密度、摩尔体积

图例：M = 元素，$\varphi$ = 电负性，$n$ = 电子密度，$V$ = 摩尔体积

| 1 | 2 | 3 | 4 | 5 | 6 | 7 | 8 | 9 | 10 | 11 | 12 | 13 | 14 | 15 |
|---|---|---|---|---|---|---|---|---|---|---|---|---|---|---|
| H<br>5.20<br>3.38<br>1.70 | | | | | | | | | | | | | | |
| Li<br>2.85<br>0.94<br>13.00 | Be<br>5.05<br>4.66<br>4.90 | | | | | | | | | | | B<br>5.30<br>5.36<br>4.70 | C<br>6.24<br>5.55<br>3.26 | N<br>6.86<br>4.49<br>4.10 |
| Na<br>2.70<br>0.55<br>23.78 | Mg<br>3.45<br>1.60<br>14.00 | | | | | | | | | | | Al<br>4.20<br>2.70<br>10.00 | Si<br>4.70<br>3.38<br>8.60 | P<br>5.55<br>4.49<br>4.10 |
| K<br>2.25<br>0.27<br>45.63 | Ca<br>2.55<br>0.75<br>26.20 | Sc<br>3.25<br>2.05<br>15.03 | Ti<br>3.80<br>3.51<br>10.58 | V<br>4.25<br>4.41<br>8.36 | Cr<br>4.65<br>5.18<br>7.23 | Mn<br>4.45<br>4.17<br>7.35 | Fe<br>4.93<br>5.55<br>7.09 | Co<br>5.10<br>5.36<br>6.70 | Ni<br>5.20<br>5.36<br>6.60 | Cu<br>4.45<br>3.18<br>7.12 | Zn<br>4.10<br>2.30<br>9.17 | Ga<br>4.10<br>2.25<br>11.82 | Ge<br>4.55<br>2.57<br>9.87 | As<br>4.80<br>3.00<br>11.85 |
| Rb<br>2.10<br>0.22<br>56.07 | Sr<br>2.40<br>0.59<br>33.93 | Y<br>3.20<br>1.77<br>19.90 | Zr<br>3.45<br>2.80<br>14.00 | Nb<br>4.05<br>4.41<br>10.80 | Mo<br>4.65<br>5.55<br>9.40 | Tc<br>5.30<br>5.93<br>8.64 | Ru<br>5.40<br>6.13<br>8.20 | Rh<br>5.40<br>5.45<br>8.30 | Pd<br>5.45<br>4.66<br>8.90 | Ag<br>4.35<br>2.52<br>10.25 | Cd<br>4.05<br>1.91<br>13.00 | In<br>3.90<br>1.60<br>15.75 | Sn<br>4.15<br>1.90<br>16.30 | Sb<br>4.40<br>2.00<br>16.95 |
| Cs<br>1.95<br>0.17<br>69.23 | Ba<br>2.32<br>0.53<br>38.10 | La<br>3.17<br>1.64<br>22.55 | Hf<br>3.60<br>3.05<br>13.45 | Ta<br>4.05<br>4.33<br>10.81 | W<br>4.80<br>5.93<br>9.55 | Re<br>5.20<br>6.33<br>8.85 | Os<br>5.40<br>6.33<br>8.45 | Ir<br>5.55<br>6.13<br>8.52 | Pt<br>5.65<br>5.64<br>9.10 | Au<br>5.15<br>3.87<br>10.20 | Hg<br>4.20<br>1.91<br>14.08 | Tl<br>3.90<br>1.40<br>17.23 | Pb<br>4.10<br>1.52<br>18.28 | Bi<br>4.15<br>1.56<br>19.32 |

| Ce | Pr | Nd | Pm | Sm | Eu | Gd | Tb | Dy | Ho | Er | Tm | Yb | Lu |
|---|---|---|---|---|---|---|---|---|---|---|---|---|---|
| 3.18<br>1.69<br>21.62 | 3.19<br>1.73<br>20.79 | 3.19<br>1.73<br>20.58 | 3.19<br>1.77<br>20.25 | 3.19<br>1.77<br>20.25 | 3.20<br>1.77<br>20.01 | 3.20<br>1.77<br>19.90 | 3.21<br>1.82<br>19.32 | 3.21<br>1.82<br>19.00 | 3.22<br>1.82<br>18.76 | 3.22<br>1.86<br>18.45 | 3.22<br>1.86<br>18.12 | 3.22<br>1.86<br>17.97 | 3.22<br>1.91<br>17.77 |

| Th | Pa | U | Np | Pu |
|---|---|---|---|---|
| 3.30<br>2.10<br>19.80 | | 3.90<br>3.44<br>13.15 | | 3.80<br>2.99<br>12.06 |

### 表 3-2 Miedema 模型中的参数

| 元素 | 电负性 $\varphi$ | 电子密度 $n^{1/3}$ | 摩尔体积 $V^{2/3}$ | $\mu$ |
|---|---|---|---|---|
| Mg | 3.45 | 1.17 | 5.81 | 0.10 |
| Al | 4.20 | 1.39 | 4.64 | 0.07 |
| Ce | 3.18 | 1.19 | 7.76 | 0.07 |
| Y | 3.20 | 1.21 | 7.34 | 0.07 |
| Gd | 3.20 | 1.21 | 7.34 | 0.07 |

表 3-3 Miedema 模型中 $p$ 参数值

| 类别 | $p$ |
| --- | --- |
| 两种过渡元素形成的二元合金 | 14.2 |
| 两种非过渡元素形成的二元合金 | 10.7 |
| 一种过渡族元素与一种非过渡族元素形成的二元合金 | 12.3 |

表 3-4 Miedema 模型中 $r/p$ 参数值

| Mg | Al | Ce | Y | Gd |
| --- | --- | --- | --- | --- |
| 0.4 | 1.9 | 0.7 | 0.7 | 0.7 |

表 3-5 Miedema 模型中 $\mu$ 的值

| 金属类型 | $\mu$ |
| --- | --- |
| 一价金属（碱金属） | 0.14 |
| 二价金属和碱土金属 | 0.10 |
| 其他金属和 Ca、Sr、Ba | 0.04 |

将 Mg、Al、RE（Ce、Y、Gd）的各种物理化学参数代入式（3-1），根据 Miedema 模型可计算得到二元合金 Mg-Al、Mg-RE、Al-RE 二元合金体系的生成热 $\Delta H_{\mathrm{Mg-Al}}$、$\Delta H_{\mathrm{Mg-RE}}$ 和 $\Delta H_{\mathrm{Al-RE}}$。

不同摩尔分数下 Mg-Al、Mg-Ce、Mg-Y、Mg-Gd、Al-Ce、Al-Y、Al-Gd 生成热的变化情况，如图 3-1 所示。由图可知，在任何情况下，Al-Ce、Al-Y、Al-Gd 的生成热均最负，因而 Al-RE 相相较于 Mg-Al 相和 Mg-RE 相更容易生成。由此，对于实验合金体系中添加的稀土元素 Ce、Y、Gd 会优先与 Al 结合生成第二相，而过剩的稀土元素才会与 Mg 形成第二相。本实验中 RE 的最大加入量为 0.9%（质量分数），而 Al 的含量为 9%（质量分数），因此稀土 Ce、Y、Gd 除了少量固溶于基体外，大部分会与 Al 形成 Al-RE 相，而基本不会与 Mg 形成第二相，这与 XRD 检测结果相一致。

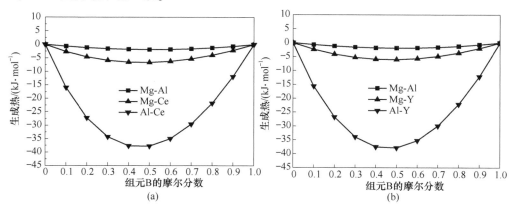

(a)　(b)

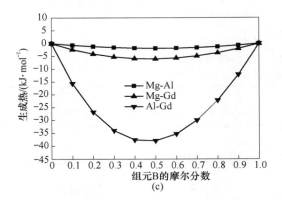

图 3-1  AZ91-RE 合金中二元化合物生成热

（a）AZ91-Ce；（b）AZ91-Y；（c）AZ91-Gd

### 3.1.2  Mg-Al-RE 体系中 Al-RE 生成反应的吉布斯自由能变化计算

由于实验研究的稀土添加量较少，近似依据 Mg-Al 二元平衡相图，可知 α-Mg 固溶体的结晶温度范围为 743~868 K。根据该温度区间 Al-RE 化合物形成反应的吉布斯自由能变化，可分析合金熔体中 Al-RE 化合物的形成过程以及不同稀土元素形成 Al-RE 化合物的能力。

#### 3.1.2.1  纯物质生成 Al-RE 反应的标准生成吉布斯自由能变化

由纯物质反应生成 $Al_4Ce$、$Al_2Y$、$Al_2Gd$ 化合物的化学反应式如下：

$$4Al + Ce \Longrightarrow Al_4Ce$$

$$2Al + Y \Longrightarrow Al_2Y$$

$$2Al + Gd \Longrightarrow Al_2Gd$$

根据经典热力学，热力学性质之间存在如下关系：

$$\Delta G_T^{\ominus} = \Delta H_T^{\ominus} - T\Delta S_T^{\ominus} \tag{3-5}$$

式中，$\Delta H_T^{\ominus}$ 为反应过程的标准焓变；$\Delta S_T^{\ominus}$ 为反应过程的标准熵变。

根据基尔霍夫（Kirchhoff）定律，化学反应过程的标准焓变 $\Delta H_T^{\ominus}$ 与等压热容变化 $\Delta c_p$ 之间存在如下关系：

$$\left[ \frac{\partial(\Delta H_T^{\ominus})}{\partial T} \right]_p = \Delta c_p \tag{3-6}$$

在等压反应条件下，式（3-6）可转变为：

$$\Delta H_T^{\ominus} = \Delta H_{T_0}^{\ominus} + \int_{T_0}^{T} \Delta c_p dT \tag{3-7}$$

反应过程的标准熵变 $\Delta S_T^{\ominus}$ 可通过下式计算：

$$\Delta S_T^{\ominus} = \Delta S_{T_0}^{\ominus} + \int_{T_0}^{T} \frac{\Delta c_p}{T} \mathrm{d}T \qquad (3\text{-}8)$$

式（3-7）和式（3-8）中的 $\Delta c_p$ 为生成物与反应物的等压热容差，等压热容为温度的函数，其与温度通常有如下关系：

$$c_p = a + bT + cT^2 + eT^{-2} \qquad (3\text{-}9)$$

故

$$\Delta c_p = \Delta a + \Delta bT + \Delta cT^2 + \Delta eT^{-2} \qquad (3\text{-}10)$$

将式（3-7）、式（3-8）和式（3-10）代入式（3-5）并积分，得到：

$$\Delta G_T^{\ominus} = \Delta H_{T_0}^{\ominus} - T\Delta S_{T_0}^{\ominus} + \int_{T_0}^{T} \Delta c_p \mathrm{d}T - T\int_{T_0}^{T} \frac{\Delta c_p}{T} \mathrm{d}T \qquad (3\text{-}11)$$

或者

$$\Delta G_T^{\ominus} = \Delta H_{T_0}^{\ominus} - T\Delta S_{T_0}^{\ominus} - T(\Delta a M_0 + \Delta b M_1 + \Delta c M_2 + \Delta e M_{-2}) \qquad (3\text{-}12)$$

式（3-12）中的 $M_0$、$M_1$、$M_2$、$M_{-2}$ 可整理为下述温度的函数关系：

$$M_0 = \ln\frac{T}{T_0} + \frac{T_0}{T} - 1,\quad M_1 = \frac{(T - T_0)^2}{2T},$$

$$M_2 = \frac{1}{6}\left(T^2 + \frac{2 \times T_0^3}{T} - 3 \times T_0^2\right),\quad M_{-2} = \frac{(T - T_0)^2}{2 \times T_0^2 \times T^2}$$

由热力学数据库和《实用无机物热力学数据手册》中查询得到化合物 $Al_4Ce$、$Al_2Y$、$Al_2Gd$ 和单质 Al、Ce、Y、Gd 的热力学数据，分别见表 3-6~表 3-8。

**表 3-6　$Al_4Ce$、$Al_2Y$、$Al_2Gd$ 化合物 298 K 下标准生成热和熵**

| 化合物 | $\Delta H_{298}^{\ominus}/(\mathrm{J \cdot mol^{-1}})$ | $\Delta S_{298}^{\ominus}/[\mathrm{J \cdot (K \cdot mol)^{-1}}]$ |
| :---: | :---: | :---: |
| $Al_4Ce$ | −170776 | −9.85398 |
| $Al_2Y$ | −151198 | −3.28049 |
| $Al_2Gd$ | −162881 | −12.8721 |

**表 3-7　$Al_4Ce$、$Al_2Y$、$Al_2Gd$ 化合物的等压热容**　　　　（K·mol）

| 化合物 | $c(1)$ | $p(1)$ | $c(2)$ | $p(2)$ | $c(3)$ | $p(3)$ | $c(4)$ | $p(4)$ | $T/K$ |
| :---: | :---: | :---: | :---: | :---: | :---: | :---: | :---: | :---: | :---: |
| $Al_4Ce$ | 119.84 | 0 | $2.85\times10^{-2}$ | 1 | −556502.00 | −2 | $2.30\times10^{-5}$ | 2 | 298~700 |
| | 176.70 | 0 | −0.13 | 1 | −556502.00 | −2 | $1.40\times10^{-4}$ | 2 | 700~933 |
| $Al_2Y$ | 60.46 | 0 | $1.11\times10^{-2}$ | 1 | −350191.02 | −2 | $1.30\times10^{-5}$ | 2 | 298~700 |
| | 88.83 | 0 | $-7.06\times10^{-2}$ | 1 | −350191.02 | −2 | $7.17\times10^{-5}$ | 2 | 700~933 |
| $Al_2Gd$ | 73.46 | 0 | $1.32\times10^{-2}$ | 1 | −279036.53 | −2 | $1.24\times10^{-5}$ | 2 | 298~700 |
| | 101.89 | 0 | $-6.84\times10^{-2}$ | 1 | −279036.53 | −2 | $7.11\times10^{-5}$ | 2 | 700~933 |

注：$c_p(T) = \sum_{i=1}^{8} c(i) \times T^{p(i)}$ 形式给出等压热容。

**表 3-8　Al、Ce、Y、Gd 的等压热容**　　　[J/（K·mol）]

| 组元 | $A_1$ | $A_2$ | $A_3$ | $A_4$ | $T/K$ |
|---|---|---|---|---|---|
| Al | 31.376 | −16.393 | −3.607 | 20.753 | 298~933 |
| Ce | 22.677 | 14.146 | 0.000 | 0.000 | 298~600 |
|  | 21.334 | 16.393 | 0.000 | 0.000 | 600~999 |
| Y | 24.602 | 6.422 | 0.000 | 0.000 | 298~500 |
|  | 23.962 | 7.598 | 0.000 | 0.000 | 500~1752 |
| Gd | −22.849 | 75.597 | 33.225 | 0.000 | 298~500 |
|  | 23.937 | 8.619 | 0.000 | 0.000 | 500~1100 |

注：$c_p = A_1 + A_2 \times 10^{-3}T + A_3 \times 10^5 T^{-2} + A_4 \times 10^{-6}T^2$ 形式给出等压热容。

根据化合物形成反应中生成物和反应物的等压热容以及化学反应的化学计量比，计算得到温度为 298~933 K，$Al_4Ce$、$Al_2Y$、$Al_2Gd$ 化合物形成反应的等压热容变化，其与温度关系的一般形式为 $\Delta c_p = \Delta a + \Delta bT + \Delta cT^2 + \Delta eT^{-2}$，见表 3-9。

**表 3-9　$Al_4Ce$、$Al_2Y$、$Al_2Gd$ 生成反应的等压热容变化**

[J/（K·mol）]

| 化合物 | $\Delta a$ | $\Delta b$ | $\Delta c$ | $\Delta e$ | 温度/K |
|---|---|---|---|---|---|
| $Al_4Ce$ | −28.34 | 0.08 | −6.0×10⁻⁵ | 886598 | 298~700 |
|  | 29.87 | −0.086 | 5.73×10⁻⁵ | 886298 | 700~933 |
| $Al_2Y$ | −26.95 | 0.037 | −2.85×10⁻⁵ | 371208 | 298~500 |
|  | −26.31 | 0.036 | −2.85×10⁻⁵ | 371208 | 500~700 |
|  | 2.12 | −0.045 | 3.02×10⁻⁵ | 371208 | 700~933 |
| $Al_2Gd$ | 33.55 | −0.029 | −2.91×10⁻⁵ | −2880137 | 298~500 |
|  | −13.23 | 0.037 | −2.91×10⁻⁵ | 442363 | 500~700 |
|  | 15.20 | −0.044 | 2.96×10⁻⁵ | 442363 | 700~933 |

由于各化合物生成反应的等压热容在温度为 298~933 K 分段连续，故计算 $Al_4Ce$、$Al_2Y$、$Al_2Gd$ 形成的标准吉布斯自由能变化时，需要计算各温度段起始温度 $T_0$ 时的积分常数 $\Delta H_{T_0}^{\ominus}$、$\Delta S_{T_0}^{\ominus}$。因 $\Delta H_{298}^{\ominus}$、$\Delta S_{298}^{\ominus}$ 为已知，故可由式（3-7）和式（3-8）积分得到 500K、700K 时的标准生成焓和标准熵，计算结果见表 3-10。

**表 3-10　$Al_4Ce$、$Al_2Y$、$Al_2Gd$ 在 500 K、700 K 时的标准生成焓和标准熵**

| 化合物 | $\Delta H_{500}^{\ominus}$ /（J·mol⁻¹） | $\Delta S_{500}^{\ominus}$ /[J·（K·mol）⁻¹] | $\Delta H_{700}^{\ominus}$ /（J·mol⁻¹） | $\Delta S_{700}^{\ominus}$ /[J·（K·mol）⁻¹] |
|---|---|---|---|---|
| $Al_4Ce$ | — | — | −170760.07 | −9.88 |
| $Al_2Y$ | −154058.77 | −10.62 | −156329.24 | −15.28 |
| $Al_2Gd$ | −163346.67 | −14.28 | −163365.2 | −14.31 |

利用上述数据并根据式（3-12）计算并拟合得到 700~933 K 温度范围纯物质反应形成 $Al_4Ce$、$Al_2Y$ 和 $Al_2Gd$ 的标准生成吉布斯自由能变化 $\Delta G^{\ominus}$ 与温度 $T$ 的关系，见表 3-11。

**表 3-11　纯物质反应形成 Al-RE 的标准生成吉布斯自由能变化**（700~933 K）

| 反应 | $4Al+Ce \Longrightarrow Al_4Ce$ | $2Al+Y \Longrightarrow Al_2Y$ | $2Al+Gd \Longrightarrow Al_2Gd$ |
|---|---|---|---|
| $\Delta G^{\ominus}/(J \cdot mol^{-1})$ | $-170808.08+9.95T$ | $-158841.41+18.51T$ | $-163641.71+14.64T$ |

**3.1.2.2　合金熔体中 Al-RE 生成反应的标准生成吉布斯自由能变化**

对于本书而言，稀土化合物的生成反应是在镁基熔体中进行，参与反应的元素是以溶解态的形式存在于镁基合金熔体中，所以化合物生成反应的标准生成吉布斯自由能变化的计算还应考虑反应组元 Al、RE 在熔体中的标准溶解吉布斯自由能变化 $\Delta_{sol}G_i^{\ominus}$。

熔体中的化学反应如下：

$$4[Al] + [Ce] \Longrightarrow Al_4Ce$$
$$2[Al] + [Y] \Longrightarrow Al_2Y$$
$$2[Al] + [Gd] \Longrightarrow Al_2Gd$$

组元 $i$ 的标准溶解吉布斯自由能变化 $\Delta_{sol}G_i^{\ominus}$ 可由式（3-13）计算得到：

$$\Delta_{sol}G_i^{\ominus} = \mu_{i(s)}^* - \mu_{i(l)}^* = -\Delta_{fus}G_i^{\ominus} = \Delta_{fus}H_i^{\ominus} - T\frac{\Delta_{fus}H_i^{\ominus}}{T_i^*} \qquad (3-13)$$

式中，$\mu_{i(s)}^*$ 和 $\mu_{i(l)}^*$ 分别为组元 $i$ 纯固态和纯液态的化学势；$\Delta_{fus}G_i^{\ominus}$ 为组元 $i$ 的熔化吉布斯自由能变化；$\Delta_{fus}H_i^{\ominus}$ 为组元 $i$ 的标准熔化焓；$T_i^*$ 为组元 $i$ 的熔点。

根据 Al、RE 的标准熔化焓和熔点得到 Al、Ce、Y、Gd 在镁熔体中的标准溶解吉布斯自由能变化，见表 3-12。

**表 3-12　Al、Ce、Y、Gd 在镁熔体中的标准溶解吉布斯自由能变化**

| 组元溶解 | $Al = [Al]$ | $Ce = [Ce]$ | $Y = [Y]$ | $Gd = [Gd]$ |
|---|---|---|---|---|
| $\Delta_{sol}G_i^{\ominus}/(J \cdot mol^{-1})$ | $11.48T-10711$ | $5.09T-5460$ | $6.34T-11397$ | $6.34T-10054$ |

镁基合金熔体中 Al-RE 化合物的生成过程可看作是 Al、RE 元素在镁中的溶解和 Al、RE 纯物质化合反应的组合。按照盖斯定律并根据纯物质化合反应的标准生成吉布斯自由能变化和反应组元的标准溶解吉布斯自由能变化，得到在镁基合金熔体中形成 $Al_4Ce$、$Al_2Y$、$Al_2Gd$ 的标准生成吉布斯自由能变化与温度的关系，见表 3-13。

**表 3-13　镁熔体中 Al-RE 化合物的标准生成吉布斯自由能变化**

| 化合物 | $\Delta G_T^{\ominus} /(\text{J} \cdot \text{mol}^{-1})$ | 温度/K |
|---|---|---|
| $Al_4Ce$ | $-122504.08-41.07T$ | $700 \sim 933$ |
| $Al_2Y$ | $-126022.41-10.79T$ | $700 \sim 933$ |
| $Al_2Gd$ | $-132165.71-14.66T$ | $700 \sim 933$ |

由镁基熔体中 $Al_4Ce$、$Al_2Y$、$Al_2Gd$ 形成反应的标准生成吉布斯自由能变化的计算结果可知，在合金凝固温度范围内，三种稀土化合物形成反应的标准生成吉布斯自由能变化均小于零，即三种化合物相均存在形成的可能性。从标准生成吉布斯自由能变化的相对值来看，三种稀土化合物在镁基熔体中的形成能力顺序为 $Al_4Ce$、$Al_2Gd$、$Al_2Y$。

### 3.1.2.3　合金熔体中 Al-RE 生成反应的吉布斯自由能变化

对于实验 AZ91-RE 镁合金，由于稀土元素在熔体中的含量并不高，同时存在元素相互作用带来的活度影响的问题，故根据化学反应的标准生成吉布斯自由能变化并不能准确判别 Al-RE 化合物形成的可能性以及各稀土元素形成化合物的能力。为此，需要根据参与反应的组元的活度计算实际熔体中稀土化合物形成反应的吉布斯自由能变化。

合金熔体中 Al-RE 化合物形成反应的吉布斯自由能变化按照范特霍夫（Van't Hoff）等温方程式计算。

$$\Delta G_T = \Delta G_T^{\ominus} + RT\ln \frac{\alpha_{Al_mRE_n}}{\alpha_{Al}^m \alpha_{RE}^n} \tag{3-14}$$

式中，$\alpha_{Al}^m$、$\alpha_{RE}^n$ 为参与反应的 Al 和 RE 在镁合金熔体中的活度。

活度是指为使理想溶液（固溶体、熔体、水溶液等）的热力学公式适用于真实溶液，在进行定量的热力学计算和分析时用来代替浓度的一种物理量，即在溶液中的有效浓度。浓度与活度的关系为：

$$a_i = \gamma_i c_i \tag{3-15}$$

式中，$c_i$ 为体系中组元 $i$ 的浓度；$a_i$ 组元 $i$ 的活度；$\gamma_i$ 为组元 $i$ 的活度系数。

根据 Wagner 对活度系数 $\gamma_i$ 的定义，A-B-C 三元体系中任一组元的活度系数 $\gamma_i$ 可由式（3-16）计算得到。

$$RT\ln\gamma_i = \Delta G^E + \frac{\partial \Delta G^E}{\partial x_i} - \left( x_A \frac{\partial \Delta G^E}{\partial x_A} + x_B \frac{\partial \Delta G^E}{\partial x_B} + x_C \frac{\partial \Delta G^E}{\partial x_C} \right) \tag{3-16}$$

式中，$\Delta G^E$ 为三元系的过剩吉布斯自由能，可见，欲计算体系组元的活度系数值，需求得三元系的过剩吉布斯自由能 $\Delta G^E$。

目前，尚无计算三元系过剩吉布斯自由能 $\Delta G^E$ 的理想模型，通常用 Miedema 生成热模型计算二元系的生成热，在近似假设的基础上，由 Toop 模型、Kohler

模型、周国治模型等计算，上述模型的适用条件分别为三元系中存在非对称组元、组元完全对称和不考虑组元对称问题。

非对称组元的确定可由下式计算得到：

$$\eta_A = \int_0^1 (\Delta G_{AB}^E - \Delta G_{AC}^E)^2 dx_A$$

$$\eta_B = \int_0^1 (\Delta G_{BA}^E - \Delta G_{BC}^E)^2 dx_B \qquad (3-17)$$

$$\eta_C = \int_0^1 (\Delta G_{CA}^E - \Delta G_{CB}^E)^2 dx_C$$

式中，$\Delta G_{ij}^E$ 为二元系的过剩吉布斯自由能变化，可由 Miedema 模型在 $i$-$j$ 二元体系中计算得到；$\eta_A$、$\eta_B$ 和 $\eta_C$ 为偏差函数，若 $\eta_A$ 与 $\eta_B$ 和 $\eta_C$ 相差较大，则组元 B、C 的性质相近，A 组元是非对称组元。经过计算，实验合金体系的 $\eta_{Mg}$、$\eta_{Al}$、$\eta_{RE}$ 分别见表 3-14。由表可知，本实验的 Mg-Al-RE 三元合金体系中 Al 和 RE 的性质接近，与 Mg 相差较大，故组元 Mg 为三元合金体系非对称组元。同时，由于非对称模型中考虑了组元之间的性质差异，在预测合金热力学中具有更好的准确性，因此选用 Toop 非对称模型作为计算模型，由二元系的过剩吉布斯自由能变化 $\Delta G_{ij}^E$ 计算三元系的过剩吉布斯自由能 $\Delta G^E$。

**表 3-14  Mg-Al-RE 合金体系中的 $\eta_{Mg}$、$\eta_{Al}$、$\eta_{RE}$ 值**

| 合金体系 | $\eta_{Mg}$ | $\eta_{Al}$ | $\eta_{RE}$ |
|---|---|---|---|
| Mg-Al-Ce | 11. 71 | 642. 82 | 509. 59 |
| Mg-Al-Y | 8. 76 | 650. 47 | 533. 91 |
| Mg-Al-Gd | 8. 92 | 650. 31 | 539. 70 |

Toop 非对称模型表达式如下：

$$\Delta G^E = \frac{x_B}{1 - x_A}\Delta G_{AB}^E(x_A, 1 - x_A) + \frac{x_C}{1 - x_A}\Delta G_{AC}^E(x_A, 1 - x_A) +$$

$$(x_B + x_C)^2 \Delta G_{BC}^E\left(\frac{x_B}{x_B + x_C}, \frac{x_C}{x_B + x_C}\right) \qquad (3-18)$$

式中，$x_A$、$x_B$、$x_C$ 分别为组元 A、B、C 的摩尔分数；$\Delta G_{AB}^E$、$\Delta G_{AC}^E$、$\Delta G_{BC}^E$ 分别为二元合金体系 A-B、A-C、B-C 的过剩吉布斯自由能变化，可通过 Miedema 模型由计算二元体系生成热得到。

根据经典热力学，二元合金的过剩吉布斯自由能变化与合金生成热、过剩熵之间的关系可由式（3-19）表示：

$$\Delta G_{AB}^E = \Delta H_{AB} - T\Delta S_{AB}^E \qquad (3-19)$$

Tanaka 和 Gocken 等人根据自由体积理论，推导出了二元合金过剩熵和生成热与组元熔点之间的关系：

$$\Delta S_{AB}^{E} = \frac{1}{14}\Delta H_{AB}\left(\frac{T_{m,A} + T_{m,B}}{T_{m,A}T_{m,B}}\right) \tag{3-20}$$

式中，$T_{m,A}$ 和 $T_{m,B}$ 分别为组元 A 和 B 的熔点，可见 $|\Delta S_{AB}^{E}| \ll |\Delta H_{AB}|$，因此合金的过剩熵可以忽略，则二元合金的过剩吉布斯自由能变化与合金生成热的关系如下：

$$\Delta G_{AB}^{E} = \Delta H_{AB} \tag{3-21}$$

或者

$$\Delta G_{AB}^{E} = f_{AB}\left(\frac{x_{A}Xx_{B}Y}{x_{A}V_{A}^{\frac{2}{3}}X + x_{B}V_{B}^{\frac{2}{3}}Y}\right) \tag{3-22}$$

将 Mg、Al、RE（Ce、Y、Gd）的各种物理化学参数代入式（3-22），根据 Miedema 模型可计算得到二元合金 Mg-Al、Mg-RE、Al-RE 的生成热 $\Delta H_{Mg-Al}$、$\Delta H_{Mg-RE}$ 和 $\Delta H_{Al-RE}$，再根据 Toop 模型可以计算得到 Mg-Al-RE 三元系的过剩吉布斯自由能变化。

不同 RE 含量的 AZ91-RE 实验合金中 Al、RE 的活度和活度系数可分别由式（3-15）和式（3-16）计算得到，计算结果见表 3-15。

表 3-15　Mg-Al-RE 体系中的 $\gamma_{Al}$、$\gamma_{RE}$、$a_{Al}$、$a_{RE}$

| 合金体系 | $\gamma_{Al}$ | $\gamma_{RE}$ | $a_{Al}$ | $a_{RE}$ |
|---|---|---|---|---|
| Mg-9Al-0.3Ce | $e^{\frac{-7.36}{RT}}$ | $e^{\frac{-1.31}{RT}}$ | $0.08201e^{\frac{-7.36}{RT}}$ | $0.000526e^{\frac{-1.31}{RT}}$ |
| Mg-9Al-0.6Ce | $e^{\frac{-7.48}{RT}}$ | $e^{\frac{-1.32}{RT}}$ | $0.08221e^{\frac{-7.48}{RT}}$ | $0.001055e^{\frac{-1.32}{RT}}$ |
| Mg-9Al-0.9Ce | $e^{\frac{-7.57}{RT}}$ | $e^{\frac{-1.33}{RT}}$ | $0.08242e^{\frac{-7.57}{RT}}$ | $0.001587e^{\frac{-1.33}{RT}}$ |
| Mg-9Al-0.3Y | $e^{\frac{-7.32}{RT}}$ | $e^{\frac{-1.5}{RT}}$ | $0.08198e^{\frac{-7.32}{RT}}$ | $0.000837e^{\frac{-1.5}{RT}}$ |
| Mg-9Al-0.6Y | $e^{\frac{-7.41}{RT}}$ | $e^{\frac{-1.51}{RT}}$ | $0.08216e^{\frac{-7.41}{RT}}$ | $0.001678e^{\frac{-1.51}{RT}}$ |
| Mg-9Al-0.9Y | $e^{\frac{-7.52}{RT}}$ | $e^{\frac{-1.52}{RT}}$ | $0.08234e^{\frac{-7.52}{RT}}$ | $0.002522e^{\frac{-1.52}{RT}}$ |
| Mg-9Al-0.3Gd | $e^{\frac{-7.4}{RT}}$ | $e^{\frac{-1.2}{RT}}$ | $0.08201e^{\frac{-7.4}{RT}}$ | $0.0004691e^{\frac{-1.2}{RT}}$ |
| Mg-9Al-0.6Gd | $e^{\frac{-7.51}{RT}}$ | $e^{\frac{-1.21}{RT}}$ | $0.08222e^{\frac{-7.51}{RT}}$ | $0.000941e^{\frac{-1.21}{RT}}$ |
| Mg-9Al-0.9Gd | $e^{\frac{-7.60}{RT}}$ | $e^{\frac{-1.22}{RT}}$ | $0.08243e^{\frac{-7.60}{RT}}$ | $0.001414e^{\frac{-1.22}{RT}}$ |

将计算得到的三元合金体系中 Al 和 RE 的活度代入式（3-14），即可得到三元合金体系中不同稀土含量时 $Al_4Ce$、$Al_2Y$、$Al_2Gd$ 生成反应的吉布斯自由能变

化与温度的关系，见表 3-16。

表 3-16 不同稀土含量下 Mg-Al-RE 三元合金中 Al$_4$Ce、Al$_2$Y、Al$_2$Gd 的生成
吉布斯自由能变化与温度之间的表达式

| 化合物 | 合金体系 | $\Delta G_T /(\text{J} \cdot \text{mol}^{-1})$ | 温度/K |
|---|---|---|---|
| Al$_4$Ce | Mg-9Al-0.3Ce | $-122473.33+104.87T$ | 700~933 |
| | Mg-9Al-0.6Ce | $-122472.84+99.00T$ | 700~933 |
| | Mg-9Al-0.9Ce | $-122472.47+95.52T$ | 700~933 |
| Al$_2$Y | Mg-9Al-0.3Y | $-126006.27+89.71T$ | 700~933 |
| | Mg-9Al-0.6Y | $-126006.08+83.89T$ | 700~933 |
| | Mg-9Al-0.9Y | $-126005.85+80.47T$ | 700~933 |
| Al$_2$Gd | Mg-9Al-0.3Gd | $-132149.71+90.65T$ | 700~933 |
| | Mg-9Al-0.6Gd | $-132149.48+84.82T$ | 700~933 |
| | Mg-9Al-0.9Gd | $-132149.29+81.40T$ | 700~933 |

## 3.1.3 Al-RE 的生成能力和生成过程分析

图 3-2 为根据表 3-16 绘制的 700~933 K 温度区间内 Al-RE 生成反应的吉布斯自由能变化随温度的变化关系，可见三种 Al$_4$Ce、Al$_2$Y、Al$_2$Gd 化合物形成反应的标准吉布斯自由能变化在计算温度范围内均为负值，Al$_2$Gd 的生成吉布斯自由能变化最负，Al$_4$Ce 的生成吉布斯自由能变化最正，说明向 AZ91 镁合金中添加相同质量分数稀土的情况下，Al$_2$Gd 更容易生成，而 Al$_4$Ce 的形成对 Al 和 Ce 元素的富集程度要求较高，因而在相同质量分数的情况下生成能力较弱。

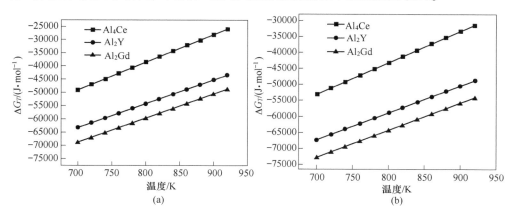

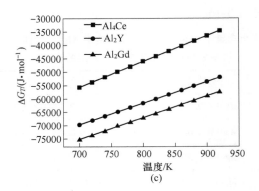

图 3-2 不同稀土含量下 Mg-Al-RE 三元合金中 $Al_4Ce$、$Al_2Y$、$Al_2Gd$ 的生成吉布斯
自由能变化与温度之间的变化趋势（700~933 K）
(a) Mg-9Al-0.3RE；(b) Mg-9Al-0.6RE；(c) Mg-9Al-0.9RE

## 3.2 AZ91-0.9RE（Ce、Y、Gd）液淬合金的组织状态

通过合金化的方式将稀土元素加入 AZ91 镁合金中，稀土元素将主要以形成 Al-RE 化合物的形式存在，并将对合金中的 $Mg_{17}Al_{12}$ 化合物产生影响。合金中的化合物主要形成于合金从液相向固相转变的凝固阶段，不同熔体温度时合金熔体的组织状态可以直观展现合金凝固过程中化合物的形成过程。为了更好地研究向 AZ91 镁合金中添加稀土元素 Ce、Y、Gd 后合金中主要化合物的形成过程，本节将对不同熔体温度下液淬制备的 AZ91-0.9RE（Ce、Y、Gd）合金的组织状态进行介绍，从而可以更好地分析 AZ91-0.9RE（Ce、Y、Gd）合金中主要化合物的形成过程。

### 3.2.1 合金体系成分设计

AZ91 镁合金因其具有较高的强度和良好的铸造成型性能，是目前应用较为广泛的铸造镁合金之一。稀土元素因其独特的物理化学性质，是一类可有效改善镁合金组织性能的合金化元素。稀土元素添加到镁合金中，由于其在 AZ 系镁合金中与 Al 的结合能力很强，因而其在镁基体中的固溶量很少，主要以形成 Al-RE 化合物的形式存在，化合物的存在状态和性质，直接影响其对镁合金组织性能的改善效果。采用商用化程度较高的 AZ91 铸造镁合金作为实验合金的母合金材料，选择具有典型代表性的轻/重稀土元素 Ce、Y、Gd 作为合金化元素，构成实验合金体系。为了更明显地观察添加稀土后合金中形成的稀土化合物及对合金中共晶化合物 $Mg_{17}Al_{12}$ 的影响，并根据相关研究结果，液淬制备的合金稀土元素添加量设计为 0.9%（质量分数）。

### 3.2.2　液淬合金制备

为了更好地研究实验合金中化合物的形成过程，通过不同熔体温度下液淬（液氮中合金熔体快速冷却凝固）的形式制备实验合金，尽可能保留不同熔体温度时合金的组织状态。实验原材料为 AZ91 商用镁合金、Mg-30%RE 中间合金（Mg-30%Ce、Mg-30%Y 和 Mg-30%Gd）质量分数。熔炼前除去实验原材料表面的氧化层，并置于 100 ℃ 鼓风干燥箱中进行 1 h 干燥，之后将 AZ91 镁合金放入石墨坩埚并置于电阻炉中进行熔炼，熔炼温度设置为 750 ℃，熔炼过程中持续向石墨坩埚中通入氩气进行保护，待镁合金完全熔化后，将 Mg-30%RE 中间合金加入石墨坩埚中，合金完全熔化后搅拌并保温 5 min，为减少熔炼过程中镁合金的氧化燃烧，熔炼全程在氩气保护下进行。考虑稀土元素在熔炼过程中的氧化烧损等损耗，稀土中间合金的加入量按照设计成分的 1.1～1.2 倍加入。当熔体温度降至 700 ℃、600 ℃、550 ℃、500 ℃时，分别将合金熔体倒入盛有液氮的模具中进行快速凝固，从而获得不同熔体温度时的液淬合金，实验合金液淬示意图，如图 3-3 所示。用 Optima 7000 型电感耦合等离子发射光谱仪对液淬合金进行成分测定，液淬合金的设计成分和实际成分，见表 3-17。

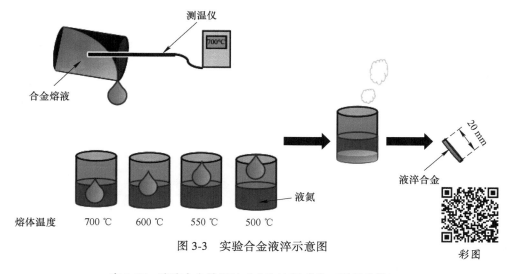

图 3-3　实验合金液淬示意图

彩图

**表 3-17　液淬合金的设计成分和实际成分**（质量分数）　　（%）

| 合金 | Al | Zn | RE |
|---|---|---|---|
| AZ91 | 9.07 | 0.67 | 0.00 |
| AZ91-0.9Ce | 9.10 | 0.69 | 0.91 |
| AZ91-0.9Y | 8.98 | 0.68 | 0.86 |
| AZ91-0.9Gd | 9.13 | 0.69 | 0.87 |

### 3.2.3 不同液淬温度下 AZ91 合金的微观组织

AZ 系镁合金中的主要化合物是 $Mg_{17}Al_{12}$ 化合物，其形貌尺寸分布对合金的力学性能具有重要的影响作用。明确 $Mg_{17}Al_{12}$ 化合物的形成过程，有助于对 $Mg_{17}Al_{12}$ 化合物进行调控，从而更好地发挥 $Mg_{17}Al_{12}$ 化合物对合金性能的改善作用，因此本节将对不同液淬温度下 AZ91 镁合金的微观组织进行介绍。

#### 3.2.3.1 AZ91 液淬合金的微观组织

为了观察不同熔体温度时 AZ91 镁合金的微观组织，当熔体温度分别为 700 ℃、600 ℃、550 ℃和 500 ℃时，将 AZ91 镁合金熔体倒入盛有液氮的模具中快速冷却凝固。不同液淬温度下 AZ91 镁合金的微观组织，如图 3-4 所示。由图可知，AZ91 镁合金主要由 α-Mg 基体和分布在晶界附近不同尺寸和形貌的化合物组成。该化合物由后续的 EDS 和 XRD 分析，并结合相关参考文献，证实为 $Mg_{17}Al_{12}$ 化合物。$Mg_{17}Al_{12}$ 化合物的形貌尺寸随着液淬温度的变化而显著变化。当

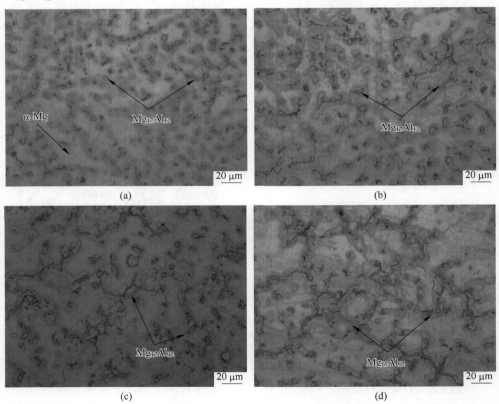

图 3-4 不同液淬温度下 AZ91 镁合金的金相组织

(a) 700 ℃；(b) 600 ℃；(c) 550 ℃；(d) 500 ℃

液淬温度为 700 ℃时，AZ91 镁合金中的 $Mg_{17}Al_{12}$ 化合物主要以细小颗粒状或不规则片状形式弥散分布于晶界附近；而当液淬温度为 500 ℃时，$Mg_{17}Al_{12}$ 化合物主要以大尺寸的连续网状形式分布于晶界附近。

AZ91 镁合金熔体在液氮中进行液淬凝固时冷却速度极快，可以尽可能保留不同熔体温度时的组织状态。但是，液淬时的冷却速度也不能完全达到可以冻结不同熔体温度时的组织状态。不过从 AZ91 不同液淬温度下的微观组织中，也可以看出，较高液淬温度时，$Mg_{17}Al_{12}$ 化合物尺寸较小、含量也较少，而较低液淬温度时，$Mg_{17}Al_{12}$ 化合物尺寸明显增大，含量增多。这也证实了 $Mg_{17}Al_{12}$ 化合物主要形成于合金凝固后期（较低液淬温度时），通过共晶反应形成的普遍共识。不同液淬温度下 AZ91 镁合金的扫描电镜照片，如图 3-5 所示。由图可知，晶界处的化合物随液淬温度的变化而显著变化。

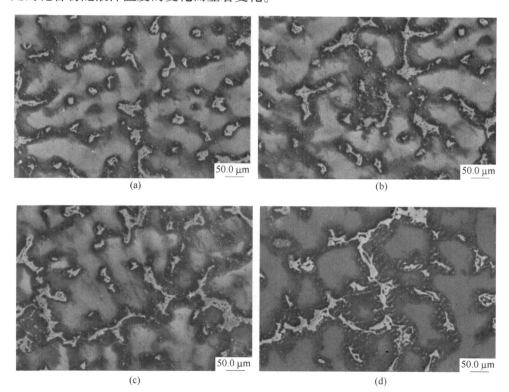

(a)　　　　　　　　　　　　　　　(b)

(c)　　　　　　　　　　　　　　　(d)

图 3-5　不同液淬温度下 AZ91 镁合金的扫描照片
（a）700 ℃；（b）600 ℃；（c）550 ℃；（d）500 ℃

对合金中的化合物进行能谱分析，EDS 分析结果如图 3-6 所示。其主要由 Mg、Al 元素组成，并含有少量 Zn 元素，Mg：Al 原子比接近于 17：12，因此可以确定该化合物为 $Mg_{17}Al_{12}$ 化合物。

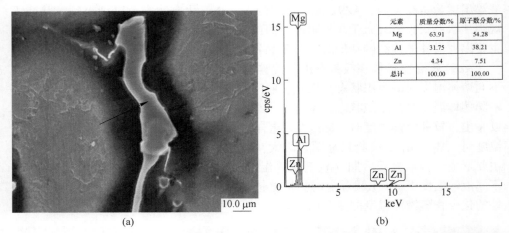

| 元素 | 质量分数/% | 原子数分数/% |
|---|---|---|
| Mg | 63.91 | 54.28 |
| Al | 31.75 | 38.21 |
| Zn | 4.34 | 7.51 |
| 总计 | 100.00 | 100.00 |

(a)　　　　　　　　　　　　　　(b)

图 3-6　AZ91 合金中相的 EDS 能谱分析

（a）AZ91 合金的扫描照片；（b）EDS 能谱分析结果

彩图

　　苏娟等人研究发现，对于 AZ91 镁合金，$Mg_{17}Al_{12}$ 化合物中的 Al 会被 Zn 部分置换，形成 $Mg_{17}(Al、Zn)_{12}$ 化合物。不同液淬温度下 AZ91 镁合金的 XRD 图谱及标定结果，如图 3-7 所示。

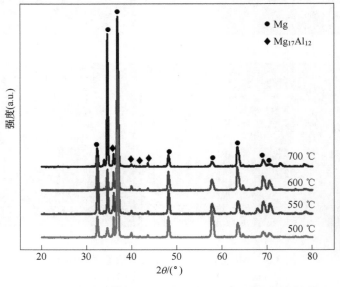

彩图

图 3-7　不同液淬温度下 AZ91 镁合金 XRD 谱和标定结果

　　由图 3-7 可知，液淬温度变化并未影响 AZ91 镁合金的相组成，所有液淬合金的 XRD 图都只出现了 Mg 和 $Mg_{17}Al_{12}$ 化合物的衍射峰。但是液淬温度变化，改

变了 $Mg_{17}Al_{12}$ 化合物衍射峰的强度，随着液淬温度的降低，$Mg_{17}Al_{12}$ 化合物衍射峰的强度逐渐变强，表明其含量逐渐增加。

### 3.2.3.2 液淬温度对 AZ91 合金中化合物含量的影响

由不同液淬温度下 AZ91 镁合金的 XRD 的测试结果可知，液淬温度变化会影响合金中 $Mg_{17}Al_{12}$ 化合物的含量。通过参比强度法（RIR 法），根据合金中物相的 $K$ 值（RIR 值），并依据物相最强衍射峰的积分强度，可以近似计算合金中物相的质量分数，合金中任意物相 $j$ 的质量分数为：

$$w_j = \frac{I_j}{K_i^j \sum_{i=1}^{N} \frac{I_j}{K_i^j}} \qquad (3-23)$$

式中，$w_j$ 为 $j$ 物相的质量分数；$I_j$ 为 $j$ 物相最强衍射峰的积分强度；$K_i^j$ 为 $j$ 物相的 RIR 值。

通过参比强度法（RIR 法）计算 AZ91 镁合金中各物相质量分数，所需要的参数见表 3-18。

**表 3-18 RIR 法计算 AZ91 合金中物相质量分数的计算参数**

| 相 | $\alpha$-Mg | $Mg_{17}Al_{12}$ |
|---|---|---|
| PDF 卡片号 | 01-071-4618 | 01-073-1148 |
| 晶面（$I=100$） | (101) | (411) |
| RIR | 3.85 | 2.41 |

通过参比强度法（RIR 法）计算得到的不同液淬温度下 AZ91 镁合金中 $Mg_{17}Al_{12}$ 化合物的质量分数，见表 3-19。

**表 3-19 不同液淬温度下 AZ91 镁合金中 $Mg_{17}Al_{12}$ 化合物的质量分数**　（%）

| 相 | $Mg_{17}Al_{12}$ | | | |
|---|---|---|---|---|
| 温度/℃ | 500 | 550 | 600 | 700 |
| AZ91 | 12.7 | 12.6 | 12.4 | 12.2 |

对不同液淬温度下 AZ91 镁合金中合金元素在镁基体中的分布进行了 EDS 测试，测试结果见表 3-20，Al 元素在镁基体中的固溶量会受到液淬温度变化的影响。

**表 3-20 不同液淬温度下 AZ91 镁合金中 Al 在镁基体中的固溶量**　（%）

| 合金 | AZ91 | | | |
|---|---|---|---|---|
| 温度/℃ | 500 | 550 | 600 | 700 |
| Al | 3.972±0.08 | 4.105±0.1 | 4.264±0.09 | 4.352±0.11 |

AZ91 镁合金中 $Mg_{17}Al_{12}$ 化合物的质量分数和 Al 在镁基体中的固溶量随液淬温度的变化情况，如图 3-8 所示。由图可知，随着液淬温度升高，合金中 $Mg_{17}Al_{12}$ 化合物的含量逐渐减少，而 Al 在镁基体中的固溶量逐渐增加，二者随液淬温度的变化规律正好相反，即在镁基体中固溶的 Al 含量越多，则形成的 $Mg_{17}Al_{12}$ 化合物含量越少。

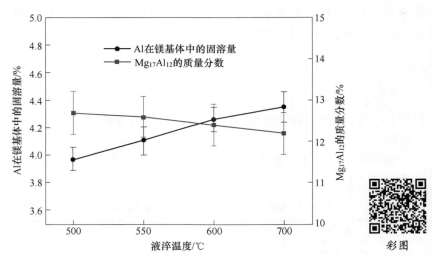

彩图

图 3-8　不同液淬温度下 AZ91 镁合金中化合物的质量分数和 Al 在镁基体中的固溶量

### 3.2.4　不同液淬温度下 AZ91-0.9Ce 合金的微观组织

#### 3.2.4.1　AZ91-0.9Ce 液淬合金的微观组织

不同液淬温度（700 ℃、600 ℃、550 ℃、500 ℃）下 AZ91-0.9Ce 镁合金的显微组织如图 3-9 所示。与 AZ91 镁合金相比，添加稀土 Ce 后合金中出现了不同长度的针状化合物，AZ91-0.9Ce 镁合金主要由 α-Mg、$Mg_{17}Al_{12}$ 化合物和针状化合物组成。合金中 $Mg_{17}Al_{12}$ 化合物的形状尺寸分布随液淬温度的变化与 AZ91 镁合金类似。针状化合物的尺寸随着液淬温度的变化而显著变化。当合金在较高液淬温度下凝固时，合金中针状化合物的长度较短（液淬温度为 700 ℃时，针状化合物长度为 10~30 μm），随着液淬温度的降低，针状化合物的长度逐渐变长（液淬温度为 500 ℃时，针状化合物长度可达到 60 μm）。

不同液淬温度下 AZ91-0.9Ce 镁合金的扫描电镜照片，如图 3-10 所示。由图 3-10 可知，合金中的白亮针状化合物长度随液淬温度的变化而显著变化。

针状化合物的 EDS 分析结果，如图 3-11 所示。针状化合物的成分，除了基体元素 Mg 以外，主要由 Al 和 Ce 两种元素组成，且 Al 和 Ce 两元素的原子比接近 4:1，结合相关文献报道，该针状化合物为稀土化合物 $Al_4Ce$。

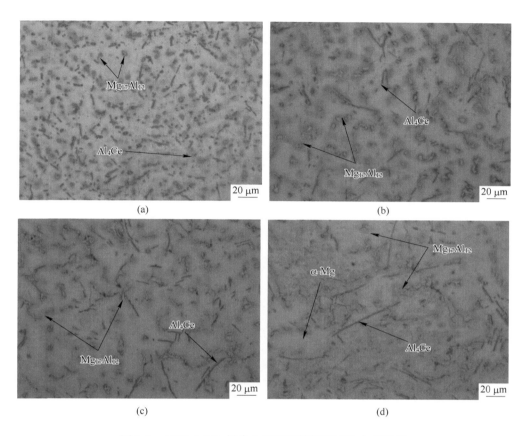

(a)

(b)

(c)

(d)

图 3-9  AZ91-0.9Ce 镁合金不同液淬温度下的金相组织

（a）700 ℃；（b）600 ℃；（c）550 ℃；（d）500 ℃

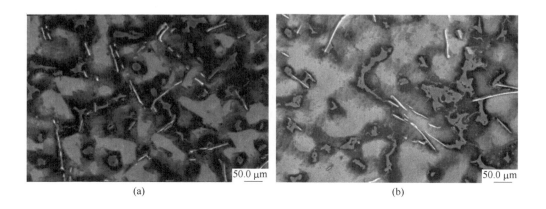

(a)

(b)

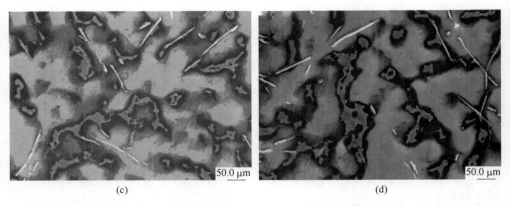

图 3-10 AZ91-0.9Ce 镁合金在不同液淬温度下的扫描照片

（a）700 ℃；（b）600 ℃；（c）550 ℃；（d）500 ℃

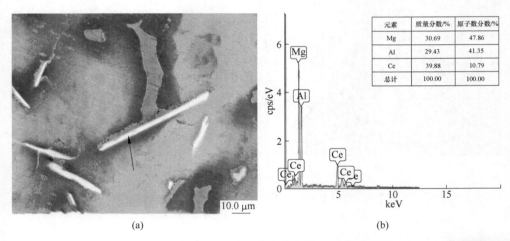

| 元素 | 质量分数/% | 原子数分数/% |
|------|-----------|-------------|
| Mg | 30.69 | 47.86 |
| Al | 29.43 | 41.35 |
| Ce | 39.88 | 10.79 |
| 总计 | 100.00 | 100.00 |

图 3-11 AZ91-0.9Ce 合金中条状相的 EDS 能谱分析

（a）AZ91-0.9Ce 合金的扫描照片；（b）EDS 能谱分析结果

彩图

不同液淬温度下 AZ91-0.9Ce 合金的 XRD 图谱及标定结果，如图 3-12 所示。与 AZ91 镁合金相比，添加稀土后，合金的 XRD 谱中除了 Mg 和 $Mg_{17}Al_{12}$ 化合物的衍射峰外，还出现了 $Al_4Ce$ 化合物的衍射峰，表明 AZ91 镁合金中添加稀土 Ce 后，合金中形成了 $Al_4Ce$ 化合物，即合金中的针状化合物。与此同时，$Mg_{17}Al_{12}$ 化合物和 $Al_4Ce$ 化合物衍射峰强度随着液淬温度的降低而逐渐变强，意味着液淬温度变化会影响两种化合物在合金中的含量。

3.2.4.2 液淬温度对 AZ91-0.9Ce 合金中化合物含量的影响

采用上述章节中描述的参比强度法（RIR 法）定量计算不同液淬温度下 AZ91-0.9Ce 合金中主要组成相的质量分数，计算过程所需参数见表 3-21。

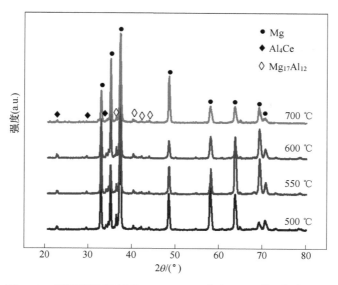

彩图

图 3-12　不同液淬温度下 AZ91-0.9Ce 合金 XRD 谱和标定结果

**表 3-21　RIR 法计算 AZ91-0.9Ce 合金中物相质量分数的计算参数**

| 相 | α-Mg | Mg$_{17}$Al$_{12}$ | Al$_4$Ce |
|---|---|---|---|
| PDF 卡片号 | 01-071-4618 | 01-073-1148 | 03-065-2678 |
| 晶面（I = 100） | （101） | （411） | （112） |
| RIR | 3.85 | 2.41 | 5.33 |

　　根据 AZ91-0.9Ce 合金的 XRD 谱及合金中主要组成相的最强衍射峰积分强度和各个组成相的 RIR 值，计算得到了不同液淬温度下 AZ91-0.9Ce 合金中主要组成相的质量分数，计算结果见表 3-22。

**表 3-22　不同液淬温度下 AZ91-0.9Ce 合金中化合物的质量分数　（%）**

| 相 | Al$_4$Ce | | | | Mg$_{17}$Al$_{12}$ | | | |
|---|---|---|---|---|---|---|---|---|
| 温度/℃ | 500 | 550 | 600 | 700 | 500 | 550 | 600 | 700 |
| AZ91-0.9Ce | 2.1 | 1.9 | 1.81 | 1.72 | 7.2 | 7.0 | 6.7 | 6.2 |

　　同时，对不同液淬温度下 AZ91-0.9Ce 合金中合金元素在镁基体中的分布进行了 EDS 测试，测试结果见表 3-23。由于 Ce 在镁基体中的固溶量较少，只测出了 Al 在镁基体中的固溶量，且 Al 在镁基体中的固溶量会受到液淬温度变化的影响。

表 3-23　不同液淬温度下 AZ91-0.9Ce 合金中 Al 在镁基体中的固溶量　（%）

| 合金 | AZ91-0.9Ce | | | |
|---|---|---|---|---|
| 温度/℃ | 500 | 550 | 600 | 700 |
| Al | 3.885±0.11 | 4.006±0.08 | 4.216±0.07 | 4.305±0.09 |

　　不同液淬温度下 AZ91-0.9Ce 合金中化合物的质量分数和 Al 在镁基体中的固溶量，如图 3-13 所示。由图可知，随着液淬温度的增加 Al 在镁基体中的固溶量逐渐增加，而合金中的 $Mg_{17}Al_{12}$ 化合物和 $Al_4Ce$ 化合物的质量分数逐渐减少。高温液淬时，化合物的形成不够充分，Al 在镁基体中的固溶量增加，从而使合金中形成的 $Mg_{17}Al_{12}$ 化合物和针状稀土化合物 $Al_4Ce$ 的含量减少。而 $Mg_{17}Al_{12}$ 和 $Al_4Ce$ 化合物在低温液淬时形成更充分，其含量也相对较高，尺寸相对较大。

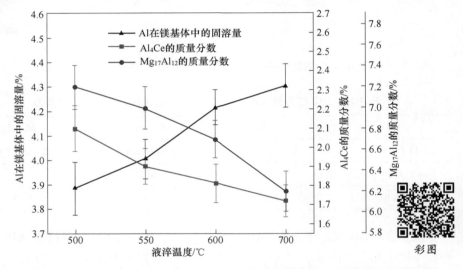

彩图

图 3-13　不同液淬温度下 AZ91-0.9Ce 合金中化合物的质量分数和 Al 在镁基体中的固溶量

### 3.2.5　不同液淬温度下 AZ91-0.9Y 合金的微观组织

#### 3.2.5.1　AZ91-0.9Y 液淬合金的微观组织

　　不同液淬温度（700 ℃、600 ℃、550 ℃、500 ℃）下 AZ91-0.9Y 镁合金的显微组织如图 3-14 所示。AZ91 镁合金加入稀土 Y 后，合金中除了 α-Mg、$Mg_{17}Al_{12}$ 化合物外，还形成了块状化合物。合金中 $Mg_{17}Al_{12}$ 化合物形状尺寸分布随液淬温度的变化与 AZ91 镁合金类似，即随着液淬温度的降低，$Mg_{17}Al_{12}$ 化合物尺寸变大，分布由颗粒状弥散分布转变为大尺寸的连续网状分布。合金中新形成的块状化合物尺寸随着液淬温度的降低而逐渐变大，这与 AZ91-0.9Ce 合金中 $Al_4Ce$ 化合物随液淬温度变化而变化的规律类似。

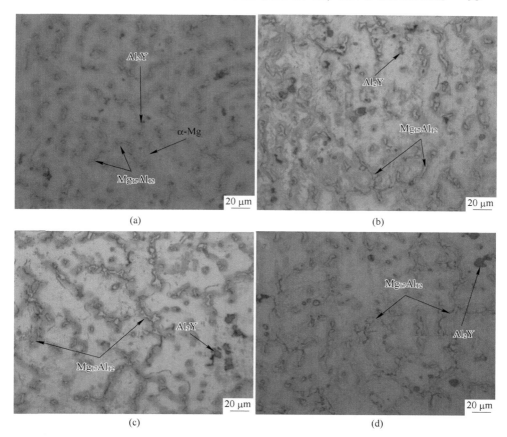

图 3-14 AZ91-0.9Y 镁合金不同液淬温度下的金相组织

（a）700 ℃；（b）600 ℃；（c）550 ℃；（d）500 ℃

不同液淬温度下 AZ91-0.9Y 合金的扫描电镜照片及合金中白亮块状化合物的 EDS 分析结果，分别如图 3-15 和图 3-16 所示。添加稀土 Y 后，合金中出现的白

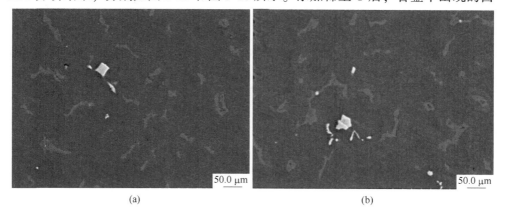

（a）          （b）

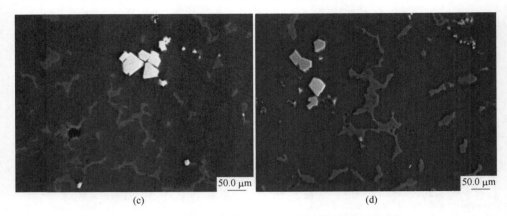

图 3-15　AZ91-0.9Y 镁合金不同液淬温度下的扫描照片

（a）700 ℃；（b）600 ℃；（c）550 ℃；（d）500 ℃

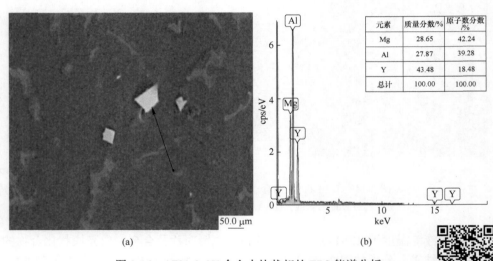

| 元素 | 质量分数/% | 原子数分数/% |
|---|---|---|
| Mg | 28.65 | 42.24 |
| Al | 27.87 | 39.28 |
| Y | 43.48 | 18.48 |
| 总计 | 100.00 | 100.00 |

图 3-16　AZ91-0.9Y 合金中块状相的 EDS 能谱分析

（a）AZ91-0.9Y 合金的扫描照片；（b）EDS 能谱分析结果

彩图

亮块状化合物成分，除了基体元素 Mg 之外，主要由 Al 和 Y 两种元素组成，且两种元素的原子比接近 2∶1，结合相关文献报道，该白亮块状化合物为稀土化合物 $Al_2Y$。

　　不同液淬温度下 AZ91-0.9Y 合金的 XRD 谱及标定结果，如图 3-17 所示。与 AZ91 镁合金相比，添加稀土 Y 后，合金的 XRD 谱中除了 Mg 和 $Mg_{17}Al_{12}$ 化合物的衍射峰外，还出现了 $Al_2Y$ 化合物的衍射峰，表明 AZ91-0.9Y 合金主要由 Mg、$Mg_{17}Al_{12}$ 化合物和 $Al_2Y$ 化合物（合金中白亮块状化合物）组成。同时，从 XRD 谱中可以看出，$Al_2Y$ 化合物的衍射峰强度随着液淬温度的降低而逐渐变强，即液淬温度降低，会增加合金中 $Al_2Y$ 化合物的含量。

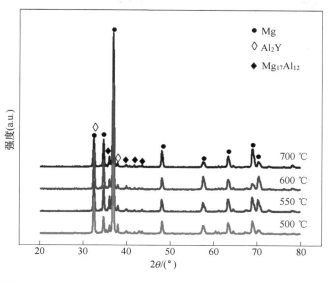

彩图

图 3-17　不同液淬温度下 AZ91-0.9Y 合金 XRD 谱和标定结果

### 3.2.5.2　液淬温度对 AZ91-0.9Y 合金中化合物含量的影响

采用上述章节中描述的参比强度法（RIR 法）定量计算了 AZ91-0.9Y 合金中主要组成相的质量分数，计算过程所需的参数见表 3-24。

表 3-24　RIR 法计算 AZ91-0.9Y 合金中物相质量分数的计算参数

| 相 | α-Mg | $Mg_{17}Al_{12}$ | $Al_2Y$ |
|---|---|---|---|
| PDF 卡片号 | 01-071-4618 | 01-073-1148 | 01-072-5031 |
| 晶面（Ⅰ=100） | （101） | （411） | （311） |
| RIR | 3.85 | 2.41 | 7.18 |

根据 AZ91-0.9Y 合金的 XRD 谱及合金中主要组成相的最强衍射峰积分强度和各个组成相的 RIR 值，计算得到了不同液淬温度下 AZ91-0.9Y 合金中主要组成相的质量分数，计算结果见表 3-25。

表 3-25　不同液淬温度下 AZ91-0.9Y 合金中化合物的质量分数　　（%）

| 相 | $Al_2Y$ | | | | $Mg_{17}Al_{12}$ | | | |
|---|---|---|---|---|---|---|---|---|
| 温度/℃ | 500 | 550 | 600 | 700 | 500 | 550 | 600 | 700 |
| AZ91-0.9Y | 2.01 | 1.87 | 1.75 | 1.65 | 9.3 | 8.5 | 8.2 | 7.6 |

同时，对不同液淬温度下 AZ91-0.9Y 合金中合金元素在镁基体中的分布进行了 EDS 测试，测试结果见表 3-26。由于稀土元素 Y 在镁基体中的固溶量较少，

只测出了 Al 在镁基体中的固溶量数据，且 Al 在镁基体中的固溶量会受到液淬温度变化的影响。

表 3-26　不同液淬温度下 AZ91-0.9Y 合金中 Al 在镁基体中的固溶量　（%）

| 合金 | AZ91-0.9Y | | | |
| --- | --- | --- | --- | --- |
| 温度/℃ | 500 | 550 | 600 | 700 |
| Al | 3.82±0.05 | 3.945±0.07 | 4.148±0.06 | 4.216±0.03 |

不同液淬温度下 AZ91-0.9Y 合金中化合物的质量分数和 Al 在镁基体中的固溶量，如图 3-18 所示。由图可知，与 AZ91-0.9Ce 合金类似，随着液淬温度的增加合金中 $Mg_{17}Al_{12}$ 化合物和 $Al_2Y$ 化合物的质量分数逐渐减少，而 Al 在镁基体中的固溶量逐渐增加。同样，当合金在较高熔体温度时液淬，合金中的 $Mg_{17}Al_{12}$ 化合物和 $Al_2Y$ 化合物形成不够充分，Al 在镁基体中的固溶量增加，从而使合金中形成的 $Mg_{17}Al_{12}$ 化合物和稀土化合物 $Al_2Y$ 的含量减少。

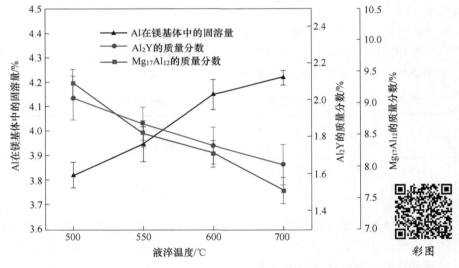

图 3-18　不同液淬温度下 AZ91-0.9Y 合金中化合物的质量分数和 Al 在镁基体中的固溶量

### 3.2.6　不同液淬温度下 AZ91-0.9Gd 合金的微观组织

#### 3.2.6.1　AZ91-0.9Gd 液淬合金的微观组织

不同液淬温度（700 ℃、600 ℃、550 ℃、500 ℃）下 AZ91-0.9Gd 合金的显微组织如图 3-19 所示。与添加稀土 Ce 和 Y 后的合金类似，合金中同样新出现了一种块状化合物，并且化合物的尺寸受液淬温度的影响较大，在较高的液淬温度下凝固时，块状化合物尺寸较小，而在较低液淬温度下凝固时，块状化合物的尺寸较大。另外合金中的 $Mg_{17}Al_{12}$ 化合物形状尺寸分布随液淬温度的变化规律与上述几种合金的变化规律类似。

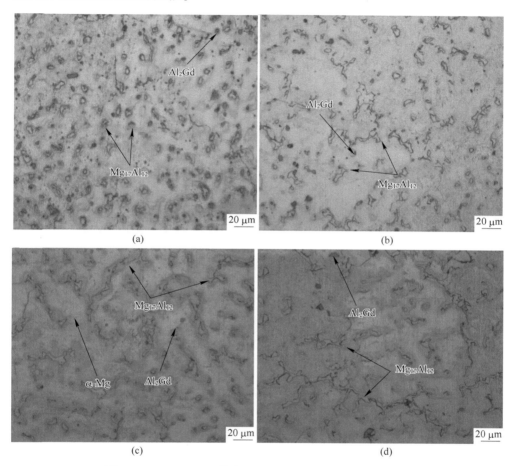

图 3-19　AZ91-0.9Gd 镁合金在不同液淬温度下的金相组织

（a）700 ℃；（b）600 ℃；（c）550 ℃；（d）500 ℃

不同液淬温度下 AZ91-0.9Gd 合金的扫描电镜照片及合金中白亮块状化合物的 EDS 分析结果，分别如图 3-20 和图 3-21 所示。

图 3-21 是合金中白亮块状化合物的 EDS 分析结果，AZ91 合金中添加稀土 Gd 后，形成的白亮块状化合物的主要成分，除了基体元素 Mg 之外，主要由 Al 和 Gd 两种元素组成，且 Al 和 Gd 的原子比接近 2∶1，结合相关文献报道，该白亮块状化合物为稀土化合物 $Al_2Gd$。

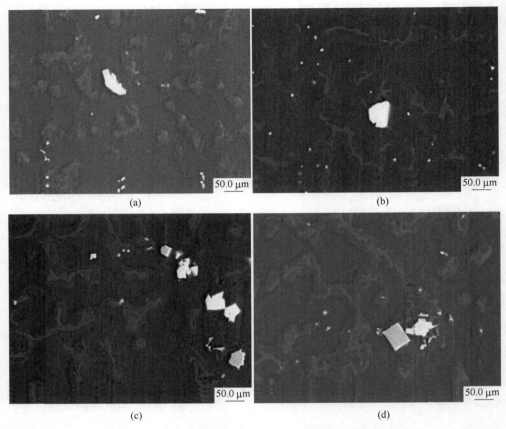

图 3-20 AZ91-0.9Gd 镁合金不同液淬温度下的扫描照片
(a) 700 ℃；(b) 600 ℃；(c) 550 ℃；(d) 500 ℃

图 3-22 是不同液淬温度下 AZ91-0.9Gd 合金的 XRD 图谱及标定结果，XRD 分析结果表明，与 AZ91 镁合金相比，添加稀土 Gd 后的合金中新出现了 $Al_2Gd$ 化合物的衍射峰（合金中白亮块状化合物），并且衍射峰强度随液淬温度的降低而逐渐增强，表明液淬温度变化会影响合金中 $Al_2Gd$ 化合物的含量，即随着液淬温度的降低，合金中 $Al_2Gd$ 化合物的含量逐渐增加。

3.2.6.2 液淬温度对 AZ91-0.9Gd 合金中化合物含量的影响

采用上述章节中描述的参比强度法（RIR 法）定量计算了 AZ91-0.9Gd 合金中主要组成相的质量分数，计算过程所需的参数，见表 3-27。

通过主要组成相的最强衍射峰积分强度和各个组成相的 RIR 值，计算得到了 AZ91-0.9Gd 合金不同液淬温度下主要组成相的质量分数，AZ91-0.9Gd 合金不同液淬温度下 $Al_2Gd$ 和 $Mg_{17}Al_{12}$ 化合物的质量分数计算结果，见表 3-28。

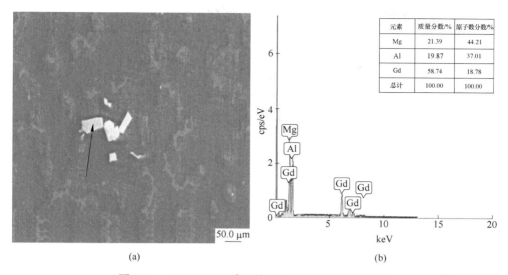

| 元素 | 质量分数/% | 原子数分数/% |
|------|-----------|--------------|
| Mg | 21.39 | 44.21 |
| Al | 19.87 | 37.01 |
| Gd | 58.74 | 18.78 |
| 总计 | 100.00 | 100.00 |

(a)                                    (b)

图 3-21 AZ91-0.9Gd 合金中块状相的 EDS 能谱分析

（a）AZ91-0.9Gd 合金的扫描照片；（b）EDS 能谱分析结果

彩图

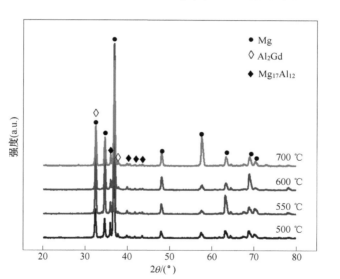

图 3-22 不同液淬温度下 AZ91-0.9Gd 合金 XRD 谱和标定结果

彩图

**表 3-27 RIR 法计算 AZ91-0.9Gd 合金中物相质量分数的计算参数**

| 相 | α-Mg | Mg₁₇Al₁₂ | Al₂Gd |
|----|------|----------|-------|
| PDF 卡片号 | 01-071-4618 | 01-073-1148 | 00-028-0021 |
| 晶面（Ⅰ=100） | （101） | （411） | （311） |
| RIR | 3.85 | 2.41 | 3.4 |

**表 3-28　不同液淬温度下 AZ91-0.9Gd 合金中化合物的质量分数**　　（%）

| 相 | Al$_2$Gd | | | | Mg$_{17}$Al$_{12}$ | | | |
|---|---|---|---|---|---|---|---|---|
| 温度/℃ | 500 | 550 | 600 | 700 | 500 | 550 | 600 | 700 |
| AZ91-0.9Gd | 2.1 | 1.9 | 1.71 | 1.6 | 10.5 | 9.5 | 8.9 | 8.5 |

同时，对 AZ91-0.9Gd 合金不同液淬温度下合金元素在镁基体中的分布进行了 EDS 测试，测试结果，见表 3-29。由于稀土 Gd 在镁基体中的固溶量较少，只测到了 Al 在镁基体中的固溶量，且 Al 在镁基体中的固溶量会受到液淬温度变化的影响。

**表 3-29　不同液淬温度下 AZ91-0.9Gd 合金中 Al 在镁基体中的固溶量**　　（%）

| 合金 | AZ91-0.9Gd | | | |
|---|---|---|---|---|
| 温度/℃ | 500 | 550 | 600 | 700 |
| Al | 3.813±0.09 | 3.905±0.11 | 4.045±0.1 | 4.164±0.08 |

图 3-23 是不同液淬温度下 AZ91-0.9Gd 合金中化合物的质量分数和 Al 在镁基体中的固溶量的变化情况。

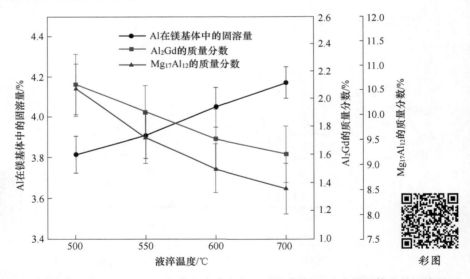

图 3-23　不同液淬温度下 AZ91-0.9Gd 合金中化合物的质量分数和 Al 在镁基体中的固溶量

由图 3-23 可知，与上述实验合金中化合物含量与液淬温度之间的变化规律类似，AZ91-0.9Gd 合金中 Mg$_{17}$Al$_{12}$ 化合物和 Al$_2$Gd 化合物的质量分数随着液淬温度的增加而逐渐降低，而 Al 在镁基体中的固溶量随液淬温度的增加而逐渐增加。这同样是由于在较高液淬温度下凝固，合金中化合物形成不够充分所导致。

## 3.3  AZ91-0.9RE（Ce、Y、Gd）合金中化合物的形成机理

AZ91-0.9RE（Ce、Y、Gd）合金中的化合物主要包括 $Mg_{17}Al_{12}$ 化合物和 $Al_4Ce$、$Al_2Y$ 和 $Al_2Gd$ 稀土化合物。3.2 节中主要研究了不同液淬温度下合金的组织状态，研究发现合金中的化合物在高温液淬时形成不够充分，推测其主要形成于凝固后期温度较低的阶段。为了全面系统研究 AZ91-0.9RE（Ce、Y、Gd）合金中化合物的形成过程，本节将通过 Thermo-calc 热力学软件计算合金在非平衡凝固模式下（Scheil-Gulliver 模型）的凝固过程，同时根据差热（DSC）测试中热流曲线的吸放热峰变化，介绍合金凝固过程中化合物的形成次序、开始形成温度，进而明确 AZ91-0.9RE（Ce、Y、Gd）合金中 $Mg_{17}Al_{12}$、$Al_4Ce$、$Al_2Y$ 和 $Al_2Gd$ 化合物的形成机理。

### 3.3.1  AZ91 镁合金中化合物的形成过程

#### 3.3.1.1  AZ91 镁合金在 Scheil-Gulliver 模型下的凝固过程

利用 Thermo-calc 热力学计算软件计算了 AZ91 镁合金在 Scheil-Gulliver 凝固模式下的凝固过程（固态相质量分数和凝固温度之间的关系），计算结果如图 3-24 所示。

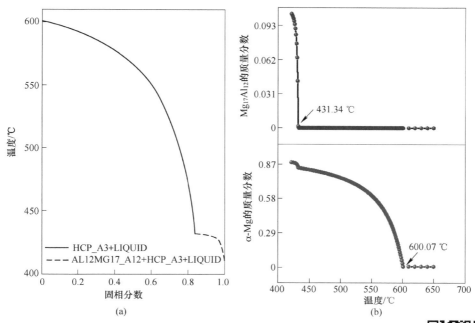

图 3-24　AZ91 镁合金 Scheil-Gulliver 凝固模型下的凝固过程
（a）Scheil-Gulliver 凝固过程；（b）化合物质量分数和凝固温度之间的关系

彩图

从图 3-24 中可以看出，随着合金熔体温度的降低，合金熔体中的固态相质量分数逐渐增加，当温度降低至 416 ℃时，合金完全凝固，全部由固态相组成。当合金熔体温度降至 600.07 ℃时，合金中首先开始形成 HCP_A3 固态相（即 α-Mg 固溶体），并且随着温度的进一步降低，α-Mg 含量不断增加。当温度降至 431.34 ℃时，合金中开始形成 $Mg_{17}Al_{12}$ 化合物，其含量随温度降低而迅速增加，直至合金完全凝固。同时，从 α-Mg 质量分数随温度的变化曲线可以看出，在 431.34 ℃时 α-Mg 含量突然增加，说明在该温度下形成 $Mg_{17}Al_{12}$ 化合物的同时也形成了 α-Mg，即此温度下，发生了共晶反应：$L \rightarrow \alpha\text{-}Mg + Mg_{17}Al_{12}$。

### 3.3.1.2　AZ91 镁合金差热分析

合金凝固过程的相变伴随着热量的吸收和释放，从而在合金发生相变时，会出现不同的吸放热峰。为了进一步研究 AZ91 镁合金中化合物的形成过程，对其进行了差热（DSC）测试，其凝固过程的热流变化，如图 3-25 所示。

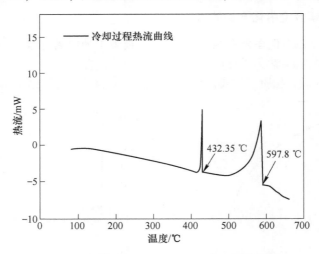

图 3-25　AZ91 镁合金 DSC 测试冷却过程的热流变化

从图 3-25 中可以发现，在合金冷却凝固阶段，当温度降低到 597.8 ℃时，出现第一个放热峰。随着温度的继续降低，当温度降至 432.35 ℃时，出现第二个放热峰。对比 AZ91 合金的相组成和其在 Scheil-Gulliver 非平衡凝固模型下的凝固过程，可以推断出 597.8 ℃时出现的放热峰是合金中 α-Mg 开始形成的温度，432.35 ℃时出现的放热峰是合金中 $Mg_{17}Al_{12}$ 化合物共晶反应的开始温度（Scheil-Gulliver 非平衡凝固模型计算的 $Mg_{17}Al_{12}$ 化合物形成温度为 431.34 ℃）。

DSC 冷却凝固过程得到的 AZ91 镁合金中化合物的形成温度和过程与 Thermo-calc 热力学软件计算的 Scheil-Gulliver 非平衡凝固模型下的合金凝固过程基本一致，即随着温度的降低，合金中首先形成 α-Mg 固溶体，随着温度的进一步降低，

通过共晶反应形成 $Mg_{17}Al_{12}$ 化合物，并且各组成相的开始形成温度大致相当。

### 3.3.2　AZ91-0.9Ce 合金中化合物的形成过程

#### 3.3.2.1　AZ91-0.9Ce 合金在 Scheil-Gulliver 模型下的凝固过程

AZ91-0.9Ce 合金在 Scheil-Gulliver 凝固模式下的凝固过程（化合物质量分数和凝固温度之间的关系），如图 3-26 所示。

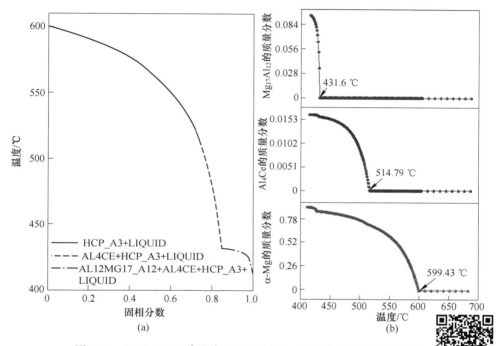

图 3-26　AZ91-0.9Ce 合金在 Scheil-Gulliver 凝固模型下的凝固过程
（a）Scheil-Gulliver 凝固过程；（b）化合物质量分数和凝固温度之间的关系

彩图

从图 3-26 可以看出，与 AZ91 镁合金不同的是，随着熔体温度的降低，在形成 HCP_A3 固态相（即 α-Mg 固溶体）后，合金中又形成了 $Al_4Ce$ 化合物，随着熔体温度的进一步降低，才会形成 $Mg_{17}Al_{12}$ 化合物。由凝固曲线可知，当熔体温度降至 599.43 ℃时，α-Mg 首先在合金熔体中析出；随着温度的不断降低，当熔体温度降至 514.79 ℃时，$Al_4Ce$ 化合物开始在合金熔体中形成；当熔体温度降至 431.6 ℃时，$Mg_{17}Al_{12}$ 化合物开始在合金熔体中形成。与 AZ91 镁合金的凝固过程类似，当熔体温度为 431.6 ℃时，α-Mg 质量分数也突然增加，由此可以推断出，该温度下合金熔体中同时形成了 α-Mg 和 $Mg_{17}Al_{12}$ 化合物，即发生了共晶反应。

#### 3.3.2.2　AZ91-0.9Ce 镁合金差热分析

AZ91-0.9Ce 合金的差热测试过程的热流变化，如图 3-27 所示。由于升温过程的热流曲线和降温过程的热流曲线均未得到全部的吸放热峰，为此结合升温过程的热流曲线和降温过程的热流曲线的吸放热峰变化，分析合金中化合物的形成过程。

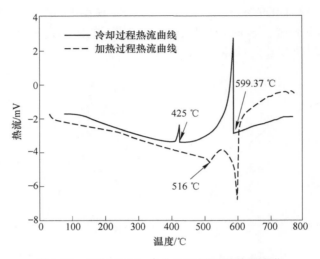

图 3-27　AZ91-0.9Ce 合金 DSC 测试的热流变化

从图 3-27 可以看出，在降温过程的热流曲线上 425 ℃时出现放热峰，通过与 Thermo-calc 热力学计算结果 （431.6 ℃时生成 $Mg_{17}Al_{12}$ 化合物） 及合金的微观组织分析，可以确定该放热峰为 $Mg_{17}Al_{12}$ 化合物生成的放热峰。在升温过程的热流曲线上 516 ℃时出现一个吸热峰，与 Thermo-calc 热力学计算结果 （514.79 ℃时 $Al_4Ce$ 化合物生成） 及合金的微观组织分析，确定升温过程热流曲线上 516 ℃的峰是 $Al_4Ce$ 化合物分解的吸热峰。

Thermo-calc 热力学软件计算的 AZ91-0.9Ce 合金在 Scheil-Gulliver 非平衡凝固模型下的凝固过程与 DSC 测试对 AZ91-0.9Ce 合金的凝固过程分析结果基本一致，即随着熔体温度的降低，合金中首先形成 $\alpha$-Mg 固溶体，然后形成 $Al_4Ce$ 化合物，随着温度的进一步降低，合金中才会由共晶反应形成 $Mg_{17}Al_{12}$ 化合物。

### 3.3.3　AZ91-0.9Y 合金中化合物的形成过程

3.3.3.1　AZ91-0.9Y 合金在 Scheil-Gulliver 模型下的凝固过程

利用 Thermo-calc 热力学软件计算了 AZ91-0.9Y 合金在 Scheil-Gulliver 凝固模型下的凝固过程 （固态相质量分数和凝固温度之间的关系），如图 3-28 所示。

从图 3-28 可以看出，当熔体温度降至 600.08 ℃时，合金熔体中开始形成 $\alpha$-Mg，并且随着温度的降低，$\alpha$-Mg 的含量不断增加。当熔体温度降至 520.1 ℃时，$Al_2Y$ 化合物开始在合金熔体中形成，当熔体温度降至 431.8 ℃时，$Mg_{17}Al_{12}$

化合物开始在合金熔体中形成。对比 AZ91 镁合金的凝固过程，其含量也随温度的降低而增加。当熔体温度为 431.8 ℃时，$\alpha$-Mg 质量分数也突然增加，由此可以推断出，该温度下合金熔体中同时形成了 $\alpha$-Mg 和 $Mg_{17}Al_{12}$ 化合物。

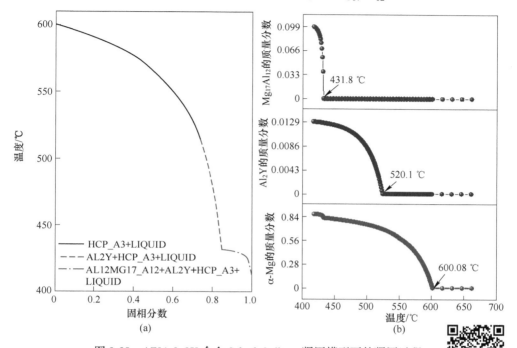

图 3-28　AZ91-0.9Y 合金 Scheil-Gulliver 凝固模型下的凝固过程
（a）Scheil-Gulliver 凝固过程；（b）化合物质量分数和凝固温度之间的关系

彩图

### 3.3.3.2　AZ91-0.9Y 镁合金差热分析

AZ91-0.9Y 合金的差热测试过程的热流变化，如图 3-29 所示。由于升温过程的热流曲线和降温过程的热流曲线均未得到全部的吸放热峰，为此结合升温过程的热流曲线和降温过程的热流曲线的吸放热峰变化，分析合金中化合物的形成过程。

从图 3-29 可以看出，在降温过程的热流曲线上 431.5 ℃时出现放热峰，通过与 Thermo-calc 热力学计算结果（431.8 ℃时生成 $Mg_{17}Al_{12}$ 化合物）及合金的微观组织分析，可以确定该放热峰为 $Mg_{17}Al_{12}$ 化合物生成的放热峰。在升温过程的热流曲线上 519.8 ℃时出现一个吸热峰，与 Thermo-calc 热力学计算结果（520.1 ℃时 $Al_2Y$ 化合物生成）及合金的微观组织分析，确定升温过程热流曲线上 519.8 ℃的峰是 $Al_2Y$ 化合物分解的吸热峰。在合金冷却凝固阶段，当温度降至 599.7 ℃时，出现了第一个放热峰，依据 AZ91-0.9Y 合金的微观组织分析以及 Scheil-Gulliver 凝固模型下合金的凝固过程结果，可以判定，599.7 ℃时出现的第

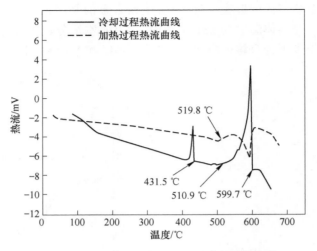

彩图

图 3-29　AZ91-0.9Y 合金 DSC 测试的热流变化

一个放热峰为合金中 α-Mg 开始形成的温度。

　　Thermo-calc 热力学软件计算的 AZ91-0.9Y 合金在 Scheil-Gulliver 非平衡凝固模型下的凝固过程与 DSC 测试对 AZ91-0.9Y 合金的凝固过程分析结果基本一致，即随着熔体温度的降低，合金中首先形成 α-Mg 固溶体，然后形成 $Al_2Y$ 化合物，随着温度的进一步降低，合金中会发生共晶反应形成 $Mg_{17}Al_{12}$ 化合物。

### 3.3.4　AZ91-0.9Gd 合金中化合物的形成过程

#### 3.3.4.1　AZ91-0.9Gd 合金在 Scheil-Gulliver 模型下的凝固过程

　　利用 Thermo-calc 热力学软件计算了 AZ91-0.9Gd 合金在 Scheil-Gulliver 凝固模型下的凝固过程（固态相质量分数和凝固温度之间的关系），计算结果如图 3-30 所示。

　　从图 3-30 中可以看出，当熔体温度降至 600 ℃时，合金熔体中开始形成 α-Mg，并且随着温度的降低，α-Mg 的含量不断增加。当温度降至 548.8 ℃时，合金熔体中开始形成 $Al_2Gd$ 化合物，其含量也随温度的降低而增加。当温度降至 431.9 ℃时，合金中开始形成 $Mg_{17}Al_{12}$ 化合物，同时，α-Mg 的含量在此温度下出现激增。与上述实验合金在 Scheil-Gulliver 凝固模型下的非平衡凝固过程类似，对于 AZ91-0.9Gd 合金，当温度降至 431.9 ℃时，合金熔体中发生共晶反应，同时形成了 α-Mg 和 $Mg_{17}Al_{12}$ 化合物。

#### 3.3.4.2　AZ91-0.9Gd 镁合金差热分析

　　AZ91-0.9Gd 合金的 DSC 测试冷却过程的热流变化，如图 3-31 所示。从图 3-31 中可以看出，在合金冷却凝固阶段，当温度降至 594.9 ℃时，出现了第一个

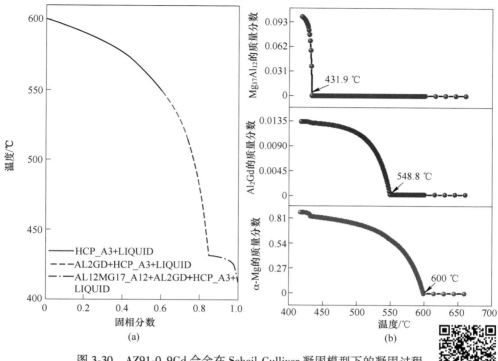

图 3-30　AZ91-0.9Gd 合金在 Scheil-Gulliver 凝固模型下的凝固过程

（a）Scheil-Gulliver 凝固过程；（b）化合物质量分数和凝固温度之间的关系

彩图

放热峰，随着温度继续降低至 540.1 ℃时出现了第二个放热峰，随着温度的继续降低，当温度为 432.7 ℃时合金热流曲线上出现了第三个放热峰。

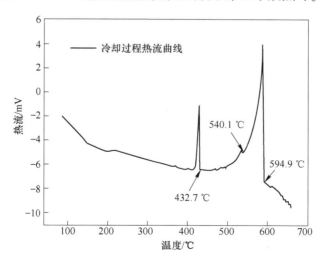

图 3-31　AZ91-0.9Gd 合金 DSC 测试冷却过程的热流变化

依据 AZ91-0.9Gd 合金的微观组织分析以及 Scheil-Gulliver 凝固模型下合金的凝固过程结果，可以判定，594.9 ℃时出现的第一个放热峰为合金中 α-Mg 开始形成的温度，540.1 ℃时的第二个放热峰为合金中 $Al_2Gd$ 化合物开始形成的温度（Scheil-Gulliver 非平衡凝固模型计算的 $Al_2Gd$ 化合物形成温度为 548.8 ℃），432.7 ℃时的第三个放热峰为合金中 $Mg_{17}Al_{12}$ 化合物的形成温度（Scheil-Gulliver 非平衡凝固模型计算的 $Mg_{17}Al_{12}$ 化合物形成温度为 431.9 ℃）。

Thermo-calc 热力学软件计算的 AZ91-0.9Gd 合金在 Scheil-Gulliver 非平衡凝固模型下的凝固过程和 DSC 测试对 AZ91-0.9Gd 合金的凝固过程的分析结果基本一致。合金中的化合物形成过程为，随着熔体温度的降低，合金熔体中依次形成 α-Mg 固溶体、$Al_2Gd$ 化合物和 $Mg_{17}Al_{12}$ 化合物。

### 3.3.5　AZ91-0.9RE（Ce、Y、Gd）合金中化合物的形成机理分析

根据 Miedema 模型和 Toop 模型对 AZ91-0.9RE（Ce、Y、Gd）合金中 $Al_4Ce$、$Al_2Y$、$Al_2Gd$ 化合物的计算结果可知，稀土化合物的吉布斯自由能变化均小于零，即意味着三种化合物在 AZ91 镁合金中均能够形成。其形成除了与其自身的形成能力有关外（热力学过程），还与合金中的元素含量（活度）密切相关。从热力学角度可以证实，稀土元素（Ce、Y、Gd）添加到 AZ91 镁合金中，除了合金中的 $Mg_{17}Al_{12}$ 外，均能够形成 Al-RE 化合物。

AZ91-0.9RE（Ce、Y、Gd）合金中化合物的形成过程类似，均是随着熔体温度的降低，熔体中首先形成 α-Mg 固溶体；之后随着温度的降低，Al 和 RE（Ce、Y、Gd）元素在剩余熔体中富集，并随之形成 Al-RE 化合物；随着温度的继续降低，Al-RE 化合物逐渐长大，并在达到共晶反应温度时，合金熔体中通过共晶反应同时形成 α-Mg 和 $Mg_{17}Al_{12}$ 化合物。但是，由于合金成分的不同，AZ91-0.9RE（Ce、Y、Gd）合金中各个化合物的开始形成温度会随之发生变化。AZ91-0.9RE（Ce、Y、Gd）合金中化合物形成机理示意图，如图 3-32 所示。AZ91 镁合金中的化合物形成过程比较简单，随着温度降低，合金中首先形成 α-Mg 固溶体，随着温度的进一步降低，当温度达到共晶反应温度时，合金熔体中通过共晶反应同时形成 α-Mg 和 $Mg_{17}Al_{12}$ 化合物。

对于 AZ91-0.9Ce 合金，随着温度降低合金凝固过程中化合物的形成次序及开始形成温度分别为：

$$L \longrightarrow \alpha\text{-Mg} \qquad （599.43 ℃ 左右）$$
$$4[Al] + [Ce] \longrightarrow Al_4Ce \qquad （514.79 ℃ 左右）$$
$$L \longrightarrow \alpha\text{-Mg} + Mg_{17}Al_{12} \qquad （431.6 ℃ 左右）$$

对于 AZ91-0.9Y 合金，随着温度降低合金凝固过程中化合物的形成次序及开始形成温度分别为：

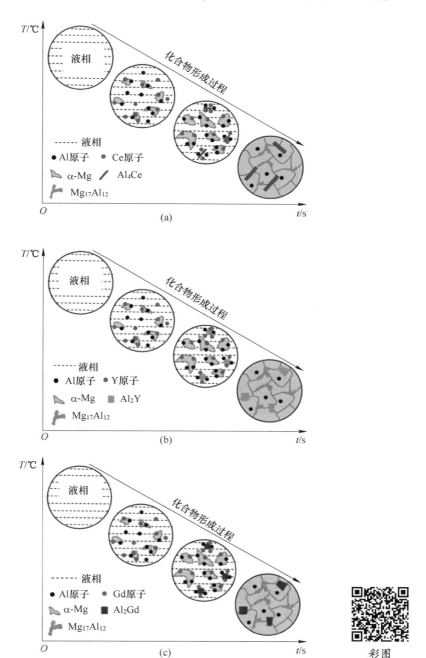

彩图

图 3-32　AZ91-0.9RE（Ce、Y、Gd）合金中化合物的形成机理示意图
（a）AZ91-0.9Ce；（b）AZ91-0.9Y；（c）AZ91-0.9Gd

$$L \longrightarrow \alpha\text{-}Mg \qquad\qquad (600.08\ ℃\ 左右)$$
$$2[Al] + [Y] \longrightarrow Al_2Y \qquad (520.1\ ℃\ 左右)$$
$$L \longrightarrow \alpha\text{-}Mg + Mg_{17}Al_{12} \qquad (431.8\ ℃\ 左右)$$

对于 AZ91-0.9Gd 合金，随着温度降低合金凝固过程中化合物的形成次序及开始形成温度分别为：

$$L \longrightarrow \alpha\text{-}Mg \qquad\qquad (600\ ℃\ 左右)$$
$$2[Al] + [Gd] \longrightarrow Al_2Gd \qquad (548.8\ ℃\ 左右)$$
$$L \longrightarrow \alpha\text{-}Mg + Mg_{17}Al_{12} \qquad (431.9\ ℃\ 左右)$$

## 3.4　AZ91-0.9RE（Ce、Y、Gd）合金中化合物的性质计算

AZ91-0.9RE（Ce、Y、Gd）合金中 $Mg_{17}Al_{12}$、$Al_4Ce$、$Al_2Y$、$Al_2Gd$ 化合物的形成机理，在前述章节中已进行了系统的实验和计算研究，有助于为调控合金中的化合物形貌尺寸分布提供理论依据。众所周知，合金中化合物对合金性能的影响与其本身的性质密切相关。稀土元素（Ce、Y、Gd）添加到 AZ91 镁合金中，将主要以 Al-RE 化合物的形式存在。第一性原理计算具有强大的计算功能，本节将通过 Material studio 软件计算 AZ91-0.9RE（Ce、Y、Gd）合金中 $Mg_{17}Al_{12}$、$Al_4Ce$、$Al_2Y$、$Al_2Gd$ 四种化合物的弹性常数、体积模量、剪切模量、杨氏模量、泊松比及 Pugh 压力值等参数，并以此来判断合金中主要化合物的刚度、硬脆性等性质。

### 3.4.1　AZ91-0.9RE（Ce、Y、Gd）合金中化合物的弹性性能

弹性常数通常用来表征材料的力学性能，它与材料的弹性模量关系非常密切。弹性模量反映材料对不同形变的抵抗能力，是材料力学性能的主要指标之一。通过弹性常数计算得到材料的各个弹性模量，通过弹性模量可以辅助判断材料的力学性能。

弹性模量是一个统称，包括杨氏模量、剪切模量以及体积模量。杨氏模量表征材料抵抗正应变的能力，用以衡量各向同性弹性体的刚度。剪切模量表征材料抵抗切应变的能力，而体积模量反映材料抗等静压压缩能力的大小。

通过 Jade 软件直接得到四种物相的卡片，并进行结构优化，得到对应的晶胞结构，如图 3-33 所示。

通过第一性原理可计算得到材料的弹性常数，据此可以计算得到材料的杨氏模量、体积模量、剪切模量及泊松比等参数。利用第一性原理在几何优化的基础上计算了 $Mg_{17}Al_{12}$、$Al_4Ce$、$Al_2Y$、$Al_2Gd$ 四种化合物的弹性常数，并得出弹性模量并进行分析。

首先一个稳定的晶体结构，其弹性常数应满足 Born-Huang 稳定性标准，具体如下：

（1）立方晶系 $Mg_{17}Al_{12}$、$Al_2Y$、$Al_2Gd$。稳定性标准：

$$C_{12} > 0,\ C_{44} > 0,\ C_{11} - C_{12} > 0,\ C_{11} + 2C_{12} > 0 \qquad (3\text{-}24)$$

（2）四方晶系 $Al_4Ce$。稳定性标准：

$$C_{11} > 0,\ C_{33} > 0,\ C_{44} > 0,\ C_{66} > 0,\ C_{11} > C_{12},\ C_{11} + C_{33} - 2C_{13} > 0,$$
$$2(C_{11} + C_{12}) + C_{33} + 4C_{13} > 0 \qquad (3\text{-}25)$$

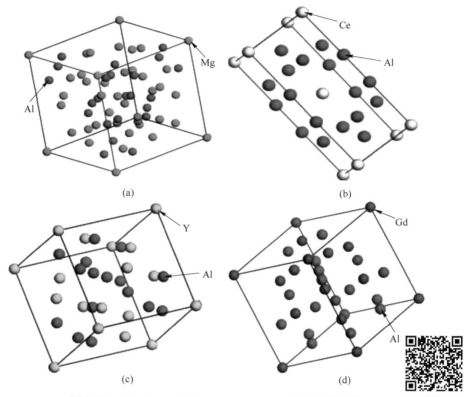

图 3-33　$Mg_{17}Al_{12}$、$Al_4Ce$、$Al_2Y$、$Al_2Gd$ 相的晶胞结构

（a）$Mg_{17}Al_{12}$；（b）$Al_4Ce$；（c）$Al_2Y$；（d）$Al_2Gd$

经验证，$Mg_{17}Al_{12}$、$Al_4Ce$、$Al_2Y$、$Al_2Gd$ 四种化合物均满足 Born-Huang 稳定性标准，表 3-30 中列出了通过第一性原理软件的 CASTEP 模块计算所得到的 $Mg_{17}Al_{12}$、$Al_4Ce$、$Al_2Y$、$Al_2Gd$ 四种化合物的弹性常数。

表 3-30　$Mg_{17}Al_{12}$、$Al_4Ce$、$Al_2Y$、$Al_2Gd$ 的弹性常数　　　（N/m）

| 化合物 | $C_{11}$ | $C_{12}$ | $C_{44}$ | $C_{13}$ | $C_{33}$ | $C_{66}$ |
|---|---|---|---|---|---|---|
| $Mg_{17}Al_{12}$ | 151.18 | 19.14 | 32.21 | — | — | — |
| $Al_4Ce$ | 155.19 | 25.49 | 78.97 | 70.22 | 154.91 | 44.15 |

| 化合物 | $C_{11}$ | $C_{12}$ | $C_{44}$ | $C_{13}$ | $C_{33}$ | $C_{66}$ |
|---|---|---|---|---|---|---|
| $Al_2Y$ | 189.33 | 44.63 | 61.01 | — | — | — |
| $Al_2Gd$ | 154.12 | 35.77 | 58.76 | — | — | — |

从 CASTEP 模块中计算直接获取的体积模量 $B$ 和剪切模量 $G$ 的数值见表 3-31。体积模量的物理意义是指晶体在外力作用时的抗体积变形能力，体积模量值越大，则晶体的抗体积变形能力越好。表 3-31 中体积模量 $B$ 的大小按 $Al_2Y > Al_4Ce > Al_2Gd > Mg_{17}Al_{12}$ 顺序依次递减，表明 $Al_2Y$ 化合物抗体积变形能力最好，其次为 $Al_4Ce$、$Al_2Gd$ 和 $Mg_{17}Al_{12}$ 化合物。剪切模量的物理意义是指晶体在剪切应力作用时的抗变形能力，剪切模量值越大，材料抗剪切变形能力越好，计算结果表明：$Al_2Y$ 的剪切模量最大，$Mg_{17}Al_{12}$ 的剪切模量最小。从体积模量 $B$ 和剪切模量 $G$ 的数值变化看，$Al_2Y$ 化合物的刚度最好。

表 3-31　$Mg_{17}Al_{12}$、$Al_4Ce$、$Al_2Y$、$Al_2Gd$ 的 $B$、$G$ 值

| 化合物 | $B/GPa$ | $G/GPa$ |
|---|---|---|
| $Mg_{17}Al_{12}$ | 51.15 | 37.82 |
| $Al_4Ce$ | 87.53 | 57.15 |
| $Al_2Y$ | 92.86 | 66.91 |
| $Al_2Gd$ | 75.22 | 53.93 |

根据 VRH 平均算法，杨氏模量 E 与体积模量 B、剪切模量 G 存在以下关系：

$$E = \frac{9BG}{3B + G} \tag{3-26}$$

由式（3-26）计算得到 $Mg_{17}Al_{12}$、$Al_4Ce$、$Al_2Y$、$Al_2Gd$ 四种化合物的杨氏模量 $E$ 结果，见表 3-32。杨氏模量可用来表征固体材料的硬度，固体材料的硬度会随着杨氏模量的增大而增大。从表 3-32 中可得 $Al_2Y$ 的杨氏模量最大，意味着它的硬度最高，其次是 $Al_4Ce$ 和 $Al_2Gd$，$Mg_{17}Al_{12}$ 最小。

表 3-32　$Mg_{17}Al_{12}$、$Al_4Ce$、$Al_2Y$、$Al_2Gd$ 的杨氏模量

| 化合物 | $Mg_{17}Al_{12}$ | $Al_4Ce$ | $Al_2Y$ | $Al_2Gd$ |
|---|---|---|---|---|
| $E/GPa$ | 91.03 | 140.81 | 161.86 | 130.58 |

图 3-34 为 $Mg_{17}Al_{12}$、$Al_4Ce$、$Al_2Y$、$Al_2Gd$ 四种化合物的体积模量 $B$、杨氏模量 $E$、剪切模量 $G$ 的对比图。无论是体积模量 $B$、杨氏模量 $E$、剪切模量 $G$，其变化规律均是 $Al_2Y > Al_4Ce > Al_2Gd > Mg_{17}Al_{12}$，表明 Al-RE 化合物比 $Mg_{17}Al_{12}$ 共

晶化合物的刚度和硬度均要大，其中 Al$_2$Y 化合物具有最大的刚度和硬度。

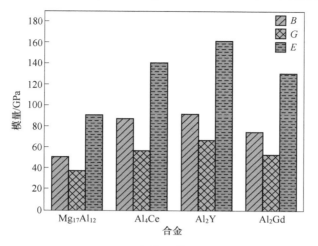

彩图

图 3-34　Mg$_{17}$Al$_{12}$、Al$_4$Ce、Al$_2$Y、Al$_2$Gd 的体积模量 $B$、剪切模量 $G$ 和杨氏模量 $E$ 对比图

### 3.4.2　AZ91-0.9RE（Ce、Y、Gd）合金中化合物的塑性/脆性

塑性/脆性也是化合物的一个重要指标，通过对 Mg$_{17}$Al$_{12}$、Al$_4$Ce、Al$_2$Y、Al$_2$Gd 化合物的泊松比 $\nu$ 和 Pugh 压力参数的计算，来表征合金中化合物的塑性/脆性。

#### 3.4.2.1　泊松比 $\nu$

泊松比 $\nu$ 是用来评估材料抗剪切的稳定性参量，可以反映材料的塑性，$\nu$ 大于或接近于 1/3 材料表现为塑性，$\nu$ 小于 1/3 则表现为脆性，泊松比越大的材料塑性越好。理论上来说，各向同性材料的三个弹性常数体积模量 $B$、剪切模量 $G$ 和泊松比 $\nu$ 中，其中只有两个是独立的，它们之间存在如下关系：

$$\nu = \frac{3B - 2G}{6B + 2G} \tag{3-27}$$

将前述体积模量 $B$ 及剪切模量 $G$ 的数值代入式（3-27）中，得到 Mg$_{17}$Al$_{12}$、Al$_4$Ce、Al$_2$Y、Al$_2$Gd 四种化合物的泊松比 $\nu$ 的具体数值，见表 3-33 和图 3-35，与相关文献的计算结果相似。泊松比是指材料在单向受拉或受压时，横向正应变与轴向正应变绝对值的比值，也叫横向变形系数，它是反映材料横向变形的弹性常数，其值一般为 -1 ~ 0.5。晶体的塑性会随着泊松比的增大而变好。由表 3-33 和图 3-35 知 Mg$_{17}$Al$_{12}$、Al$_4$Ce、Al$_2$Y、Al$_2$Gd 四种化合物的泊松比均小于 1/3，即四种化合物均属于脆性化合物，Mg$_{17}$Al$_{12}$ 化合物的脆性最大，

$Al_4Ce$、$Al_2Y$、$Al_2Gd$ 化合物的塑性要比 $Mg_{17}Al_{12}$ 化合物的塑性要好，但也属于脆性化合物。

**表 3-33  $Mg_{17}Al_{12}$、$Al_4Ce$、$Al_2Y$、$Al_2Gd$ 的泊松比 $\nu$**

| 化合物 | $Mg_{17}Al_{12}$ | $Al_4Ce$ | $Al_2Y$ | $Al_2Gd$ |
|---|---|---|---|---|
| $\nu$ | 0.203 | 0.232 | 0.209 | 0.211 |

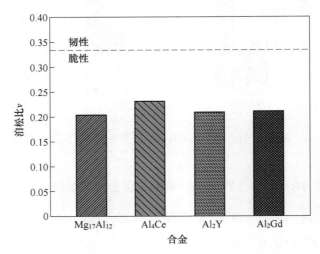

彩图

图 3-35  $Mg_{17}Al_{12}$、$Al_4Ce$、$Al_2Y$、$Al_2Gd$ 的泊松比对比图

#### 3.4.2.2  Pugh 判据

Pugh 判据也是用来衡量材料延展性的重要参数之一，通常剪切模量 $G$ 和体积模量 $B$ 的比值被称作 Pugh 判据，根据 Pugh 经验判据，$G/B<0.57$，材料表现为韧性，其值越小，材料的延展性越好；$G/B>0.57$，材料表现为脆性，其值越大，材料的延展性越差，脆性越大。$Mg_{17}Al_{12}$、$Al_4Ce$、$Al_2Y$、$Al_2Gd$ 四种化合物的 $G/B$ 计算结果，见表 3-34 和图 3-36，与相关文献计算得到的结果相似。

**表 3-34  $Mg_{17}Al_{12}$、$Al_4Ce$、$Al_2Y$、$Al_2Gd$ 的 $G/B$ 值**

| 化合物 | $Mg_{17}Al_{12}$ | $Al_4Ce$ | $Al_2Y$ | $Al_2Gd$ |
|---|---|---|---|---|
| $G/B$ | 0.739 | 0.653 | 0.721 | 0.717 |

由 Pugh 判据可知，$Mg_{17}Al_{12}$、$Al_4Ce$、$Al_2Y$、$Al_2Gd$ 四种化合物的 $G/B$ 值均大于 0.57，表明其均为脆性相，与化合物泊松比得到的结论一致，$Mg_{17}Al_{12}$ 化合物的脆性最大，$Al_4Ce$、$Al_2Y$、$Al_2Gd$ 化合物的塑性要比 $Mg_{17}Al_{12}$ 化合物的塑性要好，但也属于脆性化合物。

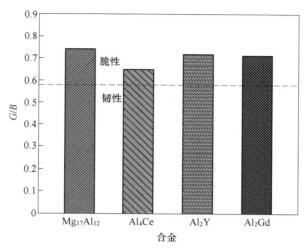

彩图

图 3-36 $Mg_{17}Al_{12}$、$Al_4Ce$、$Al_2Y$、$Al_2Gd$ 的 Pugh 判据

# 本 章 小 结

本章首先通过 Miedema 二元合金生成热模型和三元合金非对称 Toop 模型对 AZ91-0.9RE（Ce、Y、Gd）合金中主要化合物的吉布斯自由能变化进行了计算；其次分析了不同液淬温度下 AZ91-0.9RE（Ce、Y、Gd）合金的微观组织状态，并通过 Thermo-calc 热力学软件计算的 AZ91-0.9RE（Ce、Y、Gd）合金在 Scheil-Gulliver 非平衡凝固模型下的凝固过程，并依据差热分析测试结果，详细探讨了合金中化合物的形成过程，最后通过第一性原理计算了合金中主要化合物的性质，主要研究结论如下。

（1）根据热力学数据、经典热力学模型、Miedema 二元合金生成热模型和三元合金非对称 Toop 模型对 $Al_4Ce$、$Al_2Y$ 和 $Al_2Gd$ 的标准生成吉布斯自由能变化进行了计算。$Al_4Ce$、$Al_2Y$ 和 $Al_2Gd$ 的标准生成吉布斯自由能变化均为负值，其形成能力依次为 $Al_4Ce$、$Al_2Gd$、$Al_2Y$。在 Mg-Al-RE 三元合金体系中 $Al_4Ce$、$Al_2Y$ 和 $Al_2Gd$ 的生成吉布斯自由能变化在合金熔炼温度区间均为负值，表明 $Al_4Ce$、$Al_2Y$ 和 $Al_2Gd$ 在合金熔炼过程就已经形成，其形成还与其在合金熔体中的含量（活度相关）。

（2）通过 Thermo-calc 热力学软件计算和差热（DSC）实验分析，对 AZ91-0.9RE（Ce、Y、Gd）合金化合物的形成过程进行了研究。在合金凝固过程中，随着温度的降低，AZ91-0.9RE（Ce、Y、Gd）合金熔体中首先形成 α-Mg 固溶体，之后随着温度的进一步降低，合金元素在剩余熔体中不断富集，在达到能够形成 Al-RE 化合物的动力学条件时开始形成 Al-RE 化合物（$Al_4Ce$ 约为 514.79 ℃、$Al_2Y$ 约为 520.1 ℃、$Al_2Gd$ 约为 548.8 ℃），随着温度的继续降低，当熔体温度降至 431 ℃左右时，合金熔体中开始发生共晶反应同时形成 α-Mg 和 $Mg_{17}Al_{12}$ 化合物。

（3）AZ91-0.9RE（Ce、Y、Gd）镁合金中 $Mg_{17}Al_{12}$、$Al_4Ce$、$Al_2Y$、$Al_2Gd$ 四种化合物的泊松比均小于 1/3，$G/B$ 值均大于 0.57，$Mg_{17}Al_{12}$、$Al_4Ce$、$Al_2Y$、$Al_2Gd$ 四种化合物均属于脆性化合物，但 $Mg_{17}Al_{12}$ 化合物的脆性最大，稀土化合物 $Al_2Y$、$Al_2Gd$、$Al_4Ce$ 的脆性相对较小。

## 参 考 文 献

［1］蒋斌，周冠瑜，戴甲洪，等．第二相对 Mg-Ca-Sn 镁合金铸态组织和力学性能的影响 ［J］．稀有金属材料与工程，2014，43（10）：2445-2449.

［2］Tolouie E，Jamaati R. Effect of β-$Mg_{17}Al_{12}$ phase on microstructure，texture and mechanical properties of AZ91 alloy processed by asymmetric hot rolling ［J］. Materials Science and Engineering：A，2018，738：81-89.

［3］熊姝涛．$Al_2Ca$、$Al_4Ce$ 对 Mg-Al 系镁合金晶粒细化的影响 ［D］．重庆：重庆大学，2011.

［4］沈辉．AZ31+1%RE 镁合金中针状稀土相形成研究 ［D］．郑州：郑州大学，2014.

［5］De Boer F R，Boom R，Mattens W C M，et al. Cohesion in metals：transition metal alloys ［M］. North Holland，1988：44-45.

［6］Bakker H. Enthalpies in alloys，Miedema's semi-empirical model ［M］. Trans. Tech. Publications，1998：1-78.

［7］王为，汤振雷，占春耀，等．铝-稀土金属间化合物形成焓的计算 ［J］．稀有金属材料与工程，2009，38（12）：2100-2105.

［8］汤振雷，王为．计算合金系热力学性质的 Miedema 模型的发展 ［J］．材料导报，2008，22（3）：115-118.

［9］孙顺平，易丹青，臧冰．基于 Miedema 模型和 Toop 模型的 Al-Si-Er 合金热力学参数计算 ［J］．稀有金属材料与工程，2010，39（11）：97-101.

［10］Mousavi M S，Abbasi R，Kashani-Bozorg S F. A thermodynamic approach to predict formation enthalpies of ternary systems based on Miedema's model ［J］. Metallurgical & Materials Transactions A，2016，47（7）：3761-3770.

［11］Niessen A K，De Boer F R，Boom R，et al. Model predictions for the enthalpy of formation of transition metal alloys Ⅱ ［J］. Calphad，1983，7（1）：51-70.

［12］丁学勇，范鹏，韩其勇．三元系金属熔体中的活度和活度相互作用系数模型 ［J］．金属学报，1994，14：49-60.

［13］乐启炽，张新建，崔建忠，等．金属合金溶液热力学模型研究进展 ［J］．金属学报，2003，39（1）：35-42.

［14］Turchanin M A，Agraval P G. Cohesive energy，properties，and formation energy of transition metal alloys ［J］. Powder Metallurgy & Metal Ceramics，2008，47（1/2）：26-39.

［15］叶大伦，胡建华．实用无机物热力学数据手册［M］．2 版．北京：冶金工业出版社，2002：57-1153.

［16］Tanaka T, Gokcen N A, Spencer P J, et al. Evaluation of interaction parameters in dilute liquid ternary alloys by a solution model based on the free volume theory［J］. Zeitschrift Für Metallkunde, 1993, 84（2）：100-105.

［17］Cai H S, Wang Z Z, Liu L, et al. Grain refinement mechanism of rare earth elements（Ce, Y and Gd）on AZ91 magnesium alloy at different cooling rates［J］. International Journal of Metalcasting, 2023.

［18］Cai H S, Wang Z Z, Liu L, et al. Regulation mechanism of cooling rate and RE（Ce, Y, Gd）on $Mg_{17}Al_{12}$ in AZ91 alloy and it's role in fracture process［J］. Journal of Materials Research and Technology, 2022, 19：3930-3941.

［19］Cai H S, Wang Z Z, Liu L, et al. Crack source and propagation of AZ91-0. 9Gd alloy［J］. Journal of Materials Research and Technology, 2022, 16：1571-1577.

［20］Cai H S, Wang Z Z, Liu L, et al. Formation sequence of compounds in AZ91-0. 9Ce alloy and its role in fracture process［J］. Advanced Engineering Materials, 2022：2101411.

［21］Cai H S, Guo F, Su J, et al. Existing forms of Gd in AZ91 magnesium alloy and its effects on mechanical properties［J］. Materials Research Express, 2019（6）：066541.

［22］Cai H S, Guo F, Su J, et al. Thermodynamic analysis of Al-RE phase formation in AZ91-RE（Ce, Y, Gd）magnesium alloy［J］. Physica Status Solidi（b）, 2019, 257（5）：1900453.

［23］Su J, Guo F, Cai H S, et al. Study on alloying element distribution and compound structure of AZ61 magnesium alloy with yttrium［J］. Journal of Physics and Chemistry of Solids, 2019, 131：125-130.

［24］Su J, Guo F, Cai H S, et al. Structural analysis of Al-Ce compound phase in AZ-Ce cast magnesium alloy［J］. Journal of Materials Research and Technology, 2019, 8（6）：6301-6307.

［25］Cai H S, Guo F, Su J. Combined effects of cerium and cooling rate on microstructure and mechanical properties of AZ91 magnesium alloy［J］. Materials Research Express, 2018（5）：016503.

［26］Cai H S, Guo F, Su J, et al. Microstructure and strengthening mechanism of AZ91-Y magnesium alloy［J］. Materials Research Express, 2018（5）：036501.

［27］张广俊，龙思远，曹凤红．Al 含量对 AZ 系镁合金组织和力学性能的影响［J］．特种铸造及有色合金，2009, 29（9）：782, 848-850.

［28］胡晓菊，高洪吾，李长茂，等．微量元素对 Mg-Al-Zn 系合金铸态组织及性能的影响［J］．上海有色金属，2004（3）：100-105.

［29］秦晨，赵莉萍，陈利超，等．Al 含量对含稀土 AZ 系镁合金组织及性能的影响［J］．金属热处理，2020, 45（3）：68-72.

［30］陈树君，王宣，袁涛，等．镁合金焊缝液化裂纹敏感性及预测方法探究［J］．金属学报，2018, 54（12）：1735-1744.

［31］万迪庆，利助民，叶舒婷．通过热处理提升镁合金综合力学性能：第二相的变化与作用

[J]. 材料导报, 2016, 30 （21）: 130-135, 149.

[32] 苏娟, 郭锋, 蔡会生, 等. 含铈 AZ91 镁合金的元素分布和组织结构研究 [J]. 稀有金属材料与工程, 2018, 47 （11）: 3409-3413.

[33] 郭锋, 李鹏飞, 高霞, 等. 铈、钇在 AZ91D 镁合金中的存在形式及其作用 [J]. 中国稀土学报, 2010, 28 （5）: 596-600.

[34] 杨子俊, 李永刚, 卫英慧, 等. 稀土钇对金属间化合物 $Mg_{17}Al_{12}$ 性能的影响 [J]. 材料研究学报, 2013, 27 （3）: 326-330.

[35] 陈君, 张清. 添加稀土 Gd 对 Mg-6Al 镁合金组织和耐蚀性的影响 [J]. 材料保护, 2019, 52 （3）: 35-39.

[36] 刘军, 张金玲, 渠治波, 等. 稀土 Gd 对 AZ31 镁合金耐蚀性能的影响 [J]. 材料工程, 2018, 46 （6）: 73-79.

[37] Tao X, Ouyang Y, Liu H, et al. Calculation of the thermodynamic properties of B2-AlRE （RE＝Sc, Y, La, Ce-Lu） [J]. Physical B Physics of Condensed Matter, 2007, 399 （1）: 27-32.

[38] Ganeshan S, Shang S L, Zhang H, et al. Elastic constants of binary Mg compounds from first-principles calculations [J]. Intermetallics, 2009, 17 （5）: 313-318.

[39] Zhou P, Gong H R. Phase stability, mechanical property, and electronic structure of an Mg-Ca system [J]. Journal of the Mechanical Behavior of Biomedical Materials, 2012, 8: 154-164.

[40] 陶小马. 稀土铝、镁合金热力学性质的第一原理计算 [D]. 长沙: 中南大学, 2008.

[41] 周惦武, 徐少华, 张福全, 等. AZ62 镁合金中 $AB_2$ 型金属间化合物的结构稳定性与弹性性能的第一原理计算 [J]. 金属学报, 2010, 46 （1）: 97-103.

[42] 杨晓敏, 侯华, 赵宇宏, 等. $Mg_{17}Al_{12}$、$Al_2Y$ 及 $Al_2Ca$ 相稳定性与弹性性能第一原理研究 [J]. 稀有金属材料与工程, 2014, 43 （4）: 875-880.

[43] 赵沙斐, 潘荣凯, 周思晨, 等. $Al_4Ce$ 和 $Al_2CeZn_2$ 相弹性性能的第一性原理研究 [J]. 郑州大学学报 （工学版）, 2014, 35 （2）: 104-107.

# 4 冷却速度对稀土元素（Ce、Y、Gd）在 AZ91 镁合金中固溶量的影响

以合金化目的添加到镁合金中的稀土元素，在合金中将以不同的存在形式存在于合金中，并通过不同的机制影响合金的力学性能。合金元素在镁合金中的存在形式，主要包括形成化合物和固溶于镁基体中两种形式。众多研究工作也指出，AZ91 镁合金中加入的稀土元素主要形成化合物，同时部分固溶于基体中，故稀土元素对 AZ91 镁合金具有第二相强化和固溶强化作用。第 3 章详细介绍了稀土元素 Ce、Y、Gd 添加到 AZ91 镁合金中后，合金中主要化合物的形成机理及性质，为分析第二相强化对镁合金力学性能的影响奠定了基础。目前，对于稀土元素添加到 AZ 系镁合金中后，稀土元素在镁基体中的固溶量的研究，大部分停留在定性的层次上。这主要是由于稀土元素与 AZ 系镁合金中的 Al 具有较强的结合能力，很容易形成大量的稀土化合物，因而使得稀土元素在 AZ 系镁合金中的固溶量较小（通常为 $10^{-6}$ 级），普通的 EDS 分析很难获得准确的稀土元素在镁合金中的固溶量，从而分析稀土元素对 AZ 系镁合金的固溶强化作用也缺少必要的实验数据。另外，目前对于稀土元素在镁合金中固溶量的研究，大多没有涉及合金凝固条件变化对稀土元素在镁合金中固溶量的影响。

为此，本章将从电化学分离富集的角度出发，将镁基体溶解，而化合物相保持原状不被分解，并通过对电解液蒸发富集的形式，增大稀土元素的浓度，最终通过 ICP 实际测试出稀土元素在镁基体中的实际固溶量。与此同时，分析冷却速度变化和稀土含量变化对稀土元素在镁合金中固溶量的影响规律，分析不同稀土元素在镁合金中固溶量的差异。

## 4.1 合金及试样制备

AZ91 镁合金是目前应用较为广泛的镁合金，有较高的强度和良好的铸造成型性能。稀土元素能够对 AZ91 镁合金的组织和性能产生明显的影响，是 AZ91 镁合金有效的合金化元素，但不同稀土元素对镁合金的作用效果并不相同。因此，本研究以 AZ91 镁合金为基材，选择固溶能力和化合能力有明显差异的 Ce、Y、Gd 作为稀土添加元素，以此构成 AZ91-RE 实验合金体系。同时，为了研究凝固条件对稀土在镁合金中作用的影响，设计加工了一模多型的金属压铸模具，

并采用卧式冷室压铸机对实验合金压铸成型，以获得不同冷却速度下凝固的合金试样。

### 4.1.1 合金成分设计

AZ91 镁合金的组织主要由 α-Mg 基体和离异共晶化合物 β-Mg₁₇Al₁₂ 相组成，主要通过第二相强化和铝在 α-Mg 中的固溶强化，保障其基本的力学性能。众多学者的研究发现，稀土元素在 AZ91 镁合金中不仅可形成 Al-RE 金属间化合物相，也可固溶于 α-Mg 中，由此对 AZ91 镁合金的组织和性能产生影响。然而，稀土元素在镁合金中固溶量不同，引起的固溶强化效果势必存在一定的差异，稀土在镁合金中形成的 Al-RE 化合物的形貌尺寸不同，第二相强化效果也会存在一定的差异。为此，选取 AZ91 镁合金作为实验合金的母合金，考虑到稀土元素 Ce、Y、Gd 在镁中的固溶度相差较大，故选择 Ce、Y、Gd 作为 AZ91 镁合金的稀土合金化元素。同时，为了考察稀土含量对 AZ91 镁合金组织性能的影响，设计稀土含量（质量分数）分别为 0.3、0.6 和 0.9，以此构成不同稀土种类、不同稀土含量的 AZ91-RE 实验合金。实验合金成分由 Optima 7000 型电感耦合等离子发射光谱仪测得，实验合金的设计成分和实测成分，见表 4-1。

**表 4-1 实验合金的设计成分和实测成分**

| 设计合金成分 | 实测合金成分（质量分数）/% | | |
| --- | --- | --- | --- |
| | Al | Zn | RE |
| AZ91 | 9.16 | 0.67 | 0.00 |
| AZ91-0.3 Ce | 9.18 | 0.59 | 0.28 |
| AZ91-0.6 Ce | 9.13 | 0.71 | 0.58 |
| AZ91-0.9 Ce | 8.94 | 0.62 | 0.96 |
| AZ91-0.3 Y | 9.23 | 0.69 | 0.31 |
| AZ91-0.6 Y | 9.04 | 0.66 | 0.63 |
| AZ91-0.9 Y | 9.07 | 0.63 | 0.96 |
| AZ91-0.3 Gd | 9.23 | 0.69 | 0.35 |
| AZ91-0.6 Gd | 9.19 | 0.67 | 0.62 |
| AZ91-0.9 Gd | 9.09 | 0.63 | 0.88 |

### 4.1.2 压铸模具设计和冷却速度模拟计算

AZ91 镁合金属于典型的铸造镁合金，常采用压铸工艺生产。合金在凝固阶段的凝固冷却条件将影响稀土和其他合金元素在实验合金中的扩散、化合等行为，以及合金的凝固过程，从而导致合金的微观组织状态和合金的性能发生变化。为了考察冷却速度对稀土元素作用行为的影响，设计加工了一模多型的金属压铸模具，同模压铸出厚度分别为 2 mm、4 mm、6 mm、8 mm 的标准板状拉伸试样，以使同一成分的合金试样在不同的冷却速度下凝固，从而实现对试样凝固冷却条件的调整。不同厚度的实验合金压铸件，如图 4-1 所示。

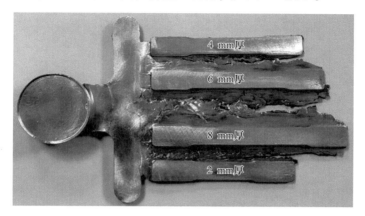

彩图

图 4-1　不同厚度的压铸件

采用 ProCAST 铸造模拟软件对铸件在凝固过程的温度场进行模拟，根据各试样的液相线温度和固相线温度以及从液相线温度到固相线温度所经历的时间，得到各试样在凝固阶段的平均冷却速度。

ProCAST 铸造模拟软件对压铸过程铸件温度场模拟时，界面换热系数是影响模拟准确度的重要参数。界面换热系数是随着温度和时间变化而变化的函数，若设定为定值，与实际过程有较大出入。实验通过在铸型中内置热电偶的方法，测得了 4 mm 厚试样的实际冷却曲线，将通过温度场模拟得到的模拟冷却曲线与实际测得的冷却曲线相逼近，得到能够较好吻合实际压铸过程的界面换热系数。4 mm厚试样的实测冷却曲线和模拟冷却曲线如图 4-2 所示，界面换热系数见表 4-2。

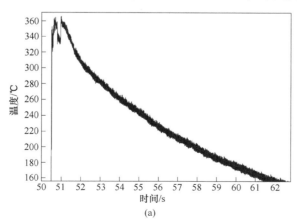

(a)

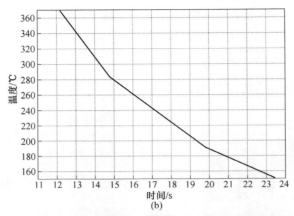

图 4-2　4 mm 厚试样实测的冷却曲线和模拟的冷却曲线

（a）实测的冷却曲线；（b）模拟的冷却曲线

**表 4-2　压铸过程的界面换热系数**

| 温度/℃ | 20 | 100 | 200 | 300 | 400 | 500 | 600 | 700 |
| --- | --- | --- | --- | --- | --- | --- | --- | --- |
| 界面换热系数/$[W \cdot (m^2 \cdot K)^{-1}]$ | 300 | 500 | 700 | 1000 | 1300 | 1500 | 2000 | 2500 |

　　ProCAST 铸造模拟软件对铸件温度场模拟之前，采用三维造型软件 Pro/ Engineer 进行三维实体模型建模，之后进行网格划分，在划分网格时，要综合考虑计算时间和计算准确度等问题，确定划分网格的尺寸。实验研究的铸件的最小壁厚为 2 mm，考虑计算时间和模拟精度等方面因素，划分面网格时，将模型分成两部分，铸件部分划分网格长度为 1，模具部分网格长度为 3，划分完成后，面网格数为 648938。对面网格进行检查无误后，进行体网格划分，最终模型的体网格数为 3816091。模型的体网格和铸件的体网格划分结果如图 4-3 所示。

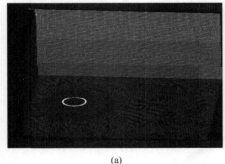
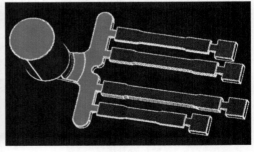

（a）　　　　　　　　　　　　　　　　（b）

图 4-3　模型网格划分

（a）模具的体网格划分结果；（b）铸件的体网格划分结果

彩图

因实验合金的稀土含量较低，模拟过程中铸件材料以 AZ91 镁合金近似代替，AZ91 镁合金的热物性参数见表 4-3 和图 4-4。

**表 4-3　AZ91 镁合金的热物性参数**

| 热导率 | 密度 | 比热 | 结晶潜热 /(J·kg$^{-1}$) | 固相线温度 /℃ | 液相线温度 /℃ |
|---|---|---|---|---|---|
| 如图 4-4（a）所示 | 如图 4-4（b）所示 | 如图 4-4（c）所示 | 373000 | 470 | 595 |

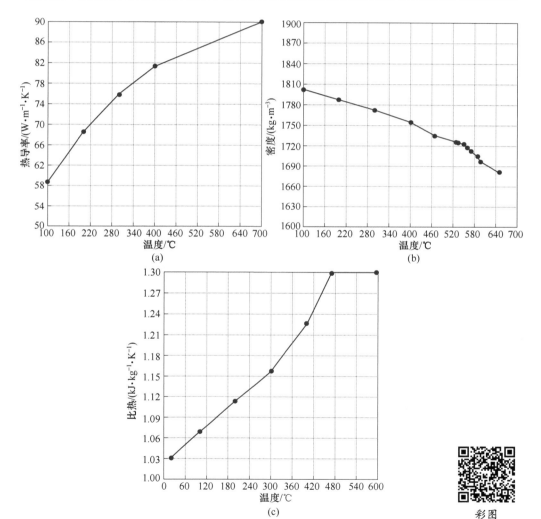

彩图

图 4-4　AZ91 镁合金的热物性参数
（a）热导率；（b）密度；（c）比热

为了能够同时满足实验对镁合金的压铸需求和经济指标，模具材料选择碳素工具钢 T8 钢，T8 钢的有关热物理性能见表 4-4 和图 4-5。

**表 4-4 T8 钢的部分热物性参数**

| 热导率 | 熔变 | 密度 | 固相线温度/℃ | 液相线温度/℃ |
|---|---|---|---|---|
| 如图 4-5（a）所示 | 如图 4-5（b）所示 | 如图 4-5（c）所示 | 1374 | 1476 |

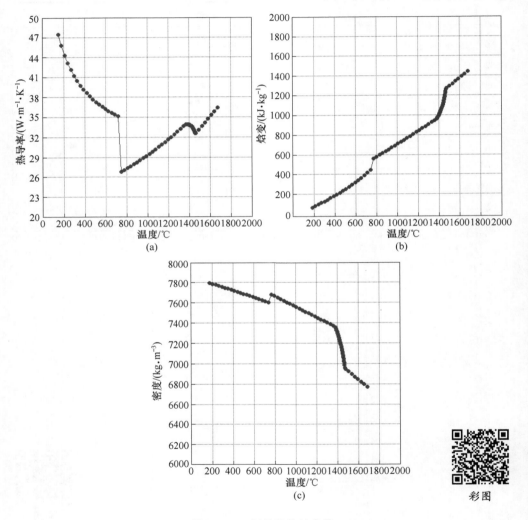

图 4-5 T8 钢的热物性参数

（a）热导率；（b）熔变；（c）密度

　　此外，模具与环境之间的换热近似看成与空气之间对流换热，模具与环境之间的换热系数设定为 10W/(m²·K)，模具的初始预热温度设定为 200 ℃，镁合金压铸温度为 700 ℃，室温为 20 ℃。压射比压为 55 MPa，充满度设置为 1，步长设置为 30000 步，模拟终止温度为 100 ℃。

　　对铸件温度场模拟之后，取各不同厚度试样中间位置中心处的节点作为试样冷却曲线的模拟点，此点凝固阶段的平均冷却速度作为该试样的平均冷却速度。试样的取点位置，如图 4-6 所示。A、B、C、D 四点的冷却曲线，如图 4-7 所示。由图 4-7 可知，随着试样厚度的增加，试样的冷却变慢。凝固阶段的冷却情况对合金的组织性能影响最为显著，因此本书所研究的冷却速度选取凝固阶段的平均冷却速度，即根据固相线温度与液相线温度之间的温度差，以及合金从液相凝固到固相所需的时间，计算出合金凝固阶段的平均冷却速度。不同厚度试样的平均冷却速度见表 4-5。后续章节中不同厚度的试样对应相应的冷却速度。

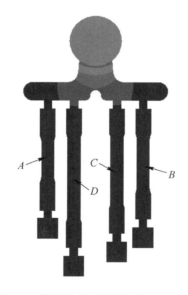

彩图

图 4-6　铸件温度场模拟点位置示意图

**表 4-5　不同厚度试样的平均冷却速度**

| 试样厚度/mm | 2 | 4 | 6 | 8 |
|---|---|---|---|---|
| 平均冷却速度/(℃·s⁻¹) | 39.6 | 22.8 | 18.6 | 15.5 |

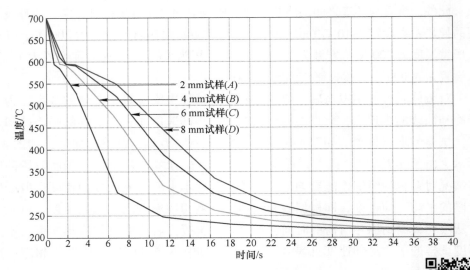

图 4-7　铸件模拟点的冷却曲线

彩图

### 4.1.3　合金熔炼压铸

实验原材料为 AZ91 镁合金、Mg-30%RE 中间合金（Mg-30%Ce、Mg-30%Y 和 Mg-30%Gd）质量分数。Mg-30%RE 中间合金按照实验合金中稀土含量（质量分数）分别为 0.3%、0.6%、0.9%进行配料，考虑合金在熔炼过程中的烧损氧化等损耗，稀土中间合金的加入量按照设计成分加入量的 1.1～1.2 倍加入。实验原料在熔炼前用钢刷去除表面氧化层，并置于 100 ℃ 鼓风干燥箱中进行干燥，去除合金表面的水分，之后将 AZ91 镁合金放入石墨坩埚并置于 SG2-7.5-10 型电阻炉中进行熔炼，熔炼温度设置为 750 ℃，熔炼过程中持续向石墨坩埚中通入 99.99% 的氩气进行保护，镁合金熔化后，将 Mg-30%RE 中间合金加入石墨坩埚中，当合金完全熔化后向合金熔体中通入氩气进行除气精炼 5 min，之后静置 5 min，当熔液温度降至 700 ℃ 时进行压铸。实验合金压铸前，在型腔内喷涂 DAG154N 石墨浆体脱模剂，以利于铸件顺利脱模，采用定制的铜质电加热板对定模板和动模板进行预热。预热温度根据压铸预热温度经验公式 $T_{\text{预}} = 1/3T_{\text{浇}} \pm \Delta T$ 来确定，$\Delta T$ 一般取 25 ℃，因压铸过程中浇注温度为 700 ℃，为此将模具的预热温度设定为 200 ℃ 左右。

实验所用压铸机为力劲 DCC160 冷室卧式压铸机，实验合金的熔炼压铸系统，如图 4-8 所示。

彩图

图 4-8　合金熔炼压铸系统

# 4.2　合金元素固溶量测试

## 4.2.1　组成相的电极电位

采用电化学相分离+化学分析的方法测定合金元素在 α-Mg 相中的固溶量。首先根据合金的相组成，用非自耗电弧炉合成合金中的主要组成相，随后在后述的电解液中测定各相的极化曲线，得到各相的平衡电极电位，合金体系的主要组成相的极化曲线，如图 4-9 所示，主要组成相的平衡电极电位，见表 4-6。合金中 α-Mg 相与 β-Mg$_{17}$Al$_{12}$ 相和 Al-RE 相之间的分解电位差均大于 100 mV，因此可通过电解的方式进行相分离。为保证合金中 α-Mg 相被分解而 β-Mg$_{17}$Al$_{12}$ 相和 Al-RE 相不被电解，本书中分解电位选取为−900 mV。

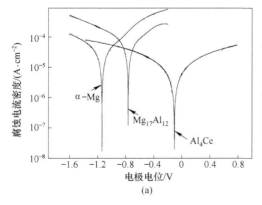

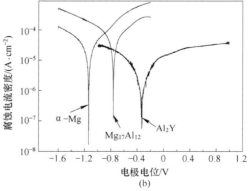

(a)　　　　　　　　　　　(b)

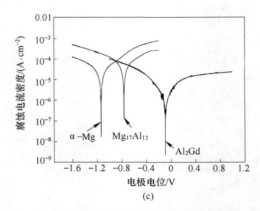

图 4-9　不同合金体系中主要组成相的极化曲线

（a）AZ91-Ce；（b）AZ91-Y；（c）AZ91-Gd

**表 4-6　实验合金中主要组成相的电极电位**

| 相 | $\alpha$-Mg | $Mg_{17}Al_{12}$ | $Al_4Ce$ | $Al_2Y$ | $Al_2Gd$ |
|---|---|---|---|---|---|
| 电极电位 /mV | −1140 | −750 | −105 | −300 | −91 |

### 4.2.2　合金电解系统

采用三电极电化学体系对实验合金进行低温恒电位电解。用 MCP-1 型恒电位仪提供恒定电解电位，采用饱和甘汞电极作为参比电极，铂电极作为辅助电极，实验合金作为工作电极。电解液配方为 500 mL 无水乙醇（分析纯），10 mL 冰乙酸（分析纯），0.25 g 松香酸（分析纯），1 g 苯甲酸铵（分析纯）。将电解池放置在设定温度为−10 ℃的 BLJ-1-30 型半导体制冷冷阱中进行低温电解。试样电解装置，如图 4-10 所示。

### 4.2.3　固溶量测定

对试样进行电解，将脱落在电解液中的电解固形产物通过抽滤的方式与电解液分离；对有机电解液加热使有机溶剂挥发，加入分析纯盐酸溶解蒸干物，再将溶液通过定量滤纸过滤后用去离子水定容待测。将定量滤纸燃烧，向灰烬中加入分析纯盐酸并用去离子水定容后待测。将两瓶待测溶液用 Optima 7000 型电感耦合等离子发射光谱仪测定溶液中的稀土和主要合金元素 Al、Zn 的浓度，并根据电解前后实验合金的失重计算合金元素在 $\alpha$-Mg 中的实际固溶量。

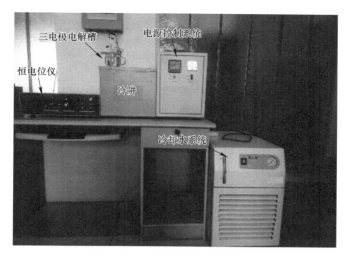

彩图

图 4-10　实验合金低温电解装置

# 4.3　AZ91-RE（Ce、Y、Gd）镁合金中稀土以及其他合金元素的固溶量

固溶强化是 AZ 系镁合金的一种重要强化机制。对于 AZ91 镁合金，固溶元素为 Al、Zn（主要是 Al）。稀土元素被认为可以在 α-Mg 中固溶，而且固溶强化效率明显，故此成为对 AZ 系镁合进行金合金化处理的关注元素。元素的固溶量是影响固溶强化效果的直接因素。因此，研究稀土元素自身在 AZ91 镁合金中的固溶能力，同时了解与 Al 等元素在固溶方面的相互影响，是分析合金元素在 AZ91 镁合金中固溶强化作用的必要前提。

## 4.3.1　AZ91-Ce 镁合金中的元素固溶量

AZ91-$x$Ce（$x=0$, 0.3, 0.6, 0.9）合金中主要合金元素 Al、Zn、Ce 在不同冷却速度下的实际固溶量测定值，见表 4-7。根据表中数据，稀土 Ce 在 α-Mg 中的实际固溶量非常低，仅有几十个 $10^{-6}$；Al 的固溶量保持为 3%~4%，不到其在合金中含量的一半；Zn 固溶量大致在 0.05% 左右，基本不随冷却速度变化和稀土含量变化而变化。

**表 4-7　AZ91-$x$Ce 实验合金中 Al、Zn、Ce 的固溶量**　　　　（%）

| 冷却速度/(K·$s^{-1}$) | AZ91 | | AZ91-0.3Ce | | | AZ91-0.6 Ce | | | AZ91-0.9Ce | | |
|---|---|---|---|---|---|---|---|---|---|---|---|
| | Al | Zn | Al | Zn | Ce | Al | Zn | Ce | Al | Zn | Ce |
| 39.6 | 4.01 | 0.046 | 3.96 | 0.047 | 0.0046 | 3.87 | 0.056 | 0.0055 | 3.83 | 0.054 | 0.0079 |

| 冷却速度/(K·s⁻¹) | AZ91 | | AZ91-0.3Ce | | | AZ91-0.6 Ce | | | AZ91-0.9Ce | | |
|---|---|---|---|---|---|---|---|---|---|---|---|
| | Al | Zn | Al | Zn | Ce | Al | Zn | Ce | Al | Zn | Ce |
| 22.8 | 4.11 | 0.052 | 4.01 | 0.052 | 0.0042 | 3.81 | 0.055 | 0.0051 | 3.99 | 0.049 | 0.0068 |
| 18.6 | 4.05 | 0.054 | 3.89 | 0.054 | 0.0033 | 3.75 | 0.066 | 0.0043 | 3.8 | 0.051 | 0.0064 |
| 15.5 | 3.95 | 0.066 | 3.92 | 0.048 | 0.0033 | 3.70 | 0.053 | 0.0039 | 3.84 | 0.063 | 0.0058 |

　　图 4-11 为合金中 Ce 的固溶量随着 Ce 含量和冷却速度的变化情况。由图可知，合金的冷却速度和稀土含量均能够影响合金中稀土 Ce 的固溶量，Ce 的固溶量随着其自身含量的提高而增加，同时随着冷却速度的加快而增加。

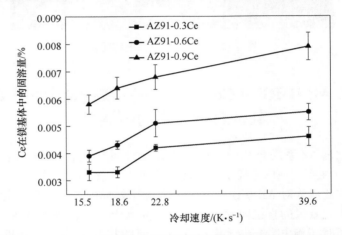

图 4-11　Ce 在 AZ91 镁合金中的固溶量随稀土含量和冷却速度的变化

　　用 SPSS 统计分析软件对稀土 Ce 的固溶量与稀土含量和试样冷却速度之间进行多元线性拟合，得到稀土 Ce 的固溶量与合金中 Ce 含量、合金冷却速度之间的定量关系为：

$$Ce = 0.001 + 0.005 \times w(Ce) + 0.000065 \times v \qquad (4-1)$$

　　式 (4-1) 中，冷却速度和 Ce 含量的前置系数均为正值，表明提高合金中的稀土 Ce 含量以及增大冷却速度，均能提高 Ce 在 AZ91 镁合金中的固溶量。

　　对合金中 Al 的固溶量与稀土 Ce 含量和冷却速度之间的关系也进行了多元线性拟合，得到 Al 的固溶量与合金 Ce 含量、冷却速度之间的数量关系为：

$$Al = 3.954 - 0.219 \times w(Ce) + 0.002 \times v \qquad (4-2)$$

　　由式 (4-2) 可知，随着 Ce 在 AZ91 镁合金中含量的提高，Al 的固溶量逐渐减小；而增大冷却速度则有利于提高 Al 在合金中的固溶量。

### 4.3.2  AZ91-Y 镁合金中的元素固溶量

AZ91-$x$Y（$x=0$，0.3，0.6，0.9）合金中稀土元素 Y 和另两种主要合金元素 Al 和 Zn 的实测固溶量，见表4-8。由表可知，稀土 Y 在 AZ91 镁合金中的固溶量相较于稀土 Ce 要大，但也仅为几百个 $10^{-6}$，而合金中 Al 的固溶量大致在 4% 左右，合金中另一主要合金元素 Zn，其固溶量随着稀土 Y 的添加有所增加，但基本维持在 0.08%~0.09%。

**表 4-8  AZ91-$x$Y 实验合金中 Al、Zn、Y 的固溶量**　　　　　　　　（%）

| 冷却速度/（K·$s^{-1}$） | AZ91 | | AZ91-0.3Y | | | AZ91-0.6Y | | | AZ91-0.9Y | | |
|---|---|---|---|---|---|---|---|---|---|---|---|
| | Al | Zn | Al | Zn | Y | Al | Zn | Y | Al | Zn | Y |
| 39.6 | 4.01 | 0.046 | 3.97 | 0.087 | 0.0183 | 3.92 | 0.090 | 0.0341 | 3.86 | 0.085 | 0.0662 |
| 22.8 | 4.11 | 0.052 | 3.94 | 0.072 | 0.0162 | 3.83 | 0.089 | 0.0254 | 3.89 | 0.087 | 0.0509 |
| 18.6 | 4.05 | 0.054 | 3.85 | 0.082 | 0.0129 | 3.82 | 0.059 | 0.0209 | 3.83 | 0.093 | 0.0431 |
| 15.5 | 3.95 | 0.066 | 3.9 | 0.077 | 0.0104 | 3.79 | 0.084 | 0.0202 | 3.83 | 0.088 | 0.0387 |

稀土 Y 的固溶量随着稀土含量和冷却速度的变化情况，如图 4-12 所示。由图可知稀土 Y 的固溶量随着稀土含量和冷却速度的增加而增加，较快的冷却速度和较高的稀土含量，有利于稀土 Y 在 AZ91 镁合金中的固溶。

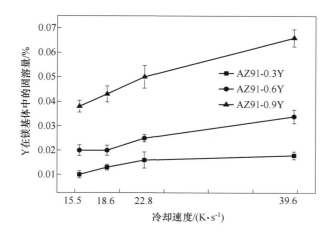

图 4-12　Y 在 AZ91 镁合金中的固溶量随稀土含量和冷却速度的变化

对稀土 Y 的固溶量与稀土 Y 含量和冷却速度之间进行了多元线性拟合，得到了稀土 Y 的固溶量与稀土 Y 含量和冷却速度之间的定量关系为：

$$Y = -0.022 + 0.059 \times w(Y) + 0.01 \times v \tag{4-3}$$

由式（4-3）可知，稀土 Y 含量和冷却速度的前置系数均为正值，表明冷却速度增加和稀土含量增加，均能够促进稀土 Y 在实验合金中的固溶。

对实验合金中合金元素 Al 在镁中的固溶量与稀土 Y 含量和冷却速度之间也进行了多元线性拟合，得到了 Al 的固溶量与稀土 Y 含量和冷却速度之间的定量关系为：

$$Al = 3.937 - 0.203 \times w(Y) + 0.003 \times v \tag{4-4}$$

由式（4-4）可知，稀土 Y 的添加抑制了 Al 在实验合金中的固溶，随着 Y 含量的增加 Al 的固溶量减少，而冷却速度增加则能够促进 Al 在实验合金中的固溶。

### 4.3.3　AZ91-Gd 镁合金中的元素固溶量

AZ91-$x$Gd 实验合金中主要合金元素的固溶量，见表 4-9。由表可知，稀土元素 Gd 的固溶量随着 Gd 含量的增加和冷却速度的增加，其变化并不明显，基本维持在 $350 \times 10^{-6}$ 左右，这与稀土元素 Ce 和 Y 的固溶量变化趋势不同。此外合金元素 Al 的固溶量随着 Gd 含量的增加有所减少，而 Zn 的固溶量随着稀土 Gd 的添加，其固溶量有所增加，但基本在 0.06% 左右。

表 4-9　AZ91-$x$Gd 实验合金中 Al、Zn、Gd 的固溶量　　　（%）

| 冷却速度/（K·s⁻¹） | AZ91 | | AZ91-0.3Gd | | | AZ91-0.6 Gd | | | AZ91-0.9 Gd | | |
|---|---|---|---|---|---|---|---|---|---|---|---|
| | Al | Zn | Al | Zn | Gd | Al | Zn | Gd | Al | Zn | Gd |
| 39.6 | 4.01 | 0.046 | 4.09 | 0.072 | 0.037 | 3.92 | 0.052 | 0.036 | 3.88 | 0.064 | 0.039 |
| 22.8 | 4.11 | 0.052 | 4.07 | 0.061 | 0.035 | 3.88 | 0.065 | 0.034 | 3.78 | 0.055 | 0.035 |
| 18.6 | 4.05 | 0.054 | 3.78 | 0.074 | 0.033 | 3.71 | 0.055 | 0.033 | 3.78 | 0.056 | 0.033 |
| 15.5 | 3.95 | 0.066 | 3.79 | 0.069 | 0.032 | 3.76 | 0.058 | 0.032 | 3.72 | 0.052 | 0.033 |

稀土 Gd 的固溶量随着稀土含量和冷却速度的变化情况，如图 4-13 所示。由图可知稀土 Gd 的固溶量随着稀土含量和冷却速度的增加而增加，但是与稀土 Ce 和 Y 相比，其变化幅度并不显著，基本在 0.035% 附近波动。

通过多元线性拟合得到了稀土 Gd 的固溶量与稀土 Gd 含量和冷却速度之间的定量关系为：

$$Gd = 0.029 + 0.001 \times w(Gd) + 0.000204 \times v \tag{4-5}$$

由式（4-5）可知，稀土 Gd 含量和冷却速度的前置系数均为正值，表明二者均能促进稀土 Gd 在 AZ91 镁合金中的固溶，但是稀土 Gd 含量和冷却速度的前置系数与稀土 Ce 和 Y 相比小得多，说明二者变化对实验合金中 Gd 的固溶影响不大。

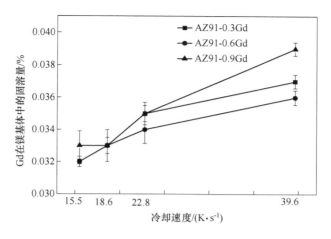

图 4-13　Gd 在 AZ91 镁合金中的固溶量随稀土含量和冷却速度的变化

添加稀土 Gd 的实验合金中合金元素 Al 的固溶量与 Gd 含量和冷却速度之间的多元线性关系为：

$$Al = 3.858 - 0.278 \times w(Gd) + 0.007 \times v \tag{4-6}$$

由式（4-6）可知，冷却速度的增加能够促进 Al 元素在镁合金中的固溶，而添加稀土 Gd 后，随着稀土 Gd 含量的增加，Al 元素在镁合金中的固溶量逐渐减小。

## 4.4　AZ91-RE（Ce、Y、Gd）合金中稀土固溶量和固溶能力差异

### 4.4.1　影响 AZ91-RE 镁合金中稀土固溶量的原因

稀土元素 Ce、Y、Gd 在 AZ91 镁合金中的固溶量随着稀土添加量的增加和冷却速度的增加而逐渐变大。但是稀土元素 Ce、Y、Gd 在 AZ91 镁合金中的固溶量均较小，其固溶量基本为几十个 $10^{-6}$ 到几百个 $10^{-6}$，与其在镁合金中的含量相比要小得多。究其原因，其一是稀土元素在镁合金中的溶质平衡分配系数小于 1，所以进入镁基体，以固溶形式存在的量很少；其二是根据热力学计算表明稀土元素与合金中的铝具有很强的形成化合物的能力，因此也导致稀土元素在镁基体中的固溶量相对较低。这是 AZ91 镁合金中稀土元素固溶量低的主要原因，也是 AZ 系镁合金中稀土元素在镁基体中固溶量很低的重要原因之一。

三种稀土元素在 AZ91 镁合金中的固溶量随着稀土含量和冷却速度的变化情况如图 4-14 所示。由图可知，稀土元素 Ce 的固溶量在本实验的合金体系中最

小，稀土 Y 的固溶量次之，稀土 Gd 的固溶量总体较大。稀土 Gd 的固溶量随着冷却速度和 Gd 含量的变化，并未发生明显改变，在实验范围内达到了最大固溶量。

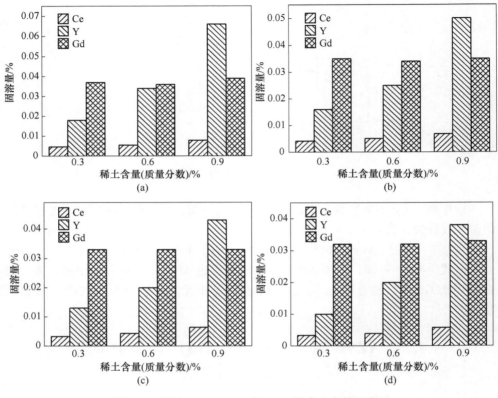

图 4-14　稀土 Ce、Y、Gd 在 AZ91 镁合金中的固溶量

(a) 2 mm；(b) 4 mm；(c) 6 mm；(d) 8 mm

### 4.4.2 AZ91-RE 镁合金中稀土固溶能力存在差异的原因

合金元素的固溶从固溶形式上可分为置换固溶和间隙固溶两种。根据 Hume-Rothery 准则，置换固溶要求溶质原子和溶剂原子的原子半径相差不大于 15% 左右。当溶质原子的尺寸过大时不利于元素的固溶，而溶质原子的尺寸较小时趋向于形成间隙固溶体。间隙固溶由于引起的晶格畸变相对较大，对于合金的强化作用比置换固溶更显著。实验选用的稀土元素 Ce、Y、Gd 和 Mg 的原子半径见表 4-10。由表可知，三种稀土元素原子半径与镁元素的原子半径差值均在 15% 以内，按照 Hume-Rothery 准则，Ce、Y、Gd 三种稀土元素在镁合金中应以置换固溶的形式形成置换固溶体。稀土 Ce 与 Mg 的原子半径差与 Y 和 Gd 相比最大，从尺寸因素

考虑，溶质原子和溶剂原子的半径差别越大则越不容易形成固溶体，因而稀土 Ce 在 Mg 中的固溶量最小。此外稀土 Ce 的晶体结构为面心立方，稀土 Y、Gd 和 Mg 均为密排六方，从晶体结构因素来讲，Ce 在 Mg 中的固溶阻力也最大，因而 Ce 的固溶能力相对较弱。综上所述，从溶质元素和溶剂元素的尺寸和结构角度来说，稀土 Ce 在 Mg 中的固溶能力较小，而稀土 Y、Gd 的固溶能力相对较大，这与实测的固溶能力大小顺序相一致。

表 4-10  元素 Ce、Y、Gd 和 Mg 的原子半径和晶体结构

| 元素 | 原子半径/nm | 晶体结构 | 与镁元素的原子半径差值/% |
|------|------------|---------|----------------------|
| Mg | 0.1599 | HCP | 0 |
| Ce | 0.1825 | FCC | 14.134 |
| Y | 0.180 | HCP | 12.57 |
| Gd | 0.1804 | HCP | 12.82 |

两种原子的电负性差值越大，越容易形成化合物，两种原子间的电负性差值越小，二者形成化合物的能力越弱。从两种元素的电负性角度来说，根据 Gordy 定义的电负性差值相差 0.4 以上时，两种元素就更容易形成化合物而固溶量就会降低。稀土元素 Ce、Y、Gd 和 Mg、Al 的电负性和电负性差值见表 4-11。由表可知，稀土 Ce 与 Mg 的电负性差值最大，所以其在镁合金中的固溶量与 Y 和 Gd 相比最小。此外，由于三种稀土元素与合金中的 Al 元素的电负性相差较大，在合金熔炼凝固过程中，稀土元素会大部分优先与 Al 元素形成 Al-RE 化合物相（$Al_4Ce$、$Al_2Y$、$Al_2Gd$），因而其固溶量一般都较低，与加入量相比固溶量要小得多。

表 4-11  元素 Mg、Al、Ce、Y 和 Gd 的电负性

| 元素 | 电负性 | 稀土与镁的电负性差值 | 稀土与铝的电负性差值 |
|------|--------|---------------------|---------------------|
| Mg | 1.31 | —— | —— |
| Al | 1.61 | —— | —— |
| Ce | 1.12 | 0.19 | 0.49 |
| Y | 1.22 | 0.09 | 0.39 |
| Gd | 1.2 | 0.11 | 0.41 |

# 本 章 小 结

本章主要利用电化学相分离+化学分析的方法实际测定了 AZ91-RE（Ce、Y、Gd）合金中主要合金元素在 α-Mg 中的固溶量，得到如下主要结论。

稀土元素 Ce、Y、Gd 在 AZ91 镁合金中的固溶量均较低，三种稀土元素的固溶能力顺序依次为 Gd>Y>Ce。稀土元素 Ce 和 Y 的固溶量随着稀土含量的增加而增加，稀土 Gd 的固溶量随着 Gd 含量的增加并未发生较大变化。较快的冷却速度有利于合金元素在镁基体中的固溶。稀土元素的添加，将会降低 Al 在镁基体中的固溶量。稀土元素与合金中的 Al 具有很强的形成化合物的能力，是稀土元素 Ce、Y、Gd 在 AZ91 镁合金中固溶量低的重要原因之一。

## 参 考 文 献

[1] Che C, Cai Z, Yang X, et al. The effect of co-addition of Si, Ca and RE on microstructure and tensile properties of as-extruded AZ91 alloy [J]. Materials Science and Engineering：A, 2017, 705：282-290.

[2] Jiang L, Huang W, Zhang D, et al. Effect of Sn on the microstructure evolution of AZ80 magnesium alloy during hot compression [J]. Journal of Alloys & Compounds, 2017, 727：205-214.

[3] Wang Q, Chen Y, Liu M, et al. Microstructure evolution of AZ series magnesium alloys during cyclic extrusion compression [J]. Materials Science & Engineering A, 2010, 527 (9)：2265-2273.

[4] Zhang J, Ji G, Wang X, et al. Effect of Sm on microstructure and mechanical properties of AM60 magnesium alloy [J]. Materials for Mechanical Engineering, 2012, 41 (4)：617-622.

[5] Buzolin R H, Mohedano M, Mendis C L, et al. As cast microstructures on the mechanical and corrosion behaviour of ZK40 modified with Gd and Nd additions [J]. Materials Science & Engineering A, 2017, 682：238-247.

[6] Ross N G, Barnett M R, Beer A G. Effect of alloying and extrusion temperature on the microstructure and mechanical properties of Mg-Zn and Mg-Zn-RE alloys [J]. Materials Science & Engineering A, 2014, 619：238-246.

[7] Kumar M A, Beyerlein I J, Lebensohn R A, et al. Role of alloying elements on twin growth and twin transmission in magnesium alloys [J]. Materials Science & Engineering A, 2017, 706：295-303.

[8] Wang Y, Guan S, Zeng X, et al. Effects of RE on the microstructure and mechanical properties of Mg-8Zn-4Al magnesium alloy [J]. Materials Science & Engineering A, 2006, 416 (1)：109-118.

[9] Polmear I J, Stjohn D, Nie J F, et al. Light alloys：metallurgy of the light metals [M]. 5th ed. Melbourne：Elsevier, 2017.

[10] Hua Q A, Abbott T B, Zhu S, et al. Proof stress measurement of die-cast magnesium alloys [J]. Materials & Design, 2016, 112：402-409.

[11] Xu Y L, Zhang K, Lei J. Effect of mischmetal on mechanical properties and microstructure of die-cast magnesium alloy AZ91D [J]. Journal of Rare Earths, 2016, 34 (7)：742-746.

[12] Wu M W, Xiong S M. Microstructure characteristics of the eutectics of die cast AM60B

magnesium alloy [J]. Journal of Materials Science & Technology, 2011, 27 (12): 1150-1156.

[13] 郭志鹏, 熊守美, 曹尚铉, 等. 铝合金 ADC12Z 高压铸造过程中铸件与铸型间界面热交换系数的研究 [J]. 金属学报, 2007, 43 (1): 103-106.

[14] 吴士平, 于彦东, 王丽萍, 等. 提高充型过程数值模拟运算速度的动态超松弛迭代算法 [J]. 中国有色金属学报, 2003, 13 (5): 1219-1222.

[15] 姜晓霞, 王景韫. 合金相电化学 [M]. 上海: 上海科学技术出版社, 1984: 231-232.

[16] Degtyareva V F, Afonikova N S. Complex structures in the Au-Cd alloy system: Hume-Rothery mechanism as origin [J]. Solid State Sciences, 2015, 49: 61-67.

# 5 冷却速度对 AZ91-RE（Ce、Y、Gd）合金微观组织的影响

稀土在镁合金中的作用与其特定的存在形式密切相关，通过对合金微观组织的影响，最终体现于对合金性能的改善。因此，在了解稀土基本存在形式的基础上，分析稀土所引发的合金组织变化情况及其原因是镁合金中稀土合金化作用研究的重要内容。已有的研究工作表明，AZ 系镁合金中加入的稀土除部分固溶外，还将大量形成 Al-RE 金属间化合物，同时还影响共晶产物 $Mg_{17}Al_{12}$ 的数量、分布以及 α-Mg 固溶体的晶粒尺寸，这些组织特征的变化是导致合金性能变化的重要原因。此外，合金组织形成于凝固阶段，凝固条件不仅直接影响组织的形成过程，还将影响稀土在组织形成过程中的作用行为和程度，即凝固条件是研究稀土对合金组织影响时需要考虑的一个重要因素。为此，本章将对不同冷却速度下凝固的 AZ91-RE（Ce、Y、Gd）合金的主要组织特征量变化进行介绍，明确不同冷却速度下稀土元素 Ce、Y、Gd 对组织特征量的影响趋势和影响程度，建立稀土元素含量和冷却速度与组织特征量之间的关系，本章内容将有助于为分析稀土对镁合金性能的影响提供理论指导和依据。

众所周知，稀土元素在 AZ 系镁合金中主要有两种存在形式：其一是形成 Al-RE 化合物；其二是以固溶的形式存在于镁基体中。第 3 章主要介绍了 AZ91-RE（Ce、Y、Gd）合金中 Al-RE 化合物的形成机理，第 4 章主要介绍了稀土及其他主要合金元素在镁基体中固溶量的影响因素。本章将对冷却速度变化、稀土种类变化以及稀土含量变化对 AZ91 镁合金中主要化合物以及晶粒尺寸的影响规律进行介绍。为后续分析合金冷却速度变化、稀土种类变化以及稀土含量变化对 AZ91 镁合金力学性能影响奠定基础。

## 5.1 AZ91-RE（Ce、Y、Gd）镁合金中的稀土化合物相

第二相强化被认为是 AZ 系镁合金重要的强化机制，而由共晶反应形成的 $Mg_{17}Al_{12}$ 金属间化合物被认为是主要的合金强化相。在 AZ91 合金中加入稀土元素能够利用稀土元素具有的较强化学活性形成新的化合物，有望进一步扩展第二相强化作用。但因第二相强化效果与其结构、尺度、形状、分布等相关。因此，有必要对合金中稀土化合物的这些特征以及变化情况开展研究。

### 5.1.1 AZ91-Ce 镁合金中的主要稀土化合物相

相同冷却速度下凝固的 AZ91-$x$Ce（$x$ = 0, 0.3, 0.6, 0.9）合金试样的金相组织，如图 5-1 所示。对比不含 Ce 的合金，组织中出现了具有一定长径比的白亮新相，表明加入稀土 Ce 后合金中有新相形成。该相主要分布在晶界，在 Ce 含量较低时主要呈颗粒状和短棒状，随着 Ce 含量的提高转变为条状乃至针状，而且其数量随 Ce 含量的提高而增多，尺寸和长径比也逐渐变大。

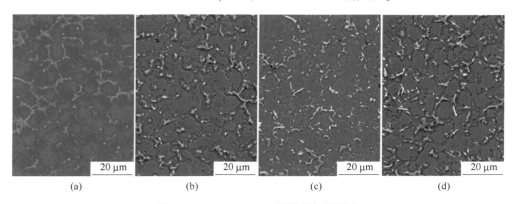

图 5-1 AZ91-Ce-6 mm 试样的扫描照片
（a）AZ91；（b）AZ91-0.3Ce；（c）AZ91-0.6Ce；（d）AZ91-0.9Ce

不同冷却速度下凝固的 AZ91-0.6Ce 合金试样的金相组织，如图 5-2 所示，各厚度试样的组织中均可见该相，但尺寸和形貌有所不同，试样厚度越大（冷却速度越小）则该相的尺寸越大，长径比也越大。说明在本实验中所涉及的试样冷却速度范围内该相均可形成，但其尺寸和形貌受冷却速度的影响。

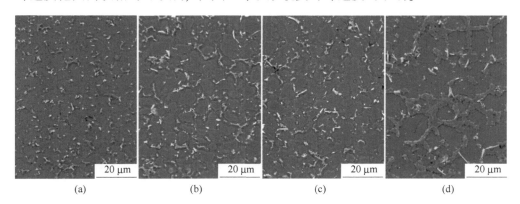

图 5-2 AZ91-0.6Ce 镁合金不同厚度试样的扫描照片
（a）2 mm；（b）4 mm；（c）6 mm；（d）8 mm

对该相进行了组成成分的能谱测定，除了 Mg 元素之外（Mg 主要来自基体），主要包含 Al 和 Ce 两种元素，其中 Al 和 Ce 两元素的原子比接近 4 : 1。典型试样的能谱（EDS）成分分析结果，如图 5-3 所示。

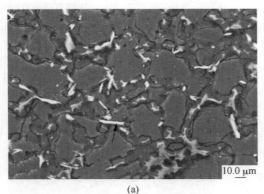
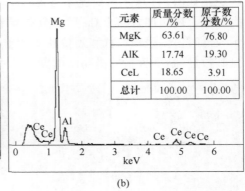

| 元素 | 质量分数/% | 原子数分数/% |
|------|-----------|-------------|
| MgK | 63.61 | 76.80 |
| AlK | 17.74 | 19.30 |
| CeL | 18.65 | 3.91 |
| 总计 | 100.00 | 100.00 |

(a)                              (b)

图 5-3    AZ91-Ce 合金中条状相的 EDS 能谱分析

（a）AZ91-Ce 合金的扫描照片；（b）EDS 能谱分析结果

对 AZ91-$x$Ce-6 mm（$x$ = 0、0.3、0.6、0.9）试样进行的 XRD 分析，如图 5-4 所示。对于未添加稀土 Ce 的 AZ91 镁合金，衍射谱中只有 Mg 和 $Mg_{17}Al_{12}$ 化合物的衍射峰，说明其组成相主要为 α-Mg 固溶体和共晶化合物 $Mg_{17}Al_{12}$。含稀土 Ce 合金的衍射谱中除了上述两相的衍射峰外，还出现了几个另外的衍射峰，并且峰强随着 Ce 含量的提高而逐渐变强。物相标定发现，这些衍射峰与 $Al_4Ce$ 化合物的衍射峰位基本相同，推断可能是形成了 $Al_4Ce$ 相，而且其数量随 Ce 含量的提高而增多。

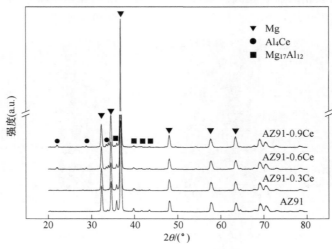

图 5-4    试样的 XRD 谱和标定结果

为确认上述 X 射线衍射分析结果的可靠性，从 6 mm 厚度的 AZ91-0.9Ce 合金上截取试样进行了透射电镜观察和物相电子衍射分析，并将该试样进行电化学相分离后对收集得到的固形物也进行了 XRD 分析和物相标定。

试样中针状相的 TEM 明场像照片、高分辨像（HRTEM）和傅里叶变换（FFT）后的衍射斑点，如图 5-5 所示（晶带轴为 $[\bar{1}\bar{1}\bar{1}]$）。通过对该相衍射斑点的标定，确定 AZ91 镁合金中添加稀土 Ce 后形成的针状相为稀土化合物 $Al_4Ce$。

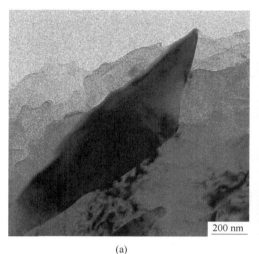 

(a)            (b)

图 5-5   $Al_4Ce$ 相的 TEM 明场像、高分辨图片和傅里叶变换图
（a）明场像照片；（b）高分辨像和傅里叶变换（FFT）后的衍射斑点

AZ91-0.9Ce-6 mm 试样相分离后所收集到的固形物的 XRD 谱和物相标定结果，如图 5-6 所示。由图可知，从合金中通过相分离得到的固形物主要由 $Mg_{17}Al_{12}$ 相和 $Al_4Ce$ 相组成，进一步确定了添加稀土 Ce 之后合金中的稀土 Ce 主要形成的化合物相为含稀土的 $Al_4Ce$。

AZ91 镁合金添加稀土 Ce 后除了出现 $Al_4Ce$ 外，还出现了尺度较小的颗粒状新相。能谱成分分析表明，除了 Mg 元素之外，其主要含有 Al、Mn、Ce 三种元素，考虑到该相非常小，能谱检测到的 Mg 应该是来自基体，故推测该相是一种 Al-Mn-Ce 三元相，金相组织 SEM 照片和 EDS 能谱，分别如图 5-7 和图 5-8 所示。这种小颗粒三元相主要分布于晶界处，表明其形成于合金凝固的后期，此时合金剩余熔体中相关合金元素的富集程度较高。这种三元相的数量随着 Ce 含量的增加而增加，随着试样冷却速度的增加而增加。

## 5.1.2 AZ91-Y 镁合金中的主要稀土化合物相

AZ91 镁合金加入稀土 Y 后也有新相产生，该相主要呈块状，尺寸为几微米

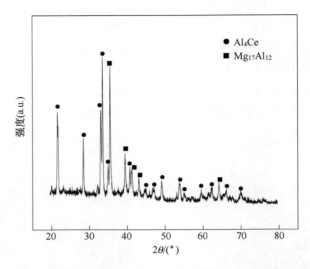

图 5-6 AZ91-0.9Ce-6 mm 合金电解分离固形物的 XRD 谱及其标定结果

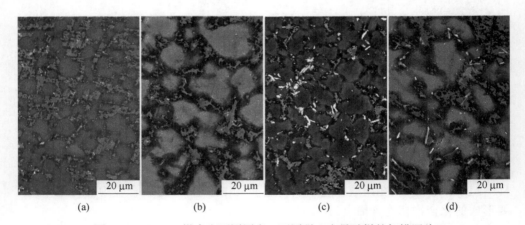

图 5-7 AZ91-Ce 镁合金不同厚度、不同稀土含量试样的扫描照片

（a）AZ91-0.3Ce-2 mm；（b）AZ91-0.3Ce-8 mm；（c）AZ91-0.9Ce-2 mm；（d）AZ91-0.9Ce-8 mm

到十几微米，且 Y 含量越高尺寸越大。AZ91-$x$Y-6 mm（$x$ = 0，0.3，0.6，0.9）试样的金相组织（见图 5-9），可以看到当 Y 含量达到 0.9% 时其尺寸与晶粒尺寸几乎相当。该相在各厚度的试样中均有存在，但其尺寸随着试样厚度变薄而相应减小，说明试样的冷却速度的变化没有影响该相的形成，但较快的冷却速度有助于减小该相尺寸，不同厚度 AZ91-0.6Y 合金试样的金相组织，如图 5-10 所示。EDS 成分分析结果显示，这种块状相中富含 Al 和 Y 元素，且二者的原子比近似为 2:1，如图 5-11 所示。

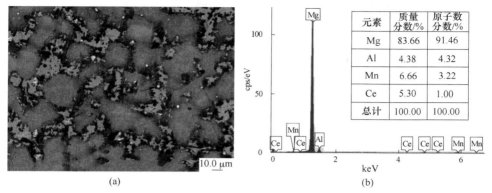

| 元素 | 质量<br>分数/% | 原子数<br>分数/% |
|------|-----------|-----------|
| Mg | 83.66 | 91.46 |
| Al | 4.38 | 4.32 |
| Mn | 6.66 | 3.22 |
| Ce | 5.30 | 1.00 |
| 总计 | 100.00 | 100.00 |

(a)　　　　　　　　　　　　　(b)

图 5-8　AZ91-Ce 合金中颗粒相的 EDS 能谱分析

（a）AZ91-Ce 合金的颗粒相的扫描照片；（b）AZ91-Ce 合金的颗粒相的能谱分析结果

彩图

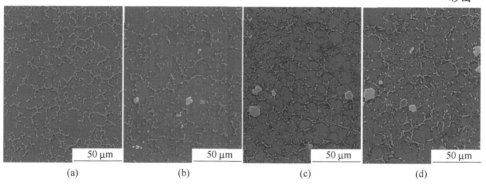

(a)　　　　　　(b)　　　　　　(c)　　　　　　(d)

图 5-9　AZ91-xY-6 mm 试样的扫描照片

（a）AZ91；（b）AZ91-0.3Y；（c）AZ91-0.6Y；（d）AZ91-0.9Y

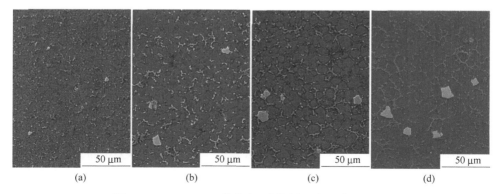

(a)　　　　　　(b)　　　　　　(c)　　　　　　(d)

图 5-10　AZ91-0.6Y 镁合金不同厚度试样的扫描照片

（a）2 mm；（b）4 mm；（c）6 mm；（d）8 mm

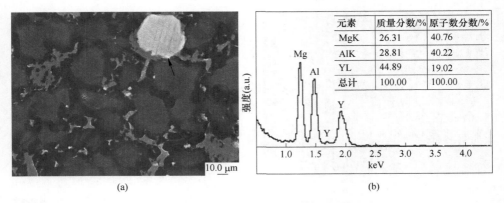

| 元素 | 质量分数/% | 原子数分数/% |
|------|----------|------------|
| MgK | 26.31 | 40.76 |
| AlK | 28.81 | 40.22 |
| YL | 44.89 | 19.02 |
| 总计 | 100.00 | 100.00 |

图 5-11  AZ91-Y 合金中块状相的 EDS 能谱分析

（a）AZ91-Y 合金的扫描照片；（b）EDS 能谱分析结果

AZ91-$x$Y（$x=0$，0.3，0.6，0.9）6 mm 试样的 XRD 谱及物相标定结果，如图 5-12 所示。添加稀土 Y 的实验合金中除了 Mg 和 $Mg_{17}Al_{12}$ 的衍射峰之外，还出现了 $Al_2Y$ 相的衍射峰，并且衍射峰强度随着 Y 含量的增加而增强，故初步判断合金中出现的新相为 $Al_2Y$ 金属间化合物。

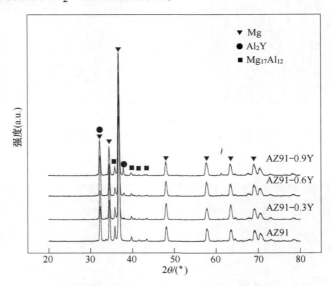

图 5-12  试样的 XRD 谱及其标定结果

为确认上述 X 射线衍射分析结果的可靠性，对 AZ91-0.9Y-6 mm 合金同样进行了合金试样的 TEM 分析以及合金电解相分离后固形物的 XRD 分析，结果分别如图 5-13 和图 5-14 所示。电子衍射斑点的标定和 X 射线衍射谱的标定共同证实，AZ91-Y 合金中出现的块状相为 $Al_2Y$。

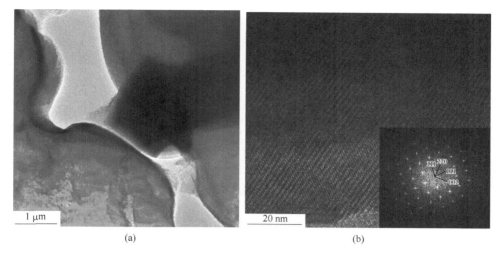

(a)                              (b)

图 5-13　$Al_2Y$ 相的 TEM 明场像、高分辨图片和傅里叶变换图

（a）明场像照片；（b）高分辨像和傅里叶变换（FFT）后的衍射斑点

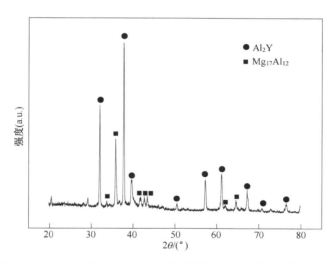

图 5-14　AZ91-0.9Y-6 mm 合金电解固形物的 XRD 谱及其标定结果

　　与 AZ91-Ce 合金类似，合金中添加稀土 Y 后也出现了一些尺寸较小的颗粒状化合物相，主要分布于 $Mg_{17}Al_{12}$ 相附近，如图 5-15 所示。根据 EDS 分析结果推测，这些颗粒状化合物相为 Al-Mn-Y 三元金属间化合物相，如图 5-16 所示。这些小颗粒化合物的分布位置表明，其应该是在合金凝固的后期，当液相中三种元素富集程度较大时形成。对不同稀土 Y 含量和不同厚度的试样中的 Al-Mn-Y 化合物相的观察，可以看到其数量随着稀土 Y 含量的增加而增加，同时也随着试样冷却速度的增加而增加。

图 5-15 AZ91-Y 镁合金不同厚度、不同稀土含量试样的扫描照片

（a）AZ91-0.3Y-2 mm；（b）AZ91-0.3Y-8 mm；（c）AZ91-0.9Y-2 mm；（d）AZ91-0.9Y-8 mm

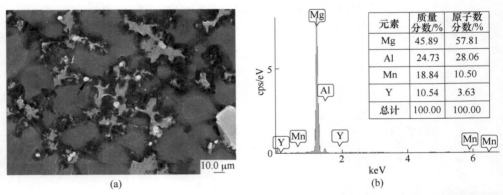

| 元素 | 质量<br>分数/% | 原子数<br>分数/% |
|------|------|------|
| Mg | 45.89 | 57.81 |
| Al | 24.73 | 28.06 |
| Mn | 18.84 | 10.50 |
| Y | 10.54 | 3.63 |
| 总计 | 100.00 | 100.00 |

图 5-16 AZ91-Y 合金中颗粒相的 EDS 能谱分析

（a）AZ91-Y 合金的扫描照片；（b）EDS 能谱分析结果

彩图

### 5.1.3 AZ91-Gd 镁合金中的主要稀土化合物相

图 5-17 为厚度为 6 mm 的 AZ91-$x$Gd（$x=0$，0.3，0.6，0.9）试样的金相组织 SEM 照片。从图中明显看到含 Gd 的 AZ91 镁合金组织中也有白亮的块状新相出现，其尺寸随着 Gd 含量的提高而变大，当 Gd 含量达到 0.9% 时尺寸与晶粒尺寸接近。图 5-18 所示为含 0.6% Gd 的合金不同厚度试样的金相组织，可看到各试样中均有该相存在，只是尺寸随试样厚度的减小而变小，说明较大冷却速度对块状相起到了一定的细化作用。对块状相的 EDS 分析结果表明，其含有较高比例的 Al 元素和 Gd 元素，两者的原子比接近 2:1，EDS 分析结果，如图 5-19 所示。

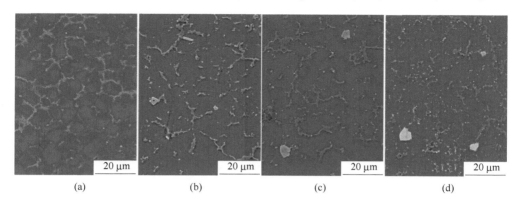

图 5-17　AZ91-xGd-6 mm 试样的扫描照片
（a）AZ91；（b）AZ91-0.3Gd；（c）AZ91-0.6Gd；（d）AZ91-0.9Gd

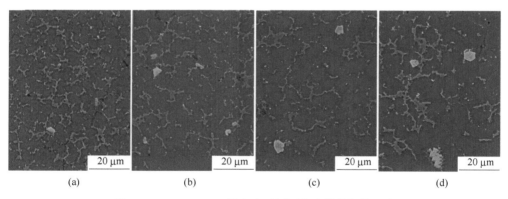

图 5-18　AZ91-0.6Gd 镁合金不同厚度试样的扫描照片
（a）2 mm；（b）4 mm；（c）6 mm；（d）8 mm

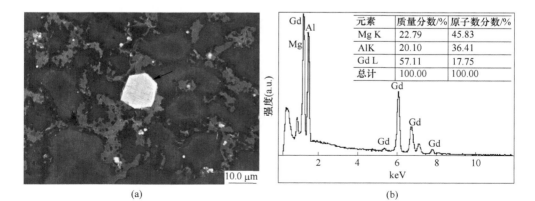

| 元素 | 质量分数/% | 原子数分数/% |
|---|---|---|
| Mg K | 22.79 | 45.83 |
| Al K | 20.10 | 36.41 |
| Gd L | 57.11 | 17.75 |
| 总计 | 100.00 | 100.00 |

（a）　　　　　　　　　　　（b）

图 5-19　AZ91-Gd 合金中块状相的 EDS 能谱分析
（a）AZ91-Gd 合金的扫描照片；（b）EDS 能谱分析结果

图 5-20 是 AZ91-$x$Gd（$x = 0$，0.3，0.6，0.9）6 mm 试样的 XRD 谱及物相标定结果，XRD 分析结果表明，添加稀土 Gd 的合金中出现了 Al$_2$Gd 相的衍射峰，从而推断 AZ91-Gd 实验合金中出现的块状相为 Al$_2$Gd 稀土相。

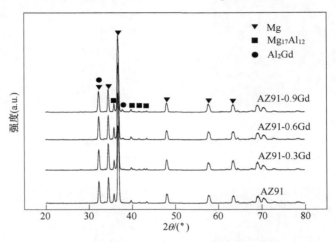

图 5-20   AZ91-$x$Gd-6 mm 试样的 XRD 谱和标定结果

同样采用对合金试样进行 TEM 分析与对合金试样相分离所得固形物进行 XRD 分析相结合的方法，对合金试样的 X 射线衍射分析结果的可靠性进行了确认，所用试样为 AZ91-0.9Gd-6 mm 合金，结果分别如图 5-21 和图 5-22 所示。两种分析共同证实，AZ91-Gd 合金中出现的块状相为 Al$_2$Gd。

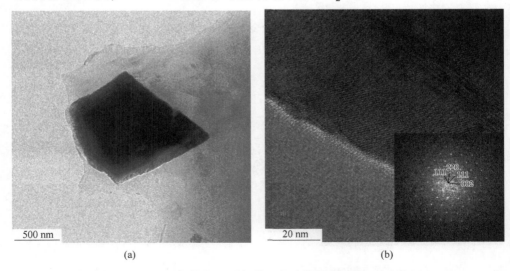

图 5-21   Al$_2$Gd 相的 TEM 明场像、高分辨图片和傅里叶变换图

（a）明场像照片；（b）高分辨像和傅里叶变换（FFT）后的衍射斑点

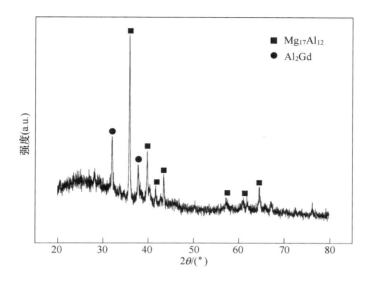

图 5-22　AZ91-0.9Gd-6 mm 合金的电解残余产物 XRD 谱

　　添加稀土 Gd 后的合金中同样也出现了小颗粒 Al-Mn-Gd 三元相，主要分布于 $Mg_{17}Al_{12}$ 相附近，其数量随着稀土 Gd 含量的增加而增加，随着试样冷却速度的增加而增加。SEM 照片、EDS 成分分析结果分别如图 5-23 和图 5-24 所示。

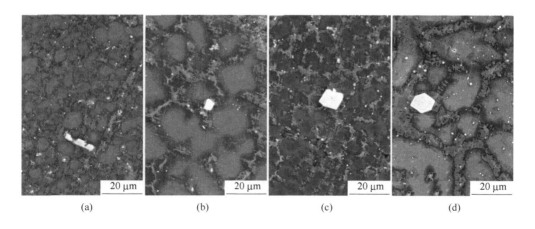

图 5-23　AZ91-Gd 镁合金不同厚度、不同稀土含量试样的扫描照片
（a）AZ91-0.3Gd-2 mm；（b）AZ91-0.3Gd-8 mm；（c）AZ91-0.9Gd-2 mm；（d）AZ91-0.9Gd-8 mm

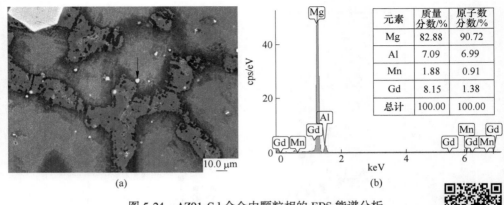

| 元素 | 质量分数/% | 原子数分数/% |
|---|---|---|
| Mg | 82.88 | 90.72 |
| Al | 7.09 | 6.99 |
| Mn | 1.88 | 0.91 |
| Gd | 8.15 | 1.38 |
| 总计 | 100.00 | 100.00 |

(a)　　　　　　　　　　　　　　　　(b)

图 5-24　AZ91-Gd 合金中颗粒相的 EDS 能谱分析
（a）AZ91-Gd 合金的扫描照片；（b）EDS 能谱分析结果

彩图

## 5.2　AZ91-Ce 镁合金的组织特征量变化

AZ91 镁合金主要由 α-Mg 固溶体和离异共晶产物 $Mg_{17}Al_{12}$ 组成，加入稀土元素后会形成 Al-RE 金属间化合物，同时引起 $Mg_{17}Al_{12}$ 的数量、分布以及 α-Mg 固溶体的晶粒尺寸发生变化。因此，Al-RE 金属间化合物的数量与形貌、$Mg_{17}Al_{12}$ 的数量与分布以及 α-Mg 固溶体的晶粒尺寸是表征组织状态的主要特征量。

### 5.2.1　AZ91-Ce 镁合金的基本组织特征变化

AZ91-Ce 合金冷却速度和 Ce 含量改变时的金相组织，如图 5-25 和图 5-26 所示。不含稀土 Ce 的 AZ91 合金主要由 α-Mg 基体和晶界处连续网状分布的离异共晶化合物 $Mg_{17}Al_{12}$ 组成，合金中添加稀土 Ce 后出现 $Al_4Ce$ 相。稀土 Ce 的加入使 α-Mg 相的晶粒尺寸变小，试样厚度减小（冷却速度增大）则使晶粒进一步细化。稀土 Ce 含量较低时 $Al_4Ce$ 相呈现颗粒状或细小的针状，随着 Ce 含量的增加转变为针状和条状，且尺寸不断变大。$Al_4Ce$ 相主要分布于晶界处或者靠近晶界的晶内，且晶界处的 $Al_4Ce$ 相比晶内的 $Al_4Ce$ 相要大得多。与此同时，$Mg_{17}Al_{12}$ 相数量随着稀土 Ce 含量的增加和试样厚度的减小（冷却速度增大）逐渐减少，并由晶界处的连续分布变为断续分布，尺寸也逐渐细化。上述结果表明，通过调整合金中的稀土 Ce 含量和冷却速度，可以调控合金的晶粒尺寸以及组成相的尺寸。

将 $Al_4Ce$ 相以长宽比为 2 作为颗粒状和条状/针状的基本划分界限，按照颗粒状 $Al_4Ce$ 相的数量占比将形貌定性划分为基本为颗粒状（Ⅰ级）、以颗粒状为主（Ⅱ级）、颗粒状与条状/针状相近（Ⅲ级）、以条状/针状为主（Ⅳ级）、基本

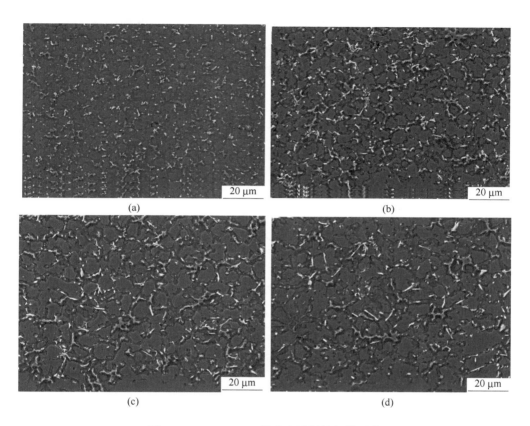

图 5-25 AZ91-0.9Ce 镁合金试样的扫描照片

(a) 2 mm;(b) 4 mm;(c) 6 mm;(d) 8 mm

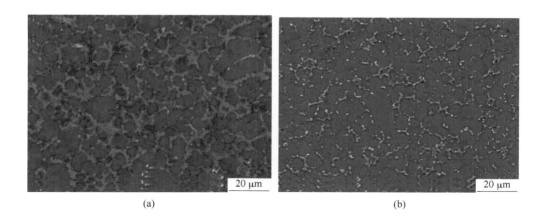

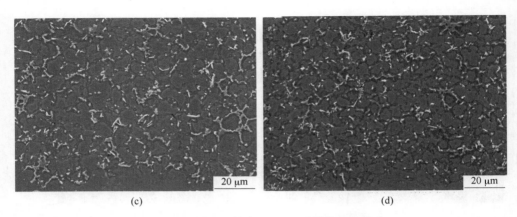

(c)                  (d)

图 5-26    AZ91-Ce 镁合金 4 mm 试样的扫描照片

（a）AZ91；（b）AZ91-0.3Ce；（c）AZ91-0.6Ce；（d）AZ91-0.9Ce

为条状/针状（Ⅴ级）5 个等级。将 $Mg_{17}Al_{12}$ 相在晶界的连续分布程度定性划分为基本断续（Ⅰ级）、以断续为主（Ⅱ级）、半数连续（Ⅲ级）、以连续为主（Ⅳ级）、基本连续（Ⅴ级）5 级。$Al_4Ce$ 相形貌和 $Mg_{17}Al_{12}$ 相连续程度随 Ce 含量和试样厚度的变化情况分别见表 5-1 和表 5-2。

表 5-1    $Al_4Ce$ 相的形貌与 Ce 含量和试样厚度的关系

| Ce 含量/% | 试样厚度/mm | | | |
|---|---|---|---|---|
| | 2 | 4 | 6 | 8 |
| 0.3 | Ⅰ | Ⅰ | Ⅱ | Ⅲ |
| 0.6 | Ⅰ | Ⅱ | Ⅲ | Ⅳ |
| 0.9 | Ⅱ | Ⅲ | Ⅳ | Ⅴ |

表 5-2    $Mg_{17}Al_{12}$ 相的连续程度与 Ce 含量和试样厚度的关系

| Ce 含量/% | 试样厚度/mm | | | |
|---|---|---|---|---|
| | 2 | 4 | 6 | 8 |
| 0.0 | Ⅲ | Ⅳ | Ⅴ | Ⅴ |
| 0.3 | Ⅱ | Ⅲ | Ⅳ | Ⅴ |
| 0.6 | Ⅰ | Ⅱ | Ⅲ | Ⅳ |
| 0.9 | Ⅰ | Ⅰ | Ⅱ | Ⅲ |

     表 5-1 的三角阴影部分为 $Al_4Ce$ 以颗粒状为主时 Ce 含量和试样厚度的组合范围，可见在较低的 Ce 含量和较大的冷却速度的双重作用下，合金中的 $Al_4Ce$ 主要以颗粒状的形式存在。表 5-2 的三角阴影部分为 $Mg_{17}Al_{12}$ 相主要以断续形式分

布时 Ce 含量和冷却速度的组合范围，可见在 Ce 含量较高、冷却速度较大的条件下，晶界处连续网状分布的 $Mg_{17}Al_{12}$ 相基本消失，代之于 $Mg_{17}Al_{12}$ 相在晶界处主要以断续形式分布。

## 5.2.2　AZ91-Ce 镁合金的晶粒尺寸

用截线法对合金试样的晶粒尺寸进行多视场测量统计，试样平均晶粒尺寸的测定结果，见表 5-3。由表可知，提高 Ce 含量以及减小试样厚度（增大冷却速度）均能够细化合金的晶粒，当 Ce 含量（质量分数）从 0 增加到 0.9% 时，2 mm、4 mm、6 mm、8 mm 试样的平均晶粒尺寸分别减小了 22.12%、33.5%、27.18% 和 37.45%，而当试样厚度由 8mm 减小到 2mm 时，AZ91 镁合金、AZ91-0.3Ce 镁合金、AZ91-0.6Ce 镁合金、AZ91-0.9Ce 镁合金的平均晶粒尺寸分别减小了 62.31%、61.08%、63.62% 和 53.07%。

表 5-3　AZ91-Ce 合金的平均晶粒尺寸　　　　　　（μm）

| 合金 | 试样厚度/mm | | | |
| --- | --- | --- | --- | --- |
| | 2 | 4 | 6 | 8 |
| AZ91 | 4.61 | 7.88 | 9.27 | 12.23 |
| AZ91-0.3Ce | 3.81 | 5.71 | 7.89 | 9.79 |
| AZ91-0.6 Ce | 3.5 | 5.62 | 7.48 | 9.07 |
| AZ91-0.9 Ce | 3.59 | 5.24 | 6.75 | 7.65 |

从晶粒尺寸的测定数据来看，在本书所设定的 Ce 含量和试样厚度范围内，Ce 含量提高产生的晶粒细化效果总体上不如试样厚度减小（冷却速度增大）引起的晶粒细化效果明显。同时，Ce 细化晶粒的效果对于不同厚度的试样也存在较大差异。对于厚度较大（冷却速度较低）的试样，如本书中的 8 mm 试样，随着 Ce 含量的提高合金晶粒尺寸的减小比较明显，但对于厚度较小（冷却速度较大）的试样，例如 2 mm 试样，Ce 含量提高时虽然晶粒尺寸有所减小，但减小幅度并不大，平均晶粒尺寸基本保持在 3~5 μm。上述结果表明，Ce 具有细化晶粒的作用，但作用程度受合金的冷却速度的影响，较快的冷却速度不利于体现 Ce 的细化晶粒作用。因此，仅从细化合金晶粒的目的而言，在冷却速度较快的铸造条件下或者冷却速度较快的部件位置，Ce 对 AZ91 镁合金的晶粒细化作用较弱，通过 Ce 细化晶粒的意义并不大。

## 5.2.3　AZ91-Ce 镁合金中的化合物相的质量分数

不同厚度 AZ91-$x$Ce（$x$ = 0，0.3，0.6，0.9）试样的 XRD 谱及物相标定结果，如图 5-27 所示。AZ91 合金中只存在 Mg 和 $Mg_{17}Al_{12}$ 相，而 AZ91-Ce 合金中

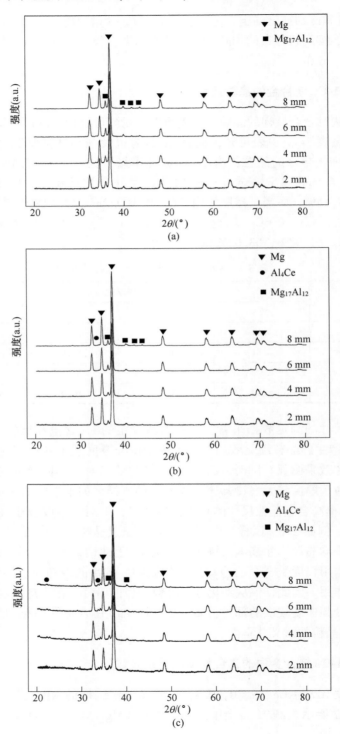

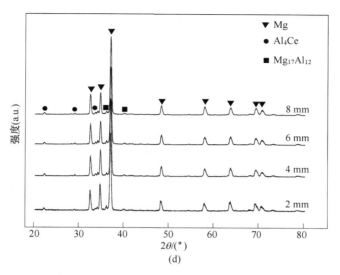

图 5-27　AZ91-$x$Ce 实验合金的 X 射线衍射谱

（a）AZ91；（b）AZ91-0.3Ce；（c）AZ91-0.6Ce；（d）AZ91-0.9Ce

出现了 Al$_4$Ce，除此之外未发现其他物相的明显衍射峰。随着合金中 Ce 含量的提高以及试样厚度的增加（冷却速度降低），Al$_4$Ce 相的衍射峰强度逐渐增强，而合金中的另一种组成相 Mg$_{17}$Al$_{12}$，其衍射峰强度则随着 Ce 含量的增加以及试样厚度的减小（冷却速度增加）而逐渐变弱。上述结果说明，合金中的 Ce 含量和合金的冷却速度对合金组成相的相对比例有一定影响，Al$_4$Ce 在合金中的质量分数随 Ce 含量的提高和冷却速度的减小而提高；Mg$_{17}$Al$_{12}$ 相在合金中的质量分数则随 Ce 含量的增加和冷却速度的加快而减小，这与组织观察结果相一致。

　　利用绝热法（参比强度法），根据样品中每个组成相的 K 值（RIR 值）并依据样品的 XRD 谱近似计算组成相的质量分数，样品中任意物相 $j$ 的质量分数为：

$$w_j = \frac{I_j}{K_i^j \sum\limits_{i=1}^{N} \dfrac{I_j}{K_i^j}} \tag{5-1}$$

式中，$w_j$ 为 $j$ 物相的质量分数；$I_j$ 为 $j$ 物相最强衍射峰的积分强度；$K_i^j$ 为 $j$ 物相的 RIR 值。计算过程选择的各物相的最强衍射峰和需要的 RIR 值，见表 5-4。

表 5-4　AZ91-Ce 合金中组成相质量分数的 RIR 法计算参数

| 相 | α-Mg | Mg$_{17}$Al$_{12}$ | Al$_4$Ce |
|---|---|---|---|
| PDF 卡片号 | 01-071-4618 | 01-073-1148 | 03-065-2678 |
| 晶面（I = 100） | （101） | （411） | （112） |
| RIR | 3.85 | 2.41 | 5.33 |

各试样中主要组成相 $Mg_{17}Al_{12}$ 和 $Al_4Ce$ 相的质量分数计算结果，见表 5-5。其质量分数随稀土 Ce 含量和试样厚度（冷却速度）的变化情况如图 5-28 所示。由图表可知，合金中的 Ce 含量对 $Al_4Ce$ 相的质量分数有明显影响，试样厚度相同时，$Al_4Ce$ 相的质量分数与 Ce 含量接近正比关系；减小试样厚度时 $Al_4Ce$ 相的质量分数虽然也同时减小，但与 Ce 的作用相比，试样厚度变化对 $Al_4Ce$ 相的质量分数的影响要弱得多。计算结果也反映出，试样厚度相同的情况下，不含 Ce 的合金中 $Mg_{17}Al_{12}$ 相的质量分数最大，而 Ce 的加入将大幅减少 $Mg_{17}Al_{12}$ 相的质量分数；同样，减小试样厚度也将使 $Mg_{17}Al_{12}$ 相的质量分数减小。上述分析表明，提高 Ce 含量将会显著促进 $Al_4Ce$ 相的形成，同时明显抑制合金中共晶产物 $Mg_{17}Al_{12}$ 的形成；合金冷却速度可在一定程度上影响两种化合物的形成过程，即提高冷却速度均不利于两种化合物的形成。

表 5-5 AZ91-Ce 合金中组成相的质量分数 （%）

| 合金 | $Al_4Ce$ | | | | $Mg_{17}Al_{12}$ | | | |
|---|---|---|---|---|---|---|---|---|
| | 试样厚度/mm | | | | 试样厚度/mm | | | |
| | 2 | 4 | 6 | 8 | 2 | 4 | 6 | 8 |
| AZ91 | — | — | — | — | 12. 01 | 12. 61 | 12. 69 | 13. 11 |
| AZ91-0. 3Ce | 0. 48 | 0. 45 | 0. 54 | 0. 56 | 7. 45 | 8. 15 | 9. 99 | 10. 67 |
| AZ91-0. 6Ce | 1. 35 | 1. 41 | 1. 57 | 1. 44 | 4. 97 | 6. 75 | 6. 92 | 7. 98 |
| AZ91-0. 9Ce | 1. 94 | 1. 97 | 2. 00 | 2. 02 | 4. 87 | 4. 99 | 5. 39 | 5. 45 |

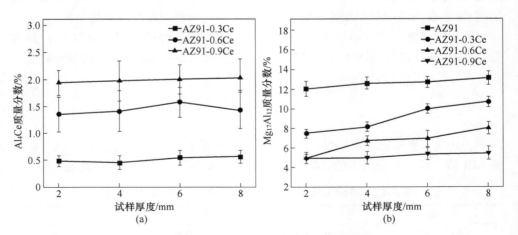

图 5-28 不同厚度 AZ91-Ce 合金中组成相的质量分数
（a）$Al_4Ce$；（b）$Mg_{17}Al_{12}$

## 5.3  AZ91-Y 镁合金的组织特征量变化

### 5.3.1  AZ91-Y 镁合金的基本组织特征变化

不同 Y 含量以及不同厚度（不同冷却速度）的 AZ91-Y 合金试样的金相组织，如图 5-29 和图 5-30 所示。从图中可以看出，Y 具有细化 α-Mg 相晶粒的作用，而减小试样厚度（增大冷却速度）可使晶粒进一步细化。对于加入 Y 后所形成的块状 $Al_2Y$ 相，尺寸较大的主要存在于晶界，而在晶内也可看到有尺寸较小的 $Al_2Y$ 相存在。随着稀土 Y 含量的提高，$Al_2Y$ 相不仅数量增加，尺寸也逐渐变大，在 Y 含量为 0.9%时，$Al_2Y$ 相的尺寸最大可达 10 μm 左右。在增大试样厚度时 $Al_2Y$ 相的尺寸虽然也有一定程度的变大，即 $Al_2Y$ 相的尺寸也会受到合金冷却速度的影响，但与 Y 含量的作用相比，试样厚度对 $Al_2Y$ 相尺寸的影响相对较小。对于合金中的共晶化合物 $Mg_{17}Al_{12}$ 相，其数量随着 Y 含量的提高而逐渐减少，同时也更趋于断续分布，同样减小试样厚度也会对实验合金产生类似的效果。

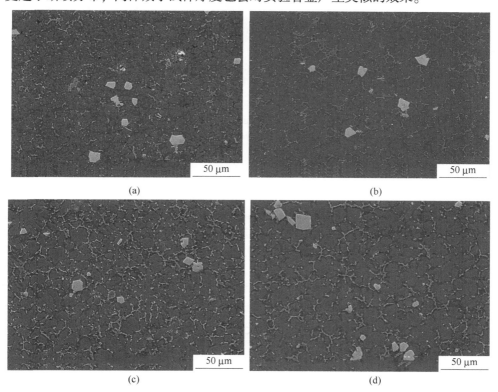

(a)                                    (b)

(c)                                    (d)

图 5-29  AZ91-0.9Y 合金试样的扫描照片

（a）2 mm；（b）4 mm；（c）6 mm；（d）8 mm

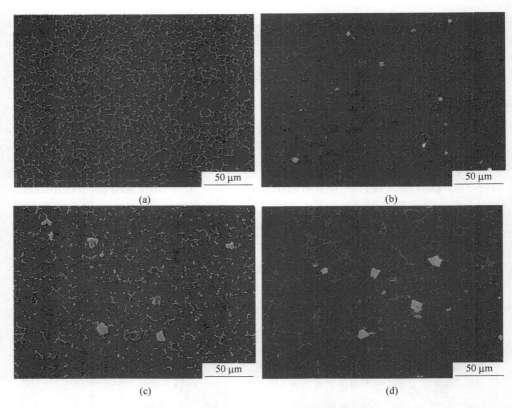

图 5-30　AZ91-Y 合金 4 mm 试样的扫描照片
（a）AZ91；（b）AZ91-0.3Y；（c）AZ91-0.6Y；（d）AZ91-0.9Y

　　按照上节对 $Mg_{17}Al_{12}$ 相在晶界处连续分布程度的定性划分方法，同样将 AZ91-Y 合金中 $Mg_{17}Al_{12}$ 相在晶界的连续分布程度定性划分为 5 级，其连续程度 随 Y 含量和试样厚度的变化情况，见表 5-6。表中三角阴影部分是 $Mg_{17}Al_{12}$ 相主 要以断续形式分布时稀土 Y 含量和试样厚度的组合范围，由此可知，当稀土 Y 含量较高、冷却速度较大时，$Mg_{17}Al_{12}$ 相主要以断续的形式分布于合金晶界处。

表 5-6　$Mg_{17}Al_{12}$ 相的连续分布程度随 Y 含量和试样厚度的变化

| Y 含量/% | 试样厚度/mm | | | |
|---|---|---|---|---|
| | 2 | 4 | 6 | 8 |
| 0.0 | Ⅲ | Ⅳ | Ⅴ | Ⅴ |
| 0.3 | Ⅱ | Ⅲ | Ⅳ | Ⅴ |
| 0.6 | Ⅰ | Ⅱ | Ⅲ | Ⅳ |
| 0.9 | Ⅰ | Ⅱ | Ⅱ | Ⅲ |

## 5.3.2   AZ91-Y 镁合金的晶粒尺寸

用截线法测得的多视场下 AZ91-Y 合金铸态组织的平均晶粒尺寸结果，见表 5-7。由表可见，当合金中加入稀土 Y 后，平均晶粒尺寸减小，并且随着 Y 含量的提高，合金平均晶粒尺寸的减小程度愈加明显。根据测定数据，相对于不含 Y 的合金，Y 含量为 0.9%（质量分数）时，2 mm、4 mm、6 mm、8 mm 试样的平均晶粒尺寸分别减小了 33.83%、41.62%、33.87% 和 31.07%。与此同时，减小试样厚度也显著细化了合金的晶粒，相对于 8 mm 的试样，2 mm 的 AZ91 镁合金、AZ91-0.3Y 镁合金、AZ91-0.6Y 镁合金、AZ91-0.9Y 镁合金的平均晶粒尺寸分别减小了 62.31%、69.28%、67.88% 和 63.82%。

表 5-7   AZ91-Y 合金的平均晶粒尺寸   （μm）

| 合金 | 试样厚度/mm | | | |
|------|------|------|------|------|
| | 2 | 4 | 6 | 8 |
| AZ91 | 4.61 | 7.88 | 9.27 | 12.23 |
| AZ91-0.3Y | 3.21 | 6.55 | 7.27 | 10.45 |
| AZ91-0.6 Y | 3.08 | 5.04 | 6.81 | 9.59 |
| AZ91-0.9 Y | 3.05 | 4.6 | 6.13 | 8.43 |

与 AZ91-Ce 合金的晶粒尺寸变化情况类似，在本书的 Y 含量和试样厚度变化范围内，减小 AZ91-Y 合金试样的厚度（增加冷却速度）比提高合金 Y 含量产生的晶粒细化效果更为显著，而 Y 对合金晶粒的细化效果也是在合金试样厚度较大（冷却速度较小）时相对更为明显。上述结果表明，增大合金的冷却速度同样会弱化 Y 对实验合金的晶粒细化作用。

## 5.3.3   AZ91-Y 镁合金中化合物相的质量分数

不同厚度 AZ91-xY（x = 0，0.3，0.6，0.9）试样的 XRD 谱及物相标定结果，如图 5-31 所示。由图可知，相对于未添加 Y 的 AZ91 合金，加入稀土 Y 的合金中 $Mg_{17}Al_{12}$ 相的衍射峰强度都有所降低，且随着稀土 Y 含量的提高而逐渐降低。同时，$Mg_{17}Al_{12}$ 相的衍射峰强度也随着试样厚度的减小而降低。由于 $Al_2Y$ (220) 晶面的衍射峰（次强衍射峰，$2\theta = 32.208°$）和 Mg 的（100）晶面衍射峰（第三强衍射峰，$2\theta = 32.185°$）近乎重叠，从该衍射角处衍射峰的强度相对于 Mg 的第一或者第二强衍射峰的变化来看，加入 Y 的合金，该衍射峰强度随着 Y

含量的提高而逐渐相对增强，同时随着试样厚度的增大也相对增强，间接说明在合金 Y 含量提高和冷却速度较慢时，合金中 $Al_2Y$ 相的衍射峰强度提高。上述结果表明，合金冷却速度的变化，没有改变合金相的种类，但是影响了合金中组成相的相对含量，添加稀土 Y 后同样能够改变合金中组成相的相对含量。提高 Y 含量或者增大冷却速度将减少 $Mg_{17}Al_{12}$ 共晶产物的数量，而提高 Y 含量或者降低冷却速度将增加 $Al_2Y$ 相的数量。

采用参比强度法定量计算了 AZ91-$x$Y（$x$ = 0，0.3，0.6，0.9）合金中主要组成相的质量分数，计算所需要的参数见表 5-8。

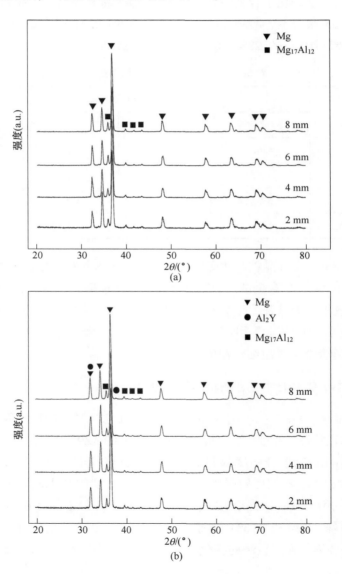

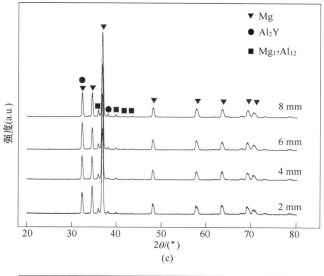

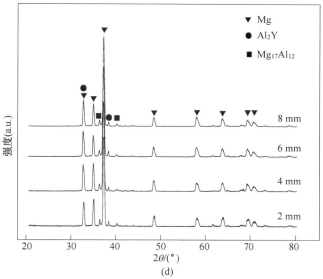

图 5-31   AZ91-$x$Y 镁合金的 X 射线衍射谱

（a）AZ91；（b）AZ91-0.3Y；（c）AZ91-0.6Y；（d）AZ91-0.9Y

表 5-8   AZ91-$x$Y 合金中组成相质量分数的 RIR 法计算参数

| 相 | α-Mg | Mg$_{17}$Al$_{12}$ | Al$_2$Y |
| --- | --- | --- | --- |
| PDF 卡片号 | 01-071-4618 | 01-073-1148 | 01-072-5031 |
| 晶面（I=100） | （101） | （411） | （311） |
| RIR | 3.85 | 2.41 | 7.18 |

通过主要组成相的最强衍射峰积分强度和各个组成相的 RIR 值，计算得到了 AZ91-Y 合金中主要组成相的质量分数，见表 5-9。合金中主要组成相 $Al_2Y$ 和 $Mg_{17}Al_{12}$ 的质量分数随稀土 Y 含量和试样厚度的变化情况，如图 5-32 所示。由计算数据不难看出，对于 $Al_2Y$ 化合物相，其在合金中的质量分数随着 Y 含量的提高而明显增加，同时也随着试样厚度的增大有一定程度的增加；提高稀土 Y 含量和减小试样厚度都减少了合金中 $Mg_{17}Al_{12}$ 相的质量分数，但稀土 Y 含量提高所引起的 $Mg_{17}Al_{12}$ 相的减少要显著得多。上述结果表明，AZ91-Y 合金中的稀土 Y 在形成 $Al_2Y$ 的同时，也会减少共晶 $Mg_{17}Al_{12}$ 的形成，而较快的冷却速度也会减少合金中 $Mg_{17}Al_{12}$ 的含量，但其减少程度相对较小。

表 5-9　AZ91-Y 合金中组成相的质量分数　　　　　　　　（%）

| 合金 | $Al_2Y$ | | | | $Mg_{17}Al_{12}$ | | | |
|---|---|---|---|---|---|---|---|---|
| | 试样厚度/mm | | | | 试样厚度/mm | | | |
| | 2 | 4 | 6 | 8 | 2 | 4 | 6 | 8 |
| AZ91 | — | — | — | — | 12.01 | 12.61 | 12.69 | 13.11 |
| AZ91-0.3Y | 0.42 | 0.45 | 0.47 | 0.48 | 9.98 | 9.84 | 10.15 | 11.28 |
| AZ91-0.6Y | 0.82 | 0.83 | 0.87 | 0.94 | 7.26 | 7.59 | 7.38 | 8.36 |
| AZ91-0.9Y | 1.23 | 1.24 | 1.36 | 1.43 | 7.48 | 7.64 | 7.64 | 7.79 |

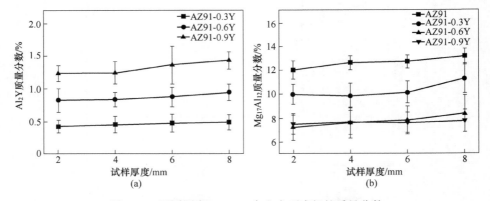

图 5-32　不同厚度 AZ91-Y 合金中组成相的质量分数
（a）$Al_2Y$；（b）$Mg_{17}Al_{12}$

# 5.4　AZ91-Gd 镁合金的组织特征量变化

## 5.4.1　AZ91-Gd 镁合金的基本组织特征变化

AZ91-Gd 合金的组织随 Gd 含量和试样厚度（冷却速度）的变化情况，如

图 5-33 和图 5-34 所示。由图可知，AZ91 合金中加入 Gd 之后，组织变化情况与加入 Y 的基本类似。即 Gd 同样具有细化 α-Mg 晶粒的作用，而减小试样厚度也可使晶粒进一步细化。合金中加入 Gd 后所形成的块状 $Al_2Gd$ 相，其分布情况也与 AZ91-Y 基本相同，尺寸较大的主要分布于晶界，晶内也有尺寸较小的 $Al_2Gd$ 相存在。$Al_2Gd$ 相的尺寸总体上也比较大，在其数量随着稀土 Gd 含量的提高以及试样厚度的变大而增多的同时，尺寸也逐渐变大，在 Gd 含量为 0.9%、厚度 8 mm 的合金试样中，可以看到 10 μm 左右的大块 $Al_2Gd$ 相。对于合金中的离异共晶化合物 $Mg_{17}Al_{12}$ 相，其数量以及分布变化与含 Ce、含 Y 合金基本相同，即数量随着 Gd 含量的提高和试样厚度的减小而逐渐减少，同时也更趋向于在晶界断续分布。

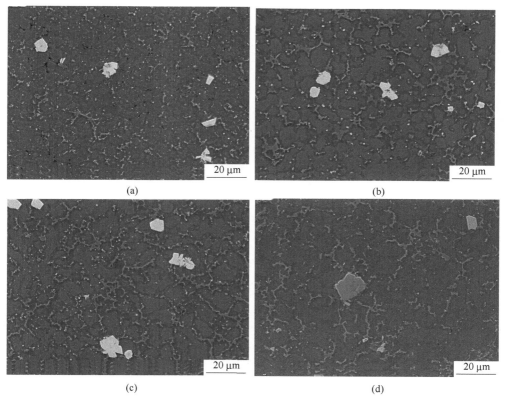

图 5-33 AZ91-0.9Gd 合金试样的扫描照片
(a) 2 mm；(b) 4 mm；(c) 6 mm；(d) 8 mm

如前所述，将 $Mg_{17}Al_{12}$ 相在晶界的连续分布程度定性划分为 5 级。表 5-10 的三角阴影部分是 $Mg_{17}Al_{12}$ 相主要以断续形式分布时稀土 Gd 含量和试样厚度的组合范围，由此可知，虽然当稀土 Gd 含量较高、冷却速度较快时，分布于晶界处

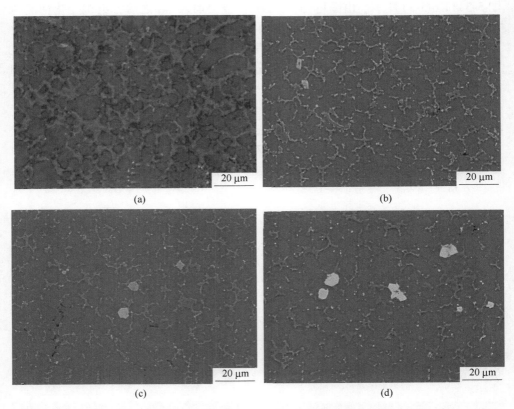

图 5-34 AZ91-Gd 合金 4 mm 试样的扫描照片
（a）AZ91；（b）AZ91-0.3Gd；（c）AZ91-0.6Gd；（d）AZ91-0.9Gd

的 $Mg_{17}Al_{12}$ 相也主要以断续的形式存在，但与稀土 Ce 和 Y 的影响效果相比，Gd 导致 $Mg_{17}Al_{12}$ 相断续分布的作用相对较弱。

表 5-10　$Mg_{17}Al_{12}$ 相的形貌随 Gd 含量和试样厚度的变化

| Gd 含量/% | 试样厚度/mm | | | |
|---|---|---|---|---|
| | 2 | 4 | 6 | 8 |
| 0.0 | Ⅲ | Ⅳ | Ⅴ | Ⅴ |
| 0.3 | Ⅱ | Ⅳ | Ⅳ | Ⅴ |
| 0.6 | Ⅱ | Ⅲ | Ⅲ | Ⅴ |
| 0.9 | Ⅰ | Ⅱ | Ⅲ | Ⅳ |

### 5.4.2 AZ91-Gd 镁合金的晶粒尺寸

表 5-11 为根据截线法测量得到的多视场下合金铸态组织的平均晶粒尺寸。根据平均晶粒尺寸的测定数据，对于 AZ91-Gd 合金来说，提高合金中的 Gd 含量或者减小试样厚度可以细化晶粒，但减小试样厚度引起的晶粒细化作用更加明显。当 Gd 含量（质量分数）从 0 增加到 0.9% 时，2 mm、4 mm、6 mm、8 mm 试样的平均晶粒尺寸分别减小了 31.02%、38.83%、20.17% 和 35.24%，而当试样厚度从 8 mm 减小到 2 mm 时，AZ91 以及 Gd 含量（质量分数）为 0.3%、0.6%、0.9% 合金的平均晶粒尺寸分别减小了 62.31%、55.34%、59.36% 和 59.85%。此外，Gd 对合金晶粒的细化效果也与合金的冷却速度有关，在合金试样厚度较大即冷却速度较小时相对更为明显。

**表 5-11　AZ91-Gd 合金的平均晶粒尺寸**　　　　　　　　　　（μm）

| 合金 | 试样厚度/mm | | | |
| --- | --- | --- | --- | --- |
| | 2 | 4 | 6 | 8 |
| AZ91 | 4.61 | 7.88 | 9.27 | 12.23 |
| AZ91-0.3Gd | 3.85 | 5.43 | 7.83 | 8.62 |
| AZ91-0.6Gd | 3.43 | 5.06 | 7.53 | 8.44 |
| AZ91-0.9Gd | 3.18 | 4.82 | 7.4 | 7.92 |

### 5.4.3 AZ91-Gd 镁合金中化合物相的质量分数

AZ91-Gd 合金的 XRD 谱及物相标定结果，如图 5-35 所示。由图可知，相对于不含 Gd 的 AZ91 合金，含 Gd 合金中 $Mg_{17}Al_{12}$ 相的衍射峰强度都有一定程度的降低，且降低程度与稀土 Gd 含量的提高同步；同时，$Mg_{17}Al_{12}$ 相的衍射峰强度也随着试样厚度的减小而降低。与 AZ91-Y 合金中类似，$Al_2Gd$ 的次强衍射峰（$2\theta = 32.018°$）和 Mg 的第三强衍射峰（$2\theta = 32.185°$）接近，从该衍射角处衍射峰的强度相对于 Mg 的第二强衍射峰的变化来看，该衍射峰强度随着 Gd 含量的提高而逐渐增强，同时随着试样厚度的增大也逐渐增强，说明在合金 Gd 含量提高和冷却速度较慢时，合金中 $Al_2Gd$ 相的衍射强度提高。上述结果表明，合金中 Gd 含量和合金冷却速度的变化对合金中组成相的相对含量能够产生影响。提高 Gd 含量在增加 $Al_2Gd$ 相的数量的同时，将减少 $Mg_{17}Al_{12}$ 共晶产物的数量，增大冷却速度将同时减少 $Al_2Gd$ 相和 $Mg_{17}Al_{12}$ 相的数量。

采用参比强度法对添加稀土 Gd 的实验合金中主要组成相的质量分数进行了计算。计算过程中需要的相关参数（见表 5-12），计算得到的主要组成相的质量分数（见表 5-13），$Mg_{17}Al_{12}$ 相和 $Al_2Gd$ 相的含量随着 Gd 含量和试样厚度的变化情况，如图 5-36 所示。

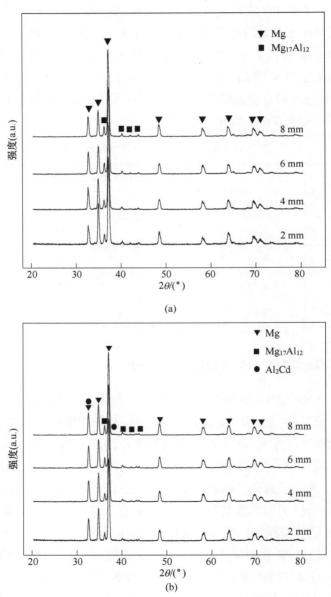

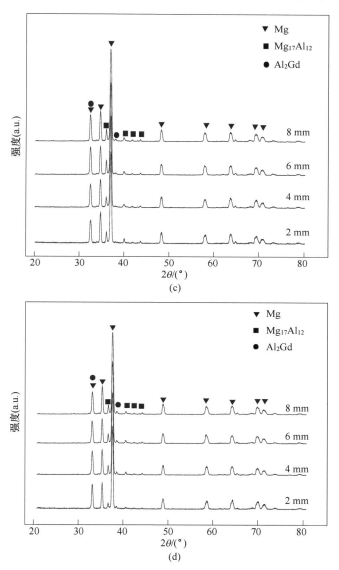

图 5-35 AZ91-Gd 镁合金的 X 射线衍射谱

（a）AZ91；（b）AZ91-0.3 Gd；（c）AZ91-0.6 Gd；（d）AZ91-0.9 Gd

表 5-12 AZ91-Gd 合金中组成相质量分数的 RIR 法计算参数

| 相 | α-Mg | $Mg_{17}Al_{12}$ | $Al_2Gd$ |
|---|---|---|---|
| PDF 卡片号 | 01-071-4618 | 01-073-1148 | 00-028-0021 |
| 晶面（I=100） | （101） | （411） | （311） |
| RIR | 3.85 | 2.41 | 3.4 |

表 5-13  AZ91-Gd 合金中组成相的质量分数  （%）

| 合金 | Al$_2$Gd | | | | Mg$_{17}$Al$_{12}$ | | | |
| | 试样厚度/mm | | | | 试样厚度/mm | | | |
| | 2 | 4 | 6 | 8 | 2 | 4 | 6 | 8 |
|---|---|---|---|---|---|---|---|---|
| AZ91 | — | — | — | — | 12.01 | 12.61 | 12.69 | 13.11 |
| AZ91-0.3Gd | 0.39 | 0.42 | 0.43 | 0.44 | 9.66 | 10.87 | 11.5 | 11.96 |
| AZ91-0.6Gd | 1.04 | 1.09 | 1.16 | 1.18 | 10.15 | 10.65 | 11.39 | 12.15 |
| AZ91-0.9Gd | 1.83 | 1.82 | 2.09 | 2.11 | 8.8 | 9.83 | 10.05 | 10.89 |

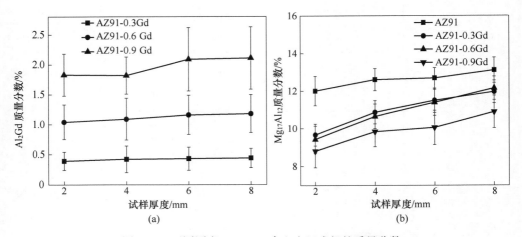

图 5-36  不同厚度 AZ91-Gd 合金中组成相的质量分数
（a）Al$_2$Gd；（b）Mg$_{17}$Al$_{12}$

由图表数据可知，AZ91-Gd 合金中化合物相的质量分数除具体数值与 AZ91-Y 合金有一定差别外，质量分数随稀土含量和试样厚度的变化趋势与规律与 AZ91-Y 合金基本相同，在此不再赘述。

## 5.5  RE（Ce、Y、Gd）细化合金晶粒作用分析

对实验合金微观组织的研究已经发现，稀土元素及其含量变化会影响实验合金的铸态平均晶粒尺寸，晶粒尺寸总体上呈现出随稀土含量增加而减小的趋势。同时，冷却速度也对晶粒尺寸具有明显的影响。本节将在对比 Ce、Y、Gd 三种稀土元素在细化晶粒作用方面差异性的基础上，对晶粒细化机理进行探讨分析。

### 5.5.1 Ce、Y、Gd 细化合金晶粒作用的差异

AZ91-$x$RE（Ce、Y、Gd，$x = 0$，0.3，0.6，0.9）合金在不同冷却速度下的平均晶粒尺寸，如图 5-37 所示。由图可知，随着冷却速度的增加，合金的平均晶粒尺寸逐渐减小。在相同冷却速度的条件下，AZ91 镁合金中添加 Ce、Y、Gd 后合金的晶粒尺寸得到细化，并且均随所含稀土量的增加而逐渐细化。三种稀土元素对合金晶粒的细化作用并没有明显差别，但是在较快冷却速度时三种稀土元素的晶粒细化效果均得到弱化。与此同时，在较快冷却速度下凝固时，增加冷却速度引起的合金晶粒尺寸细化程度也减弱。

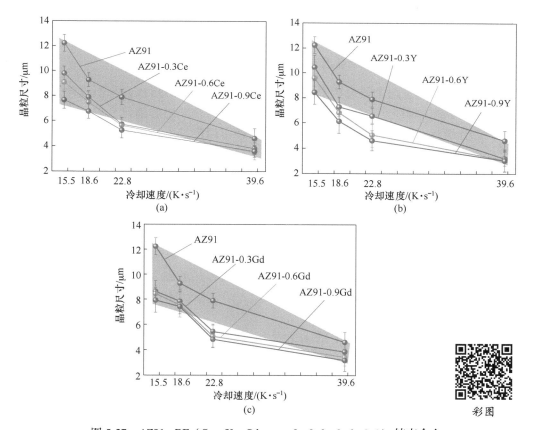

彩图

图 5-37　AZ91-$x$RE（Ce、Y、Gd，$x = 0$，0.3，0.6，0.9）铸态合金
不同冷却速度下的平均晶粒尺寸
（a）AZ91-$x$Ce（$x = 0$，0.3，0.6，0.9）；（b）AZ91-$x$Y（$x = 0$，0.3，0.6，0.9）；
（c）AZ91-$x$Gd（$x = 0$，0.3，0.6，0.9）

分别对 AZ91-Ce、AZ91-Y 和 AZ91-Gd 三个体系合金的铸态平均晶粒尺寸 $d_{AZ91-RE}$ 与稀土质量分数（wt. %）、冷却速度 $v$ 之间的关系进行多元线性拟合，拟合结果如下：

$$d_{AZ91-Ce} = 13.424 - 2.834 \times w(Ce) - 0.219 \times v \tag{5-2}$$

$$d_{AZ91-Y} = 13.947 - 3.192 \times w(Y) - 0.238 \times v \tag{5-3}$$

$$d_{AZ91-Gd} = 13.114 - 2.773 \times w(Gd) - 0.213 \times v \tag{5-4}$$

由拟合结果可知，稀土含量和冷却速度变量的系数均为负值，即随着稀土含量的增加和冷却速度的提高，实验合金的铸态平均晶粒尺寸均逐渐减小。但就稀土含量的系数来说，三种稀土元素含量的系数相差并不显著，Y 含量的系数相对最负，稀土 Ce 和 Gd 次之，表明在数据统计意义上，添加相同稀土含量时，稀土 Y 细化合金晶粒的作用相对更强一些。

## 5.5.2 Ce、Y、Gd 细化合金晶粒的机制

材料的结晶过程主要包括形核和长大两个阶段，促进形核和抑制晶粒长大是获得细小晶粒的两个重要途径。合金化是金属材料常采用的细化晶粒的方法。首先，合金组元在固液界面前沿引起的成分过冷可以促进形核，由合金组元形成的质点也可能成为异质晶核，即恰当的合金化能够增加晶核数量；其次，合金化后，合金元素在固液界面附近形成的扩散阻挡层以及合金中形成的稳定第二相能够起到抑制晶粒长大、促进分枝的作用。总之，对合金进行合金化处理，可以通过促进形核和抑制晶粒长大两个途径来实现合金的晶粒细化。

### 5.5.2.1 生长抑制因子

成分过冷与溶质元素在凝固过程中的偏析程度密切相关，元素偏析程度越大，成分过冷程度相应越大，对合金形核的促进作用就越大。由此，引入生长抑制因子（Growth Restriction Factor，GRF 值），从溶质元素偏析的角度对溶质元素细化合金晶粒的能力进行表征。

在二元合金体系中，GRF 的表达式为：

$$GRF = mC_0(k - 1) \tag{5-5}$$

式中，$m$ 为二元合金相图中液相线的斜率；$C_0$ 为合金元素的初始含量；$k$ 为合金元素在固相和液相中的分配系数。合金化元素（溶质元素）的 GRF 值越大则其成分过冷越严重，对合金的细化作用也越强。

以 AZ91-RE（Ce、Y、Gd）镁合金体系中各合金元素的初始含量（质量分数）为 1.0% 为例对比各元素的 GRF 值，计算见表 5-14。由表可知，Al 以及作为合金化元素加入 AZ91 镁合金中的稀土元素 Ce、Y、Gd，都可以发生成分过冷从而细化合金的晶粒。对比稀土 Ce、Y、Gd 在镁合金中的生长抑制因子（GRF值），可见三种稀土元素由于成分过冷所引起的晶粒细化效果相差不大。事实上，

在实验合金体系中，稀土在合金中的实际含量（质量分数）低于1%，而且稀土与 Al 的结合能力很强，很容易形成 Al-RE 化合物，从而使剩余熔体中的稀土含量更低。至于稀土细化晶粒的作用效果在合金冷却速度较小时相对更好，可能是合金凝固较慢时稀土在 α-Mg 中的过饱和固溶度减小，在固液界面前沿富集程度相对更高，造成的成分过冷相对更强的缘故。此外，稀土的固溶将减少 Al 的固溶，会引起 Al 在固液界面前沿富集程度的提高，可通过增大成分过冷的方式对晶粒细化起到一定作用。

表 5-14　镁合金中主要合金元素的 GRF 值
（合金元素含量（质量分数）为 1.0% 的二元合金）

| 合金元素 | $m$ | $k$ | $mC_0$ $(k-1)$ |
|---|---|---|---|
| Al | −6.87 | 0.37 | 4.32 |
| Ce | −1.73 | ≈0.00 | 1.73 |
| Y | −3.40 | 0.50 | 1.70 |
| Gd | −2.60 | 0.61 | 1.01 |

#### 5.5.2.2　异质形核质点

AZ91 镁合金中添加稀土元素 Ce、Y、Gd 后，合金中会形成 Al$_4$Ce、Al$_2$Y、Al$_2$Gd 稀土化合物，如果三种稀土化合物能够作为 α-Mg 结晶的异质形核质点，便能够细化合金的晶粒。近年来，Zhang M X 等人提出了一种有效预测合金中第二相颗粒能否作为有效异质形核质点来促进形核的边-边匹配模型（edge-to-edge matching model，E2EM），并已经通过大量实验得到了验证。E2EM 模型认为，如果合金中的颗粒能够成为异质形核质点来促进合金的形核并引起合金晶粒的细化，则颗粒与合金的初生晶核需要满足一定的晶体学位向关系，一是两种相在密排方向上的原子间距错配度，二是包含这对密排方向的密排面的晶面间距错配度。一般来说，当颗粒与初生相的原子间距错配度和晶面间距错配度分别小于10% 和 6% 时，则认为颗粒可以作为异质形核质点来促进形核。原子间距错配度和晶面间距错配度可分别由下式计算得到：

$$f_r = \left| \frac{r_M - r_P}{r_M} \right| \times 100\% \tag{5-6}$$

$$f_d = \left| \frac{d_M - d_P}{d_M} \right| \times 100\% \tag{5-7}$$

式中，$r_M$ 和 $r_P$ 分别为基体原子和第二相颗粒原子的原子间距；$d_M$ 和 $d_P$ 分别为基体和第二相的晶面间距。

将边-边匹配模型（E2EM）应用于 AZ91-RE（Ce、Y、Gd）合金，计算得到 Al$_4$Ce、Al$_2$Y、Al$_2$Gd 和 Mg 基体之间的原子间距错配度和晶面间距错配度的结果，见表 5-15。由表 5-15 可知，稀土元素 Ce、Y、Gd 添加到 AZ91 镁合金中形

成的 $Al_4Ce$、$Al_2Y$、$Al_2Gd$ 化合物相，均具有作为异质形核质点的可能性，其中 $Al_2Y$ 相与 Mg 基体之间的原子间距错配度和晶面间距错配度最小。

表 5-15 $Al_4Ce$、$Al_2Y$、$Al_2Gd$ 和 Mg 基体之间的晶体学位向关系

| 化合物 | 位向关系 | 最小错配度 | |
|---|---|---|---|
| | | $f_r/\%$ | $f_d/\%$ |
| $Al_4Ce$ | $<110>_{Al_4Ce} \parallel <11\bar{2}0>_{Mg}$，$(112)_{Al_4Ce} \parallel (10\bar{1}0)_{Mg}$ | 0.89 | 1.31 |
| $Al_2Y$ | $<112>_{Al_2Y} \parallel <2\bar{1}\bar{1}0>_{Mg}$，$(044)_{Al_2Y} \parallel (1\bar{1}00)_{Mg}$ | 0.1 | 0.1 |
| $Al_2Gd$ | $<112>_{Al_2Gd} \parallel <2\bar{1}\bar{1}0>_{Mg}$，$(4\bar{4}0)_{Al_2Gd} \parallel (0\bar{1}10)_{Mg}$ | 0.5 | 0.5 |

此外，稀土合金元素在 $\alpha$-Mg 固溶体结晶前沿液相中富集所形成的扩散阻挡层和分布在 $\alpha$-Mg 固溶体结晶前沿的 $Al_4Ce$、$Al_2Y$、$Al_2Gd$ 相，在 $\alpha$-Mg 晶粒长大过程中能够阻碍元素的扩散迁移和界面的迁移，从而抑制晶粒的长大，对细化晶粒也会产生一定的作用。

### 5.5.3 不同冷却速度下稀土元素 Ce、Y、Gd 的晶粒细化效果

金属凝固过程是液相向固相转变的过程，一般情况下，当温度降到理论结晶温度 $T_m$（熔点）时，合金并未开始结晶，而是温度继续降低到某一温度 $T_n$ 时，液态金属才开始结晶，理论结晶温度与实际结晶温度的差值，被称为过冷度（$\Delta T$）。对于成分固定的合金，当凝固过程中的冷却速度越大时，其过冷度也越大，实际结晶温度也会越低，相反冷却速度越慢，过冷度越小，实际结晶温度就越接近理论结晶温度。由此可见，冷却速度会对合金结晶温度产生影响。

合金凝固结晶能否进行，取决于液相吉布斯自由能和固相吉布斯自由能之间的差值，当液相的自由能高于固相的自由能时，则合金开始结晶，当固相自由能高于液相自由能时，合金将发生溶解，此时固态合金要熔化为液态。合金的液相自由能和固相自由能之间的差值，被称为结晶的驱动力。研究合金凝固过程的结晶驱动力时，考虑单位体积的固相自由能与液相自由能的差值：

$$\Delta G_V = G_S - G_L \tag{5-8}$$

式中，$G_S$ 和 $G_L$ 分别为单位体积的液相自由能和固相自由能。由状态的吉布斯自由能的定义：

$$G = H - TS \tag{5-9}$$

可将式（5-9）式整理为：

$$\Delta G_V = H_S - TS_S - (H_L - TS_L) = -(H_L - H_S) - T\Delta S \tag{5-10}$$

式中，$\Delta H_f = H_L - H_S$ 为合金的熔化潜热，并且熔化潜热大于 0。所以单位体积的自由能变化可以表示为：

$$\Delta G_V = -\Delta H_f - T\Delta S \tag{5-11}$$

当结晶温度 $T=T_m$ 时，单位体积的自由能变化 $\Delta G_V = 0$，则熵变可以表示为：

$$\Delta S = -\frac{\Delta H_f}{T_m} \tag{5-12}$$

当实际结晶温度 $T < T_m$ 时，由于 $\Delta S$ 的变化很小，将式（5-12）代入式（5-11），可得

$$\Delta G_V = -\Delta H_f + T\frac{\Delta H_f}{T_m} = -\Delta H_f\frac{T_m - T}{T_m} = -\Delta H_f\frac{\Delta T}{T_m} \tag{5-13}$$

由式（5-13）可知，只有当实际结晶温度低于理论结晶温度时，单位体积的吉布斯自由能变化才为负值，才能够满足合金结晶的热力学条件，并且过冷度越大，合金的结晶驱动力就越大，结晶速度相应也越快。

对于合金的实际凝固过程，其形核方式属于非均匀形核，对于本书涉及的合金凝固过程，液态金属会与模具的型腔内壁接触，同时添加稀土的实验合金在合金凝固前形成的 Al-RE 化合物相可以作为异质形核质点，晶核可以依附在这些表面形成。在这些表面上形成的晶核形状各异，为了便于计算，假定形成的晶核形状为球冠形，如图 5-38 所示。

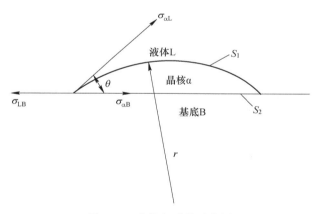

图 5-38　非均匀形核示意图

图 5-38 中 $\theta$ 为晶核与基底的润湿角，$\sigma_{\alpha L}$ 为晶核与液相之间的表面能，$\sigma_{\alpha B}$ 为晶核与基底之间的表面能，$\sigma_{LB}$ 为液相与基底的表面能。当合金中形成的晶核能够稳定存在时，三种表面能在交点处于平衡状态。

$$\sigma_{LB} = \sigma_{\alpha B} + \sigma_{\alpha L}\cos\theta \tag{5-14}$$

由图 5-38 可计算出晶核与液体的接触面积 $S_1$，晶核与基底的接触面积 $S_2$ 和晶核的体积 $V$：

$$S_1 = 2\pi r^2(1 - \cos\theta) \tag{5-15}$$

$$S_2 = \pi r^2 \sin^2\theta \tag{5-16}$$

$$V = \frac{1}{3}\pi r^3(2 - 3\cos\theta + \cos^3\theta) \tag{5-17}$$

晶核 α 形核的吉布斯自由能变化可以表示为：

$$\Delta G = V\Delta G_V + \Delta G_S \tag{5-18}$$

其中 $\Delta G_S$ 为总的表面能，可表示为：

$$\Delta G_S = \sigma_{\alpha L}S_1 + \sigma_{\alpha B}S_2 - \sigma_{LB}S_2 \tag{5-19}$$

整理可得

$$\Delta G = \frac{1}{3}\pi r^3(2 - 3\cos\theta + \cos^3\theta)\Delta G_V + 2\pi r^2(1 - \cos\theta)\sigma_{\alpha L} + \pi r^2\sin^2\theta(\sigma_{\alpha L} - \sigma_{LB}) \tag{5-20}$$

即

$$\Delta G = \left(\frac{4}{3}\pi r^3\Delta G_V + 4\pi r^2\sigma_{\alpha L}\right)\frac{2 - 3\cos\theta + \cos^3\theta}{4} \tag{5-21}$$

对式（5-21）微分并令其等于零，可得到非均匀形核的临界形核半径 $r_k$：

$$r_k = \frac{2\sigma_{\alpha L}T_m}{\Delta H_f\Delta T} \tag{5-22}$$

当晶核凝固时，形核功的极大值为形核半径为 $r_k$ 时，从而得到晶核形成的临界形核功：

$$\Delta G = \frac{1}{3}4\pi r_k^2\sigma_{\alpha L}\frac{2 - 3\cos\theta + \cos^3\theta}{4} \tag{5-23}$$

由合金凝固时的临界形核半径和临界形核功，可知过冷度对二者的影响很显著，当合金凝固时的过冷度增大时，临界形核半径减小，临界形核功显著降低，从而会使结晶更容易进行。合金中晶粒尺寸的大小与形核率和晶核长大速度密切相关，形核率越大，晶核长大速度越小则单位体积中晶粒的数目越多，晶粒尺寸越细小。增大合金结晶时的过冷度，则形核率和晶核长大速度均增加，但是形核率的增长速率要大于晶核长大速度的增长速率。因此，过冷度较大时，合金的晶粒尺寸越细小，冷却速度增加时，合金的过冷度也会相应增加，实验合金的冷却速度变化引起的合金晶粒细化效果非常显著，其热力学原因就在于，冷却速度的增加，减小了临界形核半径和临界形核功，促进了合金的形核，并且形核率的增长速率大于晶核长大速度的增长速率。

晶粒细化是公认的一种能够同时改善合金强度和塑性的有效方式。目前对于合金的晶粒细化方式主要包括添加晶粒细化剂、合金化、快速凝固、孕育处理、大塑性变形等。对镁合金进行合金化处理是目前最常用的一种晶粒细化方式，通过合金化元素引起的成分过冷和化合物的异质形核质点作用能够较好地细化合金的晶粒。Zr 元素对镁合金具有非常强的晶粒细化作用，但是由于 Zr 与 Al 容易形成化合物，并不适用于 Mg-Al 系合金的晶粒细化。向 Mg-Al 系合金中添加稀土元素可以对合金起到较好的晶粒细化效果，并通过其对合金微观组织的优化，最终改善镁合金的力学性能。

合金的凝固过程会影响铸态合金的晶粒尺寸，冷却速度是重要的凝固参数，提高合金的冷却速度，即意味着增加合金凝固过程的温度梯度，这不仅能够影响合金中化合物的含量及形貌分布，而且能够影响合金元素的扩散及成分过冷区的形成。合金的冷却速度增加，会引起形核率的增加，因而能够影响合金的晶粒尺寸。在一定冷却速度范围内，随着冷却速度的增加，会逐渐细化合金的晶粒。

对镁合金进行合金化处理和提升冷却速度都能够影响合金固液界面前沿的形成，这对于合金晶粒尺寸的细化作用十分重要。目前不同研究工作者对于同一种稀土元素对镁合金的晶粒细化作用的研究结果也并不完全一致，这主是由合金冷却速度差异引起的。目前，关于稀土元素在不同冷却速度下对镁合金晶粒的细化作用的研究还很缺乏，稀土元素在不同冷却速度下对镁合金的晶粒细化机制也尚不十分明确。

增加合金在凝固过程中的冷却速度，会引起过冷度增加和较大的温度梯度，能够提高合金的形核率，增加合金的形核驱动力，减少晶核长大的时间，从而能够细化铸态合金的晶粒。AZ91-0.9RE（Ce、Y、Gd）合金在不同冷却速度下的晶粒尺寸变化情况，如图 5-39 所示。由图可知，增加合金的冷却速度可以显著细化合金的晶粒，但是在较慢冷却速度（小于 22.86 ℃/s）的情况下，增加冷却速度引起的晶粒细化效果显著，在较高冷却速度下凝固时，进一步增加冷却速度对合金的晶粒细化效果减弱。通过拟合发现冷却速度与合金的晶粒尺寸较好地满足指数变化规律，AZ91 和 AZ91-0.9RE（Ce、Y、Gd）合金晶粒尺寸与冷却速度之间的关系分别为：$d = 225v^{-1.07}$、$d = 74v^{-0.83}$、$d = 232v^{-1.22}$、$d = 145v^{-1.05}$。

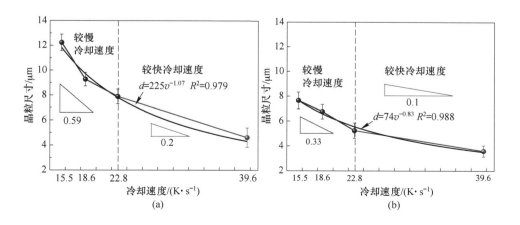

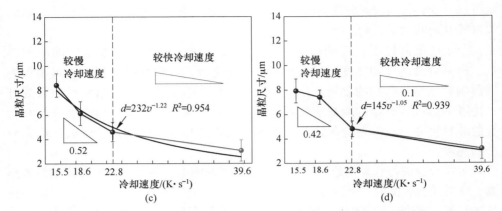

图 5-39　AZ91-0.9RE（Ce、Y、Gd）合金在不同冷却速度下的晶粒尺寸变化

（a）AZ91；（b）AZ91-0.9Ce；（c）AZ91-0.9Y；（d）AZ91-0.9Gd

当合金的冷却速度增加时，会降低合金元素的扩散能力，从而减少成分过冷区（$\Delta T_{CS}$）。如前所述，$Al_4Ce$、$Al_2Y$、$Al_2Gd$ 稀土化合物是合金凝固过程中的异质形核质点，而成分过冷区的大小也影响着异质形核质点的有效性。冷却速度对合金固液界面前沿的成分过冷区的影响，如图 5-40 所示。根据 interdependency 模型，在合金凝固过程时，固液界面前沿会形成一个无形核区［nucleation-free zone（nfz）］。由图可知，随着冷却速度的增加，有效

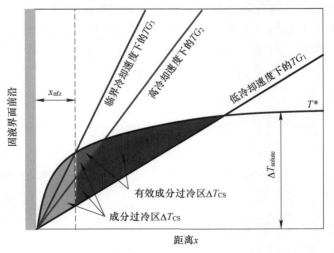

图 5-40　冷却速度对固液界面区前沿有效成分过冷区的影响示意图

$T^*$—固液界面前沿的实际温度；$TG_1$—较慢冷却速度下的温度梯度；$TG_2$—较快冷却速度下的温度梯度；

$TG_3$—临界冷却速度下的温度梯度；$\Delta T_{CS}$—成分过冷区；$x_{nfz}$—无形核区

成分过冷区逐渐减少，无形核区比例增加，当冷却速度增加到临界冷却速度时，成分过冷区均处于无形核区，有效成分过冷区消失。也就是说，随着冷却速度的增加，会逐渐弱化 $Al_4Ce$、$Al_2Y$、$Al_2Gd$ 稀土化合物的异质形核质点作用，而 AZ91 镁合金中添加稀土元素 Ce、Y、Gd 后的晶粒细化主要源于 $Al_4Ce$、$Al_2Y$、$Al_2Gd$ 稀土化合物的异质形核质点作用。因此，在较快冷却速度下凝固时，添加稀土元素 Ce、Y、Gd 对 AZ91 镁合金的晶粒细化作用减弱。当冷却速度过快时，由于成分过冷区的减少和异质形核质点作用的降低，合金会发生晶粒粗化现象。

## 5.6　冷却速度和 RE（Ce、Y、Gd）对合金中化合物相的影响

前述实验结果表明，AZ91 镁合金加入稀土 RE（Ce、Y、Gd）后，组织中出现 Al-RE 金属间化合物（$Al_4Ce$、$Al_2Y$、$Al_2Gd$），同时共晶化合物 $Mg_{17}Al_{12}$ 相的质量分数有所减小。然而，Ce、Y、Gd 形成 Al-RE 金属间化合物的能力以及导致共晶化合物 $Mg_{17}Al_{12}$ 减少的程度并非完全相同，本节将介绍冷却速度变化和稀土含量变化对 AZ91-RE（Ce、Y、Gd）合金中化合物相数量的影响规律。

稀土元素 Ce、Y、Gd 对合金中 Al-RE 金属间化合物 $Al_4Ce$、$Al_2Y$ 和 $Al_2Gd$ 的质量分数的影响对比，如图 5-41 所示。由图可知，在相同试样厚度的情况下，虽然各合金体系都显示出 Al-RE 相的质量分数随稀土含量增加而增加的趋势。但是，在相同稀土质量分数的情况下，稀土元素 Ce、Y、Gd 所形成的 Al-RE 相的质量分数有所差异，其中 Ce 所形成的 $Al_4Ce$ 相的质量分数最大，Gd 次之，Y 最小。

用 SPSS 统计分析软件对不同合金体系中稀土化合物相 $Al_4Ce$、$Al_2Y$ 和 $Al_2Gd$ 的质量分数 $M_{Al-RE}$ 与稀土质量分数、合金冷却速度 $v$ 之间进行多元线性拟合，拟合结果如下：

$$M_{Al_4Ce} = -0.068 + 2.46 \times w(Ce) - 0.004 \times v \tag{5-24}$$

$$M_{Al_2Y} = 0.126 + 1.43 \times w(Y) - 0.004 \times v \tag{5-25}$$

$$M_{Al_2Gd} = -0.226 + 2.57 \times w(Gd) - 0.006 \times v \tag{5-26}$$

由拟合结果可知，稀土元素含量的系数均为正值，表明合金中 Al-RE 相的质量分数随着稀土含量的提高而增加。合金冷却速度的前置系数为负值，即随着冷却速度的增大 Al-RE 相的质量分数减少。冷却速度前置系数的绝对值与稀土元素含量前置系数的绝对值相比要小得多，表明冷却速度对合金中 Al-RE 相的质量分数变化影响较小。

Ce、Y、Gd 减少合金中 $Mg_{17}Al_{12}$ 相质量分数的对比情况，如图 5-42 所示。由图可知，在相同的试样厚度下，稀土的加入虽然都减少了 $Mg_{17}Al_{12}$ 相的质量分数，而且稀土含量越高，$Mg_{17}Al_{12}$ 相减少得越多，但 Ce、Y、Gd 减少

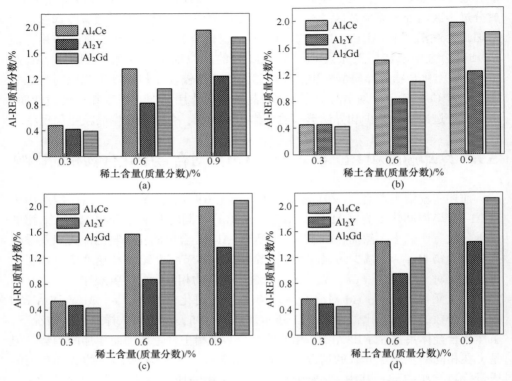

图 5-41 不同稀土元素所形成 Al-RE 相质量分数的对比

（a）2 mm 试样；（b）4 mm 试样；（c）6 mm 试样；（d）8 mm 试样

$Mg_{17}Al_{12}$相质量分数的程度并不相同。在 Ce、Y、Gd 质量分数相同的情况下，Ce 使 $Mg_{17}Al_{12}$相质量分数减少的程度最为显著，而 Gd 减少 $Mg_{17}Al_{12}$相的作用程度最弱。

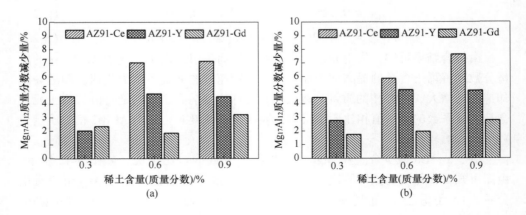

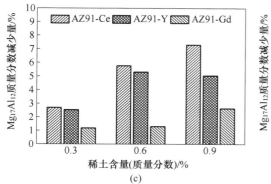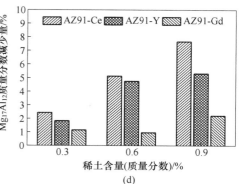

图 5-42　不同稀土对合金中 $Mg_{17}Al_{12}$ 含量质量分数的影响对比

（a）2 mm 试样；（b）4 mm 试样；（c）6 mm 试样；（d）8 mm 试样

用统计分析软件对合金中 $Mg_{17}Al_{12}$ 相质量分数 $M_{Mg_{17}Al_{12}(RE)}$ 与合金稀土质量分数和试样冷却速度 $v$ 之间进行多元线性拟合，拟合结果如下：

$$M_{Mg_{17}Al_{12}(Ce)} = 13.89 - 8.23 \times w(Ce) - 0.075 \times v \tag{5-27}$$

$$M_{Mg_{17}Al_{12}(Y)} = 12.94 - 5.82 \times w(Y) - 0.031 \times v \tag{5-28}$$

$$M_{Mg_{17}Al_{12}(Gd)} = 14.22 - 2.74 \times w(Gd) - 0.078 \times v \tag{5-29}$$

由拟合结果可知，稀土含量和冷却速度的前置系数均为负值，表明合金中 $Mg_{17}Al_{12}$ 相的质量分数与稀土含量提高和试样冷却速度增大均呈现负相关。而且，在稀土含量的前置系数中，Ce 的系数最负，Y 次之，Gd 最小，反映出在稀土含量相同的情况下，Ce 减少 $Mg_{17}Al_{12}$ 相的作用最显著，稀土 Gd 减少 $Mg_{17}Al_{12}$ 相的作用最弱，这与实验观察结果相一致。冷却速度的前置系数的绝对值较小，表明其减少 $Mg_{17}Al_{12}$ 相的作用相对较小。

# 本 章 小 结

本章主要研究了 AZ91-RE（Ce、Y、Gd）镁合金中的稀土元素以及合金冷却速度对组织特征量的影响，得到如下主要研究结论。

（1）稀土元素 Ce、Y、Gd 具有细化 AZ91-RE（Ce、Y、Gd）镁合金晶粒的作用。稀土化合物 $Al_4Ce$、$Al_2Y$ 和 $Al_2Gd$ 具有作为 $\alpha$-Mg 异质形核质点的晶体学条件，同时分布在晶界附近的稀土相也能够起到阻碍晶界长大的作用。因此，稀土元素 Ce、Y、Gd 可以通过多种机制细化合金的晶粒。晶粒尺寸的细化程度与稀土含量和冷却速度成正相关。在所研究的稀土元素中，Y 对实验合金晶粒尺寸的细化效果相对最好，而当冷却速度较慢时，稀土元素对晶粒的细化效果更为显著。

（2）AZ91-RE（Ce、Y、Gd）镁合金铸态组织中 Al-RE 金属间化合物（$Al_4Ce$、$Al_2Y$、$Al_2Gd$）的数量受稀土含量和冷却速度的影响，其质量分数随稀土含量的提高而增加，随冷却速度的增大而减少，但冷却速度变化对 Al-RE 相质量分数的影响较小。在稀土质量分数相同的情况下，相同冷却速度下的 AZ91-RE（Ce、Y、Gd）试样中所形成的 Al-RE 相的质量分数有所差异，其中 Ce 所形成的 $Al_4Ce$ 相的质量分数最大，Gd 次之，Y 最小。

（3）稀土元素 Ce、Y、Gd 可明显减少 AZ91-RE（Ce、Y、Gd）镁合金铸态组织中 $Mg_{17}Al_{12}$ 相的数量，并使其分布离散化。在稀土质量分数相同的情况下，稀土 Ce 减少 $Mg_{17}Al_{12}$ 相的作用最显著。较快的冷却速度对 $Mg_{17}Al_{12}$ 相的细化作用十分显著，但是其对 $Mg_{17}Al_{12}$ 相数量的影响不大，只略微减少 $Mg_{17}Al_{12}$ 相的数量。稀土减少 $Mg_{17}Al_{12}$ 相数量的主要原因是 Al-RE 化合物的优先形成消耗了 Al，使得参与共晶反应的 Al 含量减少。

# 参 考 文 献

［1］Zafari A, Ghasemi H M, Mahmudi R. An investigation on the tribological behavior of AZ91 and AZ91+3wt. % RE magnesium alloys at elevated temperatures ［J］. Materials & Design, 2014, 54: 544-552.

［2］Sumida M. Microstructure development of sand-cast AZ-type magnesium alloys modified by simultaneous addition of calcium and neodymium ［J］. Journal of Alloys and Compounds, 2008, 460（1/2）: 619-626.

［3］Chen J, Zhang Q, Li Q. Effect of Y and Ca addition on the creep behaviors of AZ61 magnesium alloys ［J］. Journal of Alloys & Compounds, 2016, 686: 375-383.

［4］Zhang Y, Liu W, Liu X. Segregation behavior and evolution mechanism of iron-rich phases in molten magnesium alloys ［J］. Journal of Materials Science & Technology, 2016, 32（1）: 48-53.

［5］Cao P, Qian M, Stjohn D H. Native grain refinement of magnesium alloys ［J］. Metallurgical & Materials Transactions A, 2005, 53（7）: 841-844.

［6］Ali Y, Qiu D, Jiang B, et al. Current research progress in grain refinement of cast magnesium alloys: a review article ［J］. Journal of Alloys & Compounds, 2015, 619: 639-651.

［7］Stjohn D H, Easton M A, Qian M, et al. Grain refinement of magnesium alloys: a review of recent research, theoretical developments, and their application ［J］. Metallurgical & Materials Transactions A, 2013, 44（7）: 2935-2949.

［8］Zhang M X, Kelly P M. Edge-to-edge matching and its applications: part I. application to the simple HCP/BCC system ［J］. Acta Materialia, 2005, 53（4）: 1073-1084.

［9］Zhang M X, Kelly P M. Edge-to-edge matching and its applications: part II. application to Mg-Al, Mg-Y and Mg-Mn alloys ［J］. Acta Materialia, 2005, 53（4）: 1085-1096.

［10］Zhang M X, Kelly P M, Easton M A, et al. Crystallographic study of grain refinement in aluminum alloys using the edge-to-edge matching model ［J］. ActaMaterialia, 2005, 53（5）:

1427-1438.

[11] Zhang M X, Kelly P M, Qian M, et al. Crystallography of grain refinement in Mg-Al based alloys [J]. Acta Materialia, 2005, 53 (11): 3261-3270.

[12] 熊姝涛. $Al_2Ca$、$Al_4Ce$ 对 Mg-Al 系镁合金晶粒细化的影响 [D]. 重庆: 重庆大学, 2011.

[13] Qiu D, Zhang M X, Taylor J A, et al. A new approach to designing a grain refiner for Mg casting alloys and its use in Mg-Y-based alloys [J]. Acta Materialia, 2009, 57 (10): 3052-3059.

[14] Dai J, Easton M, Zhu S, et al. Grain refinement of Mg-10Gd alloy by Al additions [J]. Journal of Materials Research, 2012, 27 (21): 2790-2797.

[15] Koltygin A, Bazhenov V, Mahmadiyorov U. Influence of Al-5Ti-1B master alloy addition on the grain size of AZ91 alloy [J]. Journal of Magnesium and Alloys, 2017 (5): 313-319.

[16] Jiang Z T, Jiang B, Zhang J Y, et al. Effect of $Al_2Ca$ intermetallic compound addition on grain refinement of AZ31 magnesium alloy [J]. Transactions of Nonferrous Metals Society of China, 2016 (26): 1284-1293.

[17] Chang H W, Qiu D, Taylor J A, et al. The role of $Al_2Y$ in grain refinement in Mg-Al-Y alloy system [J]. Journal of Magnesium and Alloys, 2013 (1): 115-121.

[18] Liang G, Ali Y, You G, et al. Effect of cooling rate on grain refinement of cast aluminium alloys [J]. Materialia, 2018 (3): 113-121.

[19] Su N, Guan R, Wang X, et al. Grain refinement in an Al-Er alloy during accumulative continuous extrusion forming [J]. Journal of Alloys and Compounds, 2016 (680): 283-290.

[20] Jiang Z, Meng X, Jiang B, et al. Grain refinement of Mg-3Y alloy using $Mg-10Al_2Y$ master alloy [J]. Journal of Rare Earth, 2021 (39): 881-888.

[21] Qian X Y, Zeng Y, Jiang B, et al. Grain refinement mechanism and improved mechanical properties in Mg-Sn alloy with trace Y addition [J]. Journal of Alloys and Compounds, 2020 (820):153122.

[22] Liu S, Chen Y, Han H. Grain refinement of AZ91D magnesium alloy by a new $Mg-50\%Al_4C_3$ master alloy [J]. Journal of Alloys and Compounds, 2015 (624): 266-269.

[23] Wang C, Dong Z, Li K, et al. A novel process for grain refinement of Mg-RE alloys by low frequency electro-magnetic stirring assisted near-liquidus squeeze casting [J]. Journal of Materials Processing Technology, 2022 (303): 117537.

[24] Guo F, Fang L, Zhao X, et al. Effect of content and distribution of Zn and Gd on formation ability of I phase and W phase in Mg-Zn-Gd-Zr alloy [J]. Journal of Alloys and Compounds, 2021 (862): 158543.

[25] Cai H, Guo F, Su J, et al. Existing forms of Gd in AZ91 magnesium alloy and its effects on mechanical properties [J]. Materials Research Express, 2019 (6): 066541.

[26] Liu D R, Zhao H, Wang L. Numerical investigation of grain refinement of magnesium alloys: effects of cooling rate [J]. Journal of Physics and Chemistry of Solids, 2020 (144): 109486.

[27] Wang Y, Gao M, Yang B, et al. Microstructural evolution and mechanical property of Al-Mg-Mn alloys with various solidification cooling rates [J]. Materials Characterization,

2022（184）：111709.

[28]  Zhang T, Zhao X, Liu J, et al. The microstructure, fracture mechanism and their correlation with the mechanical properties of as-cast Mg-Nd-Zn-Zr alloy under the effect of cooling rate [J]. Materials Science and Engineering A, 2021（801）：140382.

[29]  Zhang D, Qiu D, Zhu S, et al. Grain refinement in laser remelted Mg-3Nd-1Gd-0.5Zr alloy [J]. Scripta Materialia, 2020（183）：12-16.

[30]  Karakulak E. A review：past, present and future of grain refining of magnesium castings [J]. Journal of Magnesium and Alloys, 2019（7）：355-369.

[31]  Easton M A, Qian M, Prasad A, et al. Recent advances in grain refinement of light metals and alloys [J]. Current Opinion in Solid State & Materials Science, 2016（20）：13-24.

[32]  Cai H, Guo F, Ren X, et al. Effects of cerium on as-cast microstructure of AZ91 magnesium alloy under different solidification rates [J]. Journal of Rare Earths, 2016, 34（7）：736-741.

[33]  Zhao H, Palmiere E J. Influence of cooling rate on the grain-refining effect of austenite deformation in a HSLA steel [J]. Materials Characterization, 2019（158）：109990.

[34]  Zhou J X, Yang Y S, Tong W H, et al. Effect of cooling rate on the solidified microstructure of Mg-Gd-Y-Zr alloy [J]. Rare Metal Materials and Engineering, 2010, 39（11）：1899-1902.

[35]  Patel V, Li W, Liu X, et al. Tailoring grain refinement through thickness in magnesium alloy via stationary shoulder friction stir processing and copper backing plate [J]. Materials Science and Engineering：A, 2020（784）：139322.

[36]  Ali Y, You G Q, Pan F S, et al. Grain coarsening of cast magnesium alloys at high cooling rate：a new observation [J]. Metallurgical and Materials Transactions A, 2017, 48（1）：474-481.

# 6 冷却速度对 AZ91-RE（Ce、Y、Gd）镁合金力学性能的影响及合金断裂机理

AZ91-RE（Ce、Y、Gd）镁合金中的稀土元素除微量固溶于基体外，将主要形成 Al-RE 金属间化合物。同时，稀土元素对合金的晶粒尺寸以及共晶化合物 $Mg_{17}Al_{12}$ 的数量、形态和分布等也会产生重要影响。稀土元素的固溶特性以及所引起的微观组织变化，必然影响合金的强化机制和微观受力状况，进而引起合金力学性能的改变。因此，在了解 AZ91-RE 合金中稀土元素的基本存在形式以及稀土元素对合金微观组织影响的基础上，对合金的力学性能进行测试分析，是 AZ91-RE 合金的重要研究内容，也是探索用稀土元素对 AZ91 合金进行合金化处理的初衷。本章将介绍冷却速度变化和稀土含量变化对 AZ91-RE 镁合金的硬度、室温抗拉强度与伸长率等力学性能的影响，并结合合金的微观组织分析，建立合金组织特征量与合金室温抗拉强度之间的关系。并对合金拉伸断口形貌、断口附近微观组织以及合金拉伸过程中的裂纹扩展路径与组织的关系进行介绍，从合金铸态组织变化的角度，探讨稀土以及冷却速度对合金力学性能的影响原因及机制。

## 6.1 冷却速度和稀土含量对 AZ91-RE（Ce、Y、Gd）合金硬度的影响

### 6.1.1 AZ91-Ce 合金的硬度

AZ91-Ce 镁合金试样的显微硬度随 Ce 含量和试样冷却速度的变化，如图 6-1 所示。由图 6-1（a）可见，稀土 Ce 的加入能够提高合金的显微硬度，且显微硬度呈现出随着 Ce 含量的增加而逐渐提高的趋势，根据硬度测定数据，当稀土 Ce 含量（质量分数）从 0 增加到 0.9% 时，2 mm、4 mm、6 mm、8 mm 厚度的合金试样，其硬度分别增加了 8.31%、8.94%、8.71% 和 9.70%。Ce 对合金显微硬度的影响程度与 Ce 含量有关，当 Ce 含量较低时显微硬度随 Ce 含量的变化较为明显。同时，从图 6-1（b）所示的不同冷却速度试样的硬度变化可以看出，冷却速度越快则合金的显微硬度也越大。

### 6.1.2 AZ91-Y 合金的硬度

AZ91-Y 实验合金的显微硬度随 Y 含量和试样冷却速度的变化情况，如图 6-2

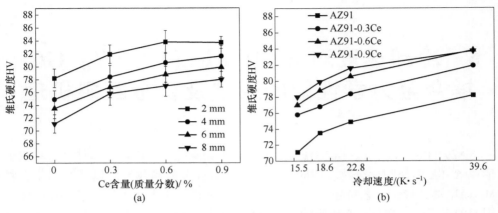

图 6-1 AZ91-Ce 实验合金的显微硬度

(a) 不同 Ce 含量；(b) 不同冷却速度

所示。从图 6-2 (a) 可以看出，随着合金中稀土 Y 含量的增加，实验合金的显微硬度逐渐增加，当稀土 Y 含量（质量分数）从 0 增加到 0.9% 时，2 mm、4 mm、6 mm、8 mm 合金试样的硬度分别增加了 6.78%、9.74%、11.43% 和 12.94%。与 AZ91-Ce 合金类似，Y 含量对显微硬度的影响程度也是在 Y 含量较低时较为明显。由图 6-2 (b) 也可看出，合金的冷却速度也会影响合金的显微硬度，随着试样冷却速度的增加，合金的显微硬度逐渐增大。

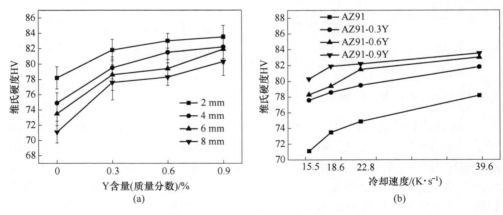

图 6-2 AZ91-Y 合金的显微硬度

(a) 不同 Y 含量；(b) 不同冷却速度

### 6.1.3 AZ91-Gd 合金的硬度

AZ91-Gd 实验合金的显微硬度随 Gd 含量和试样冷却速度的变化情况，如图 6-3所示。与添加稀土 Ce 和 Y 的实验合金类似，添加稀土 Gd 的实验合金的显微硬度也是随着稀土 Gd 含量的增加而增加，如图 6-3 (a) 所示。当稀土 Gd 含量（质量分数）从 0 增加到 0.9%时，2 mm、4 mm、6 mm、8 mm 合金试样的显微硬度分别增加了 7.54%、11.35%、11.97%和 13.64%。同样，随着合金试样冷却速度的增加，合金的显微硬度也逐渐增加。但对于该合金，Gd 的添加虽然可使合金的显微硬度明显提高，但 Gd 含量从 0.3%增加到 0.9%时，合金的显微硬度变化并不大，说明显微硬度随 Gd 含量的变化并不是特别明显。

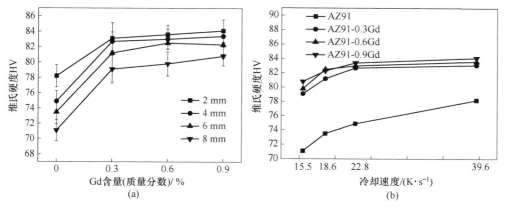

图 6-3　AZ91-Gd 合金的显微硬度
(a) 不同 Gd 含量；(b) 不同冷却速度

### 6.1.4　AZ91-RE (Ce、Y、Gd) 合金硬度的对比

　　为对比不同稀土元素对合金显微硬度影响的差别，将分别含有 Ce、Y、Gd 的 AZ91-RE 实验合金的显微硬度相对于 AZ91 的变化值分别示于图 6-4。由图可见，与不含稀土的 AZ91 合金相比，虽然含稀土元素的合金其显微硬度均有一定程度的提高，但含不同稀土元素合金的显微硬度的提高值有所不同，AZ91-Gd 合金显微硬度的提高程度最大，AZ91-Ce 最小，AZ91-Y 居中。

　　AZ91-RE 镁合金中的稀土元素可以微量固溶于基体中，同时能起到晶粒细化的作用，这是提高合金显微硬度的主要原因。稀土元素和冷却速度细化晶粒的作用也能够提高合金的显微硬度。晶界上的原子排列不规则，晶格畸变能较高，阻碍位错的运动，将增大合金基体的塑性变形阻力。而合金元素的固溶，将会引起晶格畸变，提高基体抵御塑性变形的抗力，对显微硬度的提高直接产生作用。本实验合金所加入的三种稀土元素的固溶量有一定差别，其中 Gd 的固溶量最大，而 Ce 的固溶量最小，三种合金显微硬度的变化与此一致。此外，Gd 的固溶量随 Gd 含量的变化不大，也与 AZ91-Gd 实验合金的显微硬度随 Gd 含量增加变化不明显的结果相一致。

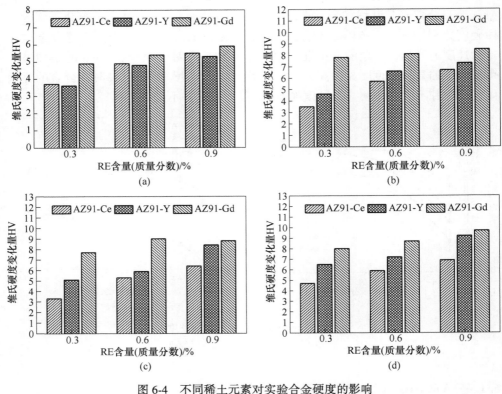

图 6-4 不同稀土元素对实验合金硬度的影响

（a）2 mm；（b）4 mm；（c）6 mm；（d）8 mm

# 6.2 冷却速度和稀土含量对 AZ91-RE （Ce、Y、Gd） 合金力学性能的影响

## 6.2.1 AZ91-Ce 合金的室温力学性能

AZ91-Ce 合金不同冷却速度试样的室温抗拉强度和断裂伸长率的变化情况，如图 6-5 所示。由图可知，在实验合金的 Ce 含量和试样冷却速度范围内，合金的室温抗拉强度随着稀土 Ce 含量的增加而增加，同时随着试样冷却速度的增加而增加。断裂伸长率随 Ce 含量和试样冷却速度的变化情况与室温抗拉强度类似。对于稀土含量（质量分数）为 0.9% 的合金，冷却速度最快的试样（2 mm 厚度试样）的抗拉强度达到最大值 259.66 MPa，断裂伸长率达到最大值为 5.5 %。对比 Ce 在不同冷却速度下对合金力学性能的影响，发现试样厚度较大，即在较慢的冷却速度下凝固的试样，稀土 Ce 对合金室温力学性能的改善效果较弱。

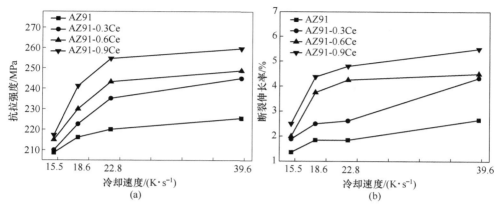

图 6-5 AZ91-Ce 实验合金的室温抗拉强度和断裂伸长率
（a）室温抗拉强度；（b）断裂伸长率

## 6.2.2 AZ91-Y 合金的室温力学性能

AZ91-Y 实验合金的室温拉伸性能随 Y 含量和试样冷却速度的变化情况，如图 6-6 所示。由图可见，合金的室温抗拉强度和断裂伸长率随着 Y 含量的增加均呈现出先增后降的变化趋势，所有试样的最大抗拉强度和断裂伸长率基本上都出现在 Y 含量为 0.6%左右。此外，抗拉强度和断裂伸长率也随着试样冷却速度的增加而逐渐提高，在 Y 含量相同的情况下，厚度为 2 mm 的试样抗拉强度和断裂伸长率最大。由图也可看出，当试样的冷却速度不同时，Y 含量对力学性能的影响程度也有所差异。试样冷却速度较大时，Y 含量对抗拉强度和断裂伸长率的影

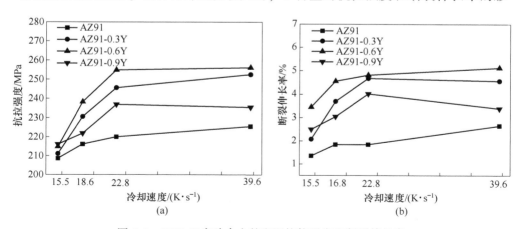

图 6-6 AZ91-Y 实验合金的室温抗拉强度和断裂伸长率
（a）室温抗拉强度；（b）断裂伸长率

响较为显著。冷却速度最大的试样（厚度为 2 mm 试样），其抗拉强度和断裂伸长率的最大值分别为 256. 16 MPa 和 5. 13%，相对于不添加稀土 Y 的合金分别提高了 30. 61 MPa 和 2. 47%。而冷却速度最小的试样（厚度为 8 mm 试样），其最大抗拉强度和断裂伸长率分别为 216. 14 MPa 和 3. 46%，仅比不含稀土 Y 的试样提高了 7. 45 MPa 和 2. 10%。

### 6.2.3 AZ91-Gd 合金的室温力学性能

AZ91-Gd 实验合金不同冷却速度下试样的室温抗拉强度和断裂伸长率变化情况，如图 6-7 所示。由图可知，Gd 的加入可使合金的抗拉强度有所提高，但除冷却速度最小的试样（8 mm 厚试样）之外的其他试样随着 Gd 含量的增加呈现出先提高后降低的趋势，并在 Gd 含量（质量分数）为 0.6% 时达到最大值。合金的室温抗拉强度随着试样冷却速度的增加而增加，说明提高冷却速度有利于合金室温抗拉强度的改善。实验合金的断裂伸长率尽管随着 Gd 含量和冷却速度的增加有增加的趋势，但是实验合金的整体断裂伸长率均小于 4%，说明实验合金的塑性较差。本实验条件下，当 Gd 含量（质量分数）为 0.6%，冷却速度最大（2 mm 厚试样）时，合金的综合室温力学性能最好，抗拉强度为 248. 67 MPa，断裂伸长率为 3. 4%。

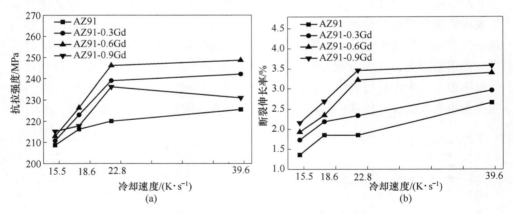

图 6-7 AZ91-Gd 实验合金的室温抗拉强度和断裂伸长率

（a）室温抗拉强度；（b）断裂伸长率

### 6.2.4 AZ91-RE（Ce、Y、Gd）力学性能的对比

由上述 AZ91-RE 镁合金的室温抗拉强度和断裂伸长率的变化可知，用三种稀土元素对 AZ91 镁合金进行合金化处理，均能在一定程度上改善镁合金的强度和塑性。在本实验的稀土含量范围内，随着稀土 Ce 含量的增加，合金的室温抗

拉强度和断裂伸长率均随之增加，最大抗拉强度和断裂伸长率对应的稀土 Ce 含量（质量分数）为 0.9%。而对于稀土 Y 和 Gd，合金的室温抗拉强度随着稀土含量的增加呈现出先增加后减小的趋势，稀土 Y 和 Gd 的添加量为 0.6%时，合金的综合力学性能最优。

不同稀土元素对实验合金室温抗拉强度影响的对比，如图 6-8 所示。由图可知，在稀土含量为 0.3%和 0.6%时，稀土 Y 提高实验合金的室温抗拉强度的作用最显著，Ce 和 Gd 的作用略差且基本相当。当稀土元素含量（质量分数）为 0.9%时，Ce 对实验合金室温抗拉强度的提高作用最强，而添加稀土 Y 和 Gd 的实验合金的室温抗拉强度均出现降低的现象。稀土在提高抗拉强度方面的程度差异，与本身的固溶量和固溶效率、与其对晶粒尺寸、合金中第二相尺寸和数量等组织特征量的影响差异有关。

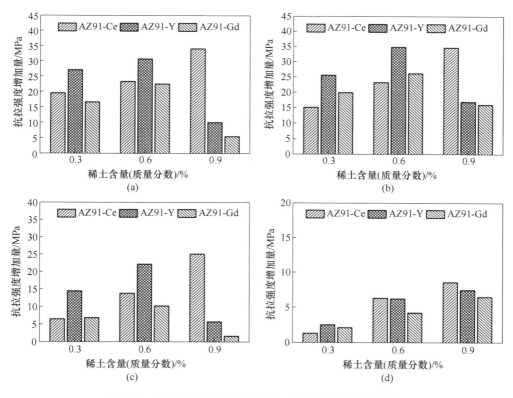

图 6-8  不同稀土元素对实验合金的室温抗拉强度的影响

（a）2 mm；（b）4 mm；（c）6 mm；（d）8 mm

Ce、Y、Gd 三种稀土元素对合金断裂伸长率的影响也存在一定的差异性。在稀土含量较低时，稀土元素 Y 改善合金断裂伸长率的作用较为明显，而稀土 Gd

对合金塑性的改善效果最差。而在稀土含量较高时，Ce 改善合金塑性的作用最明显，Gd 的效果仍然最差。这主要是由于稀土 Y 细化实验合金晶粒的效果相对显著，而晶粒细小有利于改善合金的塑性；稀土元素 Gd 的固溶量在这三种稀土元素中最大，引起的固溶强化效果也最强，而固溶强化在改善合金强度的同时，也会降低合金的塑性，因而添加稀土 Gd 的实验合金塑性改善作用最差。当稀土含量较高时，稀土元素 Y 添加到 AZ91 镁合金中形成的稀土化合物相 $Al_2Y$ 的尺寸相对较大，这些大尺寸的第二相对于合金的塑性改善会起到负面的作用，这也是在稀土含量（质量分数）超过 0.6% 时，实验合金的断裂伸长率降低的主要原因之一。不同稀土元素对实验合金的断裂伸长率的影响情况，如图 6-9 所示。

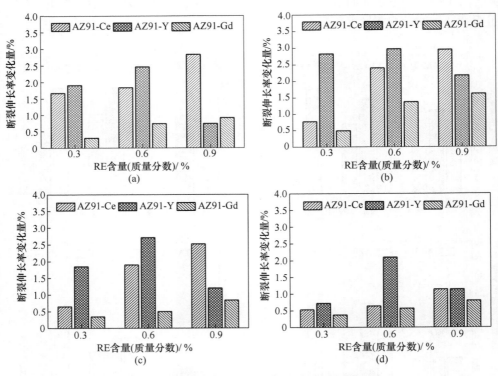

图 6-9　不同稀土元素对实验合金的断裂伸长率的影响

（a）2 mm；（b）4 mm；（c）6 mm；（d）8 mm

AZ91-RE 镁合金的性能也与试样的冷却速度（试样厚度）有很大关系。当合金试样的厚度较大时，三种稀土元素对合金性能的改善效果都相对较差，而当合金试样的厚度较小时，三种稀土元素对合金性能的改善效果相对显著。其原因在于，当合金在较慢冷却速度下凝固，其铸态组织中 Al-RE 稀土化合物的尺寸相对较大，难以发挥第二相强化作用，无助于合金性能的改善；同时，因冷却速度慢，主要合金元素的固溶量也相对较低，合金的固溶强化效果也相对较弱。此外，较慢的冷却速度往往会使合金的晶粒尺寸相对较大，细晶强化效果也将相对较弱。而当合金在较快冷却速度下凝固时，铸态组织中形成的 Al-RE 化合物尺寸较小，并会优化合金中 $Mg_{17}Al_{12}$ 共晶相的尺寸和分布，合金元素在镁基体中的固溶量也会增加，晶粒尺寸也会得到不同程度的细化，从而在较快冷却速度下凝固的合金，其力学性能相对较好。

## 6.3 AZ91-RE（Ce、Y、Gd）合金的断口分析

### 6.3.1 AZ91-Ce 合金的断口形貌分析

所有试样的拉伸断口形貌基本类似，均由凹坑、颗粒状凸起以及准解理面等特征单元组合而成，这几种特征单元的尺寸与晶粒尺寸相当，凸起物的表面可见白色和浅灰色的物相附着。图 6-10 和图 6-11 所示为实验合金的典型拉伸断口形

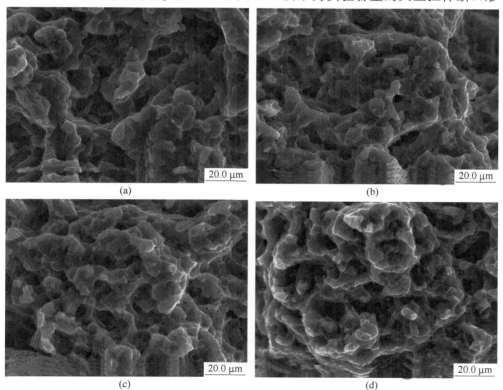

(a)            (b)

(c)            (d)

图 6-10 AZ91-Ce 实验合金 4 mm 试样的拉伸断口形貌

（a）AZ91；（b）AZ91-0.3Ce；（c）AZ91-0.6Ce；（d）AZ91-0.9Ce

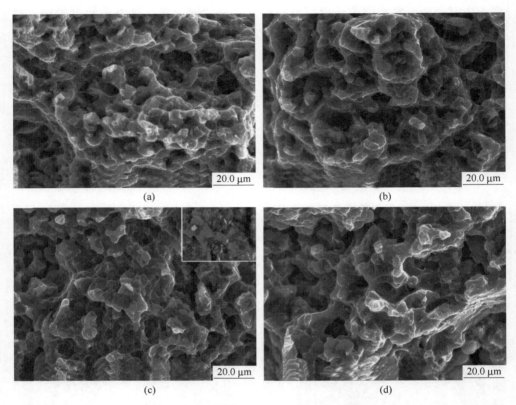

图 6-11 AZ91-0.9Ce 试样的拉伸断口形貌

（a）2 mm；（b）4 mm；（c）6 mm；（d）8 mm

貌照片，分别给出了冷却速度相同（同为 4 mm 厚度试样）但 Ce 含量变化时合金的拉伸断口和同一 Ce 含量（质量分数，0.9%）但冷却速度变化时合金断口的对比情况。据此可以基本推断，断口属于沿晶和解理的混合断口，其中凹坑和凸起是沿晶断裂的痕迹，准解理面是穿晶断裂的特征，非基体物相是来自原存在于晶界处的化合物。这种断口类型表明，实验合金的断裂基本上属于脆性断裂。添加稀土 Ce 后，准解理面有所减小，表明随着稀土 Ce 的添加，合金的塑性得到了一定改善。提高冷却速度同样可使合金断口的解理面减小，断口形貌更均匀，说明合金的冷却速度加快也有利于改善其塑性。

对断口中的物相进行观察和分析，可以看到针状形貌的白亮相，对该物相进行的能谱（EDS）成分分析结果显示（见图 6-12），除了基体元素 Mg 之外，主要含有 Al 和 Ce 元素，而另一种浅灰色块状相的能谱分析结果主要含有 Mg 和 Al。根据物相的主要成分以及元素的大致比例，结合前面章节对合金中物相的鉴定分析，可以确定出现在断口的针状相为 $Al_4Ce$ 金属间化合物，块状相为

$Mg_{17}Al_{12}$。断口处 $Al_4Ce$ 相和 $Mg_{17}Al_{12}$ 相的出现，表明其可能是合金拉伸过程中主要的启裂位置或裂纹扩展路径的重要节点。

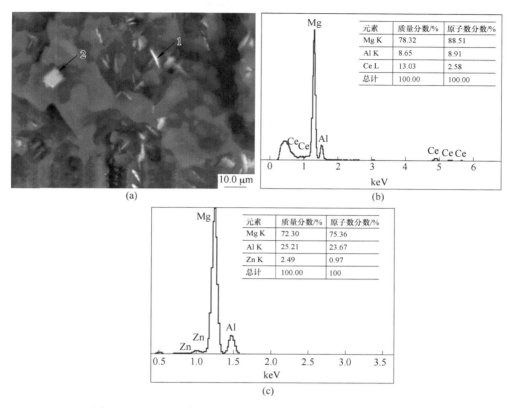

图 6-12 AZ91-Ce 合金断口中针状相、块状相的 EDS 分析结果
（a）AZ91-Ce 合金断口的扫描照片；（b）1 位置 EDS 能谱分析结果；（c）2 位置 EDS 能谱分析结果

## 6.3.2 AZ91-Y 合金的断口形貌分析

对 AZ91-Y 实验合金全部拉伸试样的断口形貌进行了扫描电镜观察，其中 4 mm 厚度试样（不同稀土含量）和 0.9%（质量分数）Y（不同厚度）试样的断口形貌照片，分别如图 6-13 和图 6-14 所示。观察结果表明，AZ91-Y 合金的断口形貌与 AZ91-Ce 相似，所有试样的断口仍以解理和沿晶断裂特征为主，说明合金总体上属于脆性断裂，合金的塑性较差。对于添加稀土 Y 的合金，其断口的解理平面减小，并出现了少量扁平韧窝，局部呈现出准解理断裂特征，说明 Y 对改善合金塑性有一定的作用。此外，随着试样厚度减小，断口上的解理平面相对较小，扁平韧窝的数量也有所增多，说明提高合金的冷却速度也可在一定程度上改善合金的塑性。

图 6-13 AZ91-Y 实验合金 4 mm 试样的拉伸断口形貌

（a）AZ91；（b）AZ91-0.3Y；（c）AZ91-0.6Y；（d）AZ91-0.9Y

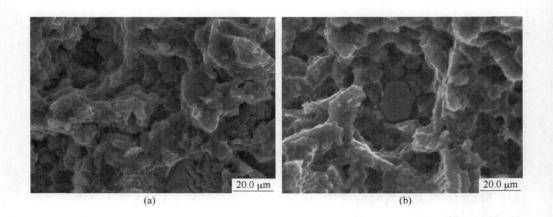

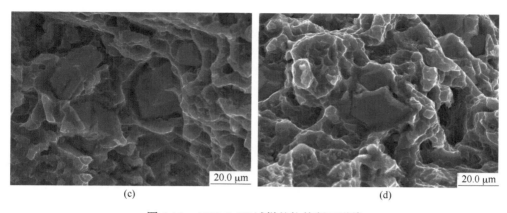

图 6-14    AZ91-0.9Y 试样的拉伸断口形貌

（a）2 mm；（b）4 mm；（c）6 mm；（d）8 mm

AZ91-Y 实验合金拉伸断口处出现有两种较大尺寸的相，其中浅灰色的相仍旧为 $Mg_{17}Al_{12}$，另一种白亮块状相 EDS 能谱分析结果，如图 6-15 所示。根据能谱分析结果以及对 AZ91-Y 镁合金中物相的分析鉴定结果，判断出现在断口处的白亮块状相为 $Al_2Y$ 金属间化合物。$Al_2Y$ 相在断口的出现以及存在的开裂现象，表明该相在受力过程中发生了与相邻相的分离以及自身的开裂，它与 $Mg_{17}Al_{12}$ 一起在合金拉伸过程中成为开裂位置或者是裂纹扩展路径上的主要节点。

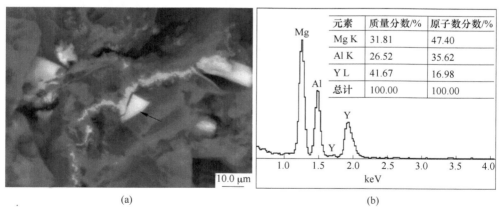

| 元素 | 质量分数/% | 原子数分数/% |
|---|---|---|
| Mg K | 31.81 | 47.40 |
| Al K | 26.52 | 35.62 |
| Y L | 41.67 | 16.98 |
| 总计 | 100.00 | 100.00 |

图 6-15    AZ91-Y 实验合金断口形貌中块状相的 EDS 分析

（a）AZ91-Y 合金断口的扫描照片；（b）EDS 能谱分析结果

### 6.3.3  AZ91-Gd 合金的断口形貌分析

图 6-16 和图 6-17 分别给出了 4 mm 厚度和 0.9%（质量分数）Gd 含量的 AZ91-Gd 实验合金试样的室温拉伸断口形貌照片，用以显示 Gd 含量和冷却速度

对合金断裂性质的影响。对于未添加 Gd 的合金试样，断口呈现解理面为主、局部穿晶的断裂特征。稀土 Gd 的加入以及提高 Gd 含量，断口特征没有发生根本变化，但解理面有所减小。合金试样的厚度变化也未对断口形貌特征产生明显影响，但较快冷却速度下制备的试样其解理面相对要小。因此，从断口形貌变化来看，AZ91-Gd 与 AZ91-Ce 和 AZ91-Y 类似，Gd 的加入和冷却速度的提高能在一定程度上改善合金的塑性，但程度有限。

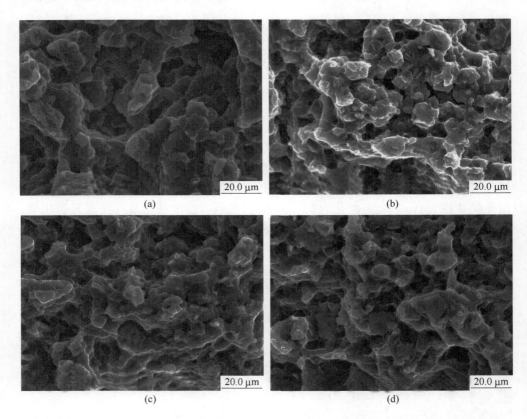

图 6-16　AZ91-Gd 实验合金 4 mm 试样的拉伸断口形貌
（a）AZ91；（b）AZ91-0.3Gd；（c）AZ91-0.6Gd；（d）AZ91-0.9Gd

从合金断口上可观察到包括白亮块状相在内的非基体相，对大块状物相进行 EDS 能谱分析（见图 6-18）并结合对 AZ91-Gd 合金的物相分析结果，可以确定在断口处出现的块状相为 $Al_2Gd$ 金属间化合物。块状 $Al_2Gd$ 相在断口处的出现，说明该相同样是合金受力过程中的裂纹源或裂纹扩展路径上的节点，对合金塑性的改善是不利的。

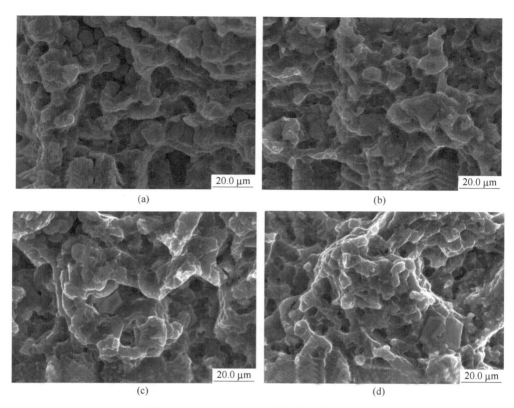

图 6-17　AZ91-0.9Gd 试样的拉伸断口形貌

（a）2 mm；（b）4 mm；（c）6 mm；（d）8 mm

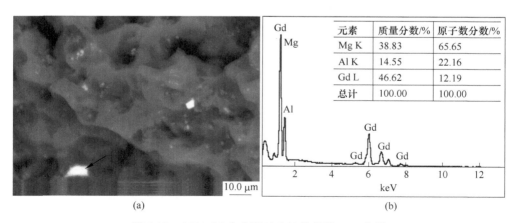

| 元素 | 质量分数/% | 原子数分数/% |
|---|---|---|
| Mg K | 38.83 | 65.65 |
| Al K | 14.55 | 22.16 |
| Gd L | 46.62 | 12.19 |
| 总计 | 100.00 | 100.00 |

图 6-18　AZ91-Gd 合金断口中块状相的 EDS 分析

（a）AZ91-Gd 合金断口的扫描照片；（b）EDS 能谱分析结果

# 6.4 AZ91-RE（Ce、Y、Gd）合金断口附近组织分析

### 6.4.1 AZ91 合金的断口附近微观组织分析

从拉伸断口附近截取试样，对断口附近的组织进行观察。图 6-19 为厚度 4 mm 的 AZ91 镁合金试样拉伸断口附近的扫描电镜金相组织照片。从断口形成位置与微观组织的对应关系不难发现，主裂纹扩展路径与晶界基本重合，即主裂纹的扩展主要沿晶界进行，局部发生穿晶。组织观察同时发现，靠近断口的某些 $Mg_{17}Al_{12}$ 相出现了开裂，一是自身开裂，二是与基体之间的相界开裂，而且开裂方向与断口基本平行，同时伴有沿晶扩展和向晶内扩展的迹象。这一观察结果表明，在试样拉伸过程中，合金组织中的 $Mg_{17}Al_{12}$ 相本身或者其与基体之间的相界会产生较大的与外力方向平行的拉应力，若应力超过某些 $Mg_{17}Al_{12}$ 相本身的强度或者其与基体的结合力，这些位置将发生开裂，此后裂尖处的应力集中将驱使裂纹沿晶或者穿晶扩展，并且与相邻的其他微裂纹贯通。上述观察与分析结果说明，对于不含稀土的 AZ91 镁合金，脆性而且沿晶界网状分布的 $Mg_{17}Al_{12}$ 相是合金的薄弱部位，可能是受力过程中裂纹萌生的主要位置和裂纹扩展或者裂纹贯通的节点。因此，减少合金中 $Mg_{17}Al_{12}$ 相的数量并使其离散分布，有利于提高合金的强度。

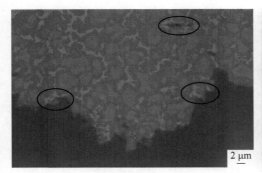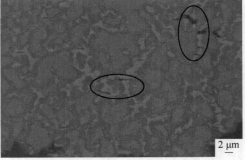

图 6-19 AZ91-4 mm 合金拉伸断口附近的微观组织

对于不同冷却速度下制备的合金试样，$Mg_{17}Al_{12}$ 相的数量和分布有所变化，较快的冷却速度可使 $Mg_{17}Al_{12}$ 相得到细化、减少其数量、使其分布更趋于离散化，故可对合金的强度和塑性有一定程度的改善。但对于常规条件下凝固的合金，组织中通常会形成大尺寸的 $Mg_{17}Al_{12}$ 相，所以 $Mg_{17}Al_{12}$ 相仍然是导致裂纹形成和扩展的主要组织因素。

### 6.4.2 AZ91-Ce 合金的断口附近微观组织分析

AZ91-0.6Ce 镁合金 4 mm 厚度试样拉伸断口附近的微观组织，如图 6-20 所示。图片显示，合金主要断裂于晶界位置，局部断裂于晶粒内部。在合金断口处发现针状相和条状相的存在，如图 6-20（a）所示。断口附近组织中的针状相和条状相存在开裂迹象，并且这些相的尺寸越大其开裂程度也越显著。对断口附近开裂的针状相和条状相进行 EDS 能谱分析，确定在断口附近开裂的针状相和条状相为稀土相 $Al_4Ce$，如图 6-21 所示。除了稀土相 $Al_4Ce$ 的开裂外，合金断口附近的 $Mg_{17}Al_{12}$ 相也存在一定程度的开裂，如图 6-20（b）所示。由于 $Al_4Ce$ 相和 $Mg_{17}Al_{12}$ 相主要分布在晶界，由此可以推断，合金组织中的 $Al_4Ce$ 相和 $Mg_{17}Al_{12}$ 相在合金断裂过程中是合金的主要启裂位置和裂纹扩展节点。

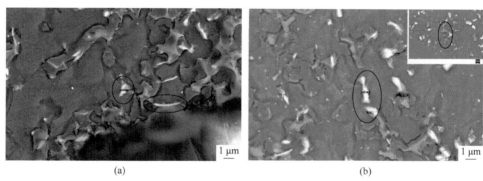

(a)                                   (b)

图 6-20　AZ91-0.6Ce-4 mm 合金拉伸断口附近的微观组织

（a）微观组织 1；（b）微观组织 2

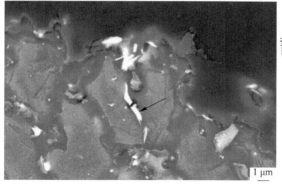

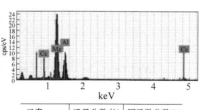

| 元素 | 质量分数/% | 原子数分数/% |
|---|---|---|
| Mg K | 42.86 | 63.83 |
| Al K | 21.42 | 28.73 |
| Ce L | 28.80 | 7.44 |
| 总计 | 100.00 | 100.00 |

(a)                                   (b)

图 6-21　AZ91-Ce 合金断口附近条状相的 EDS 分析

（a）AZ91-Ce 合金断口附近条状相的扫描照片；（b）AZ91-Ce 合金断口附近条状相的能谱分析结果

彩图

### 6.4.3　AZ91-Y 合金的断口附近微观组织分析

AZ91-0.6Y 实验合金 4 mm 厚度试样拉伸断口附近的金相组织（见图 6-22），不难看出断口是裂纹沿微观组织中的晶界扩展后所形成的。断口处有组织断裂后的块状相残留，并且在断口附近的组织中也有已经开裂的块状相。根据对该块状相所进行的 EDS 能谱分析如图 6-23 所示，并结合对 AZ91-Y 合金中物相的鉴定，可以确定该块状相为 $Al_2Y$ 金属间化合物。此外，断口附近的金相组织也观察到了 $Mg_{17}Al_{12}$ 相的开裂。$Al_2Y$ 相和 $Mg_{17}Al_{12}$ 相的开裂方向与拉伸方向基本垂直，裂纹尖端指向晶界或者晶内，且尺寸较大的 $Al_2Y$ 相开裂的比例较高。根据上述组织观察和物相分析结果推断，对于 AZ91-Y 合金，$Al_2Y$ 相和 $Mg_{17}Al_{12}$ 相在合金承载过程中也容易开裂，它们同样可能是合金受力过程中主要的裂纹源和裂纹扩展的节点。

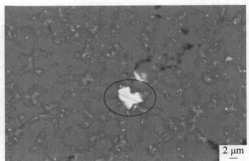

图 6-22　AZ91-Y 合金拉伸断口附近的微观组织

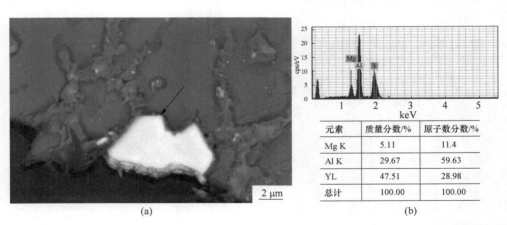

| 元素 | 质量分数/% | 原子数分数/% |
|---|---|---|
| Mg K | 5.11 | 11.4 |
| Al K | 29.67 | 59.63 |
| Y L | 47.51 | 28.98 |
| 总计 | 100.00 | 100.00 |

(a)　　　　　　　　　　(b)

图 6-23　AZ91-Y 合金断口附近块状相的 EDS 分析
（a）AZ91-Y 合金断口附近块状相的扫描照片；（b）AZ91-Y 合金断口附近
块状相的能谱分析结果

彩图

### 6.4.4　AZ91-Gd 合金的断口附近微观组织分析

AZ91-0.6Gd 实验合金 4 mm 厚度试样断口附近的金相组织，如图 6-24 所示。观察发现，该合金试样断口与晶界的关系、合金中 $Al_2Gd$ 相和 $Mg_{17}Al_{12}$ 相的开裂情况均与前面两种 AZ91-RE 合金类似，在此不再赘述。说明该合金中的 $Al_2Gd$ 相和 $Mg_{17}Al_{12}$ 相同样也应该是合金承受拉伸载荷时的主要启裂位置和裂纹扩展节点。AZ91-Gd 合金拉伸断口附近块状相的 EDS 分析结果如图 6-25 所示。

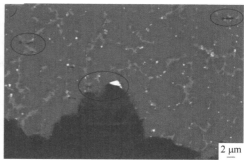

图 6-24　AZ91-Gd 合金拉伸断口附近的微观组织

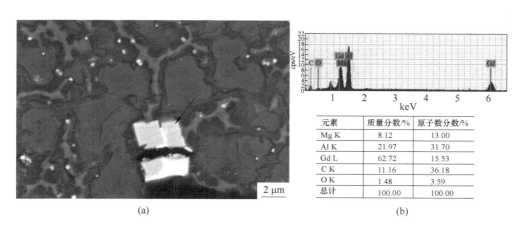

| 元素 | 质量分数/% | 原子数分数/% |
|---|---|---|
| Mg K | 8.12 | 13.00 |
| Al K | 21.97 | 31.70 |
| Gd L | 62.72 | 15.53 |
| C K | 11.16 | 36.18 |
| O K | 1.48 | 3.59 |
| 总计 | 100.00 | 100.00 |

(a)　　　　　　　　　　　(b)

图 6-25　AZ91-Gd 合金拉伸断口附近块状相的 EDS 分析
（a）AZ91-Gd 合金断口附近块状相的扫描照片；（b）AZ91-Gd 合金断口附近块状相的能谱分析结果

彩图

## 6.5　AZ91-RE（Ce、Y、Gd）合金的原位拉伸

为了进一步考察实验合金中的 Al-RE 和 $Mg_{17}Al_{12}$ 相在合金断裂过程中的作用，在 Quanta FEG 650 场发射扫描电子显微镜下对 AZ91-RE（Ce、Y、Gd）实验合金进行了原位拉伸，观察试样在动态失效过程中的启裂位置和裂纹扩展情况，从而进一步分析合金的断裂机制。

### 6.5.1　AZ91-0.9Ce 合金的原位拉伸

AZ91-0.9Ce 合金原位拉伸过程中的裂纹萌生和扩展随载荷增加的动态观察情况，如图 6-26 所示。随着合金所受载荷的增加，合金内部会在晶界、相界（$Al_4Ce$、$Mg_{17}Al_{12}$ 与镁基体之间的界面）、化合物（$Al_4Ce$ 和 $Mg_{17}Al_{12}$）等处出现大量微裂纹，这些微裂纹会随着合金所受载荷的增加而不断变大，并相互贯通而形成主裂纹，直至合金最终断裂失效。

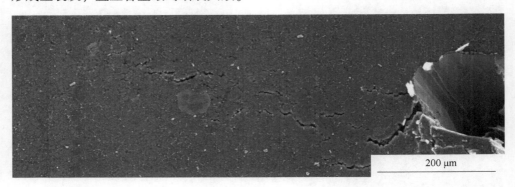

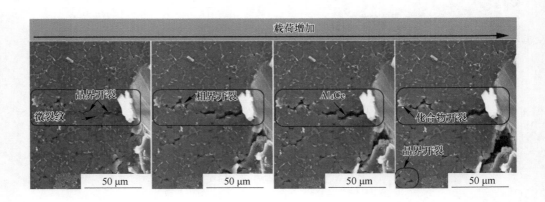

图 6-26　AZ91-0.9Ce 合金的原位拉伸过程裂纹扩展

由于 $Mg_{17}Al_{12}$ 化合物主要沿晶界分布，合金中裂纹的扩展，多以沿晶和少量穿晶的形式贯通，使微裂纹逐渐形成主裂纹。与合金断口附近的微观组织观察结果类似，合金中的 $Mg_{17}Al_{12}$ 化合物和 $Al_4Ce$ 化合物多以垂直于受力方向开裂，并且 $Al_4Ce$ 化合物的开裂程度小于合金中 $Mg_{17}Al_{12}$ 化合物的开裂程度，种种迹象表明合金中的脆性化合物 $Mg_{17}Al_{12}$ 和 $Al_4Ce$ 是合金的主要裂纹源。

### 6.5.2　AZ91-0.9Y 合金的原位拉伸

AZ91-0.9Y 实验合金动态拉伸时主裂纹附近组织的观察情况，如图 6-27 所示。观察发现，当载荷达到一定程度时，尺寸较大的块状 $Al_2Y$ 相和晶界上的 $Mg_{17}Al_{12}$ 相相继发生自身开裂或者相界面的开裂，形成垂直于载荷方向的微裂纹，之后某一微裂纹发展成为主裂纹。随着载荷的继续增加，在主裂纹前方的 $Al_2Y$ 相和 $Mg_{17}Al_{12}$ 相不断发生新的开裂，主裂纹沿晶界或者穿过基体与这些开裂位置贯通，最终使试样断裂失效。这一观察结果表明，对于 AZ91-0.9Y 合金，微观组织中的 $Al_2Y$ 和 $Mg_{17}Al_{12}$ 相是强度较低或者界面间结合力较低的物相，同时也是应力集中的位置。因此，这些物相不仅易于萌生裂纹，也是裂纹扩展的通道或者重要节点。

与 AZ91-0.9Ce 合金主裂纹的形成方式类似，AZ91-0.9Y 合金中的裂纹扩展也主要以沿晶和少量穿晶的形式贯通，使微裂纹逐渐形成主裂纹。$Al_2Y$ 和 $Mg_{17}Al_{12}$ 化合物不仅易于萌生裂纹，也是裂纹扩展的通道或者重要节点，脆性的 $Al_2Y$ 和 $Mg_{17}Al_{12}$ 化合物是 AZ91-0.9Y 合金的主要裂纹源。但与 $Al_4Ce$ 化合物相比，$Al_2Y$ 化合物在合金中的开裂程度更严重。

### 6.5.3　AZ91-0.9Gd 合金的原位拉伸

AZ91-0.9Gd 合金原位拉伸过程的组织观察情况，如图 6-28 所示。从图中可

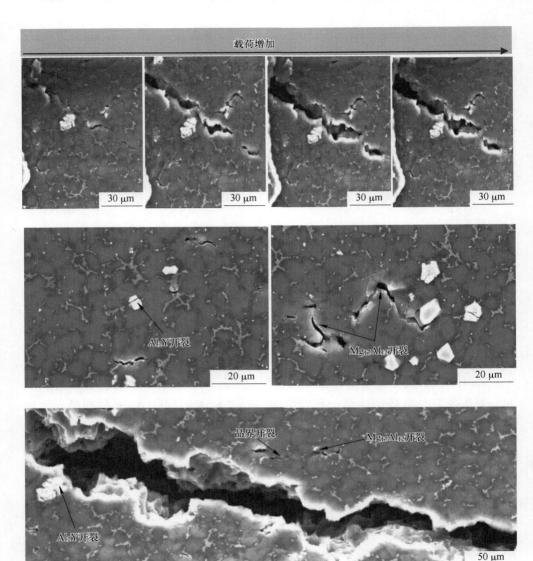

图 6-27　AZ91-0.9Y 合金的原位拉伸过程裂纹扩展

以看出，其断裂过程与 AZ91-0.9Ce、AZ91-0.9Y 合金类似，即随着载荷的增加，合金中形成大量微裂纹，随着载荷进一步增加，微裂纹迅速扩展形成主裂纹，并与合金中的其他微裂纹相互连通，使主裂纹继续扩展直至合金断裂失效。合金中的裂纹主要萌生于晶界、相界（$Al_2Gd$、$Mg_{17}Al_{12}$ 与镁基体之间的界面）、化合物（$Al_2Gd$ 和 $Mg_{17}Al_{12}$）等位置，且以垂直于载荷方向开裂为主，在合金主裂纹处和断口附近的微观组织中均能观察到 $Mg_{17}Al_{12}$ 和 $Al_2Gd$ 化合物的开裂迹象。主裂纹的形成方式与 AZ91-0.9Ce、AZ91-0.9Y 合金类似，即主要以沿晶和少量穿晶的形式使微裂纹逐渐贯通形成主裂纹。根据原位拉伸观察发现，合金中的脆性化合物 $Mg_{17}Al_{12}$ 和 $Al_2Gd$ 是合金的主要裂纹源和重要的裂纹扩展路径。

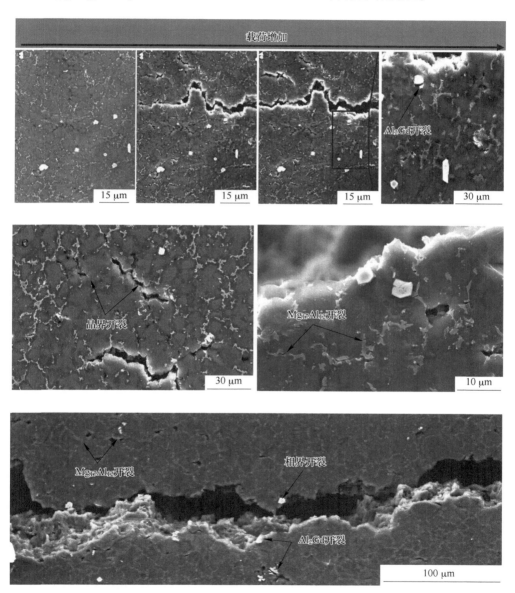

图 6-28 AZ91-0.9Gd 合金的原位拉伸过程裂纹扩展

原位拉伸观察结果再一次证实，对于 AZ91-RE 镁合金，裂纹的萌生源于脆性较大的 $Mg_{17}Al_{12}$ 相和尺寸较大且同样为脆性的 Al-RE 相，裂纹的扩展也主要通过晶界处粗大的 $Mg_{17}Al_{12}$ 相和尺寸较大的 Al-RE 相为路径和节点来展开。对于不含稀土的合金，这些位置的对应的组织应该为 $Mg_{17}Al_{12}$ 相。这个结果也再一次表明，$Mg_{17}Al_{12}$ 相和尺寸较大的 Al-RE 相是弱化合金的不利组织因素，而减少其数量、细化其尺寸、使其离散分布则有助于提高合金的强度。从这一点来看，由于稀土元素能够减少铸态组织中 $Mg_{17}Al_{12}$ 相的数量并降低其在晶界网状连续分布的程度，对于改善合金强度是有益的；而稀土易形成 Al-RE 化合物特别是 $Al_2Y$、$Al_2Gd$ 呈大块状的出现，对于合金的力学性能则是有害的。由此也可理解，对于 AZ91 镁合金的稀土合金化，提高合金的冷却速度无疑是提高稀土作用效果的有效工艺条件。

## 6.6 AZ91-RE (Ce、Y、Gd) 合金的强化机制以及组织性能的关系

### 6.6.1 合金的断裂行为分析

合金中的第二相依据尺寸一般可分为三种尺度，即粗大第二相（$0.5 \sim 10\ \mu m$）、中等尺度第二相（$0.05 \sim 0.5\ \mu m$）和纳米级小尺度第二相。依据物性一般可分为脆性相和韧性相。

根据第二相强化理论，对于合金中存在的具有一定强度和韧性的纳米级颗粒，位错移动时会绕过颗粒，产生位错环，从而对合金起到强化作用。但是当位错移动到合金中大尺寸的硬脆第二相时，往往会引起硬脆性相的开裂，对于合金强度的改善是不利的。具体的研究发现，合金受力失效过程中，裂纹主要在大尺寸第二相和第二相与基体界面处萌生。如果合金中大尺寸第二相的体积分数越大，在合金受力过程中对位错的阻碍作用就越强，第二相附近的位错就会增多，从而引起第二相附近的应力集中，当应力达到一定程度就会导致第二相开裂或与基体分离。合金中的大尺寸第二相会为裂纹扩展提供薄弱点，降低裂纹扩展所需的能量，从而使裂纹扩展更容易进行，大尺寸第二相的体积分数越多，尺寸越大，合金裂纹的扩展速率也越快，从而会降低材料的断裂韧性。所以，粗大的第二相通常对合金的力学性能起到负面作用。

在本研究的合金试样制备条件下，AZ91 镁合金的塑性较差，加入稀土元素所构成的 AZ91-RE (Ce、Y、Gd) 虽然塑性有一定的改善，但基本上仍属于脆性材料。AZ91 镁合金铸态组织中的第二相主要为共晶 $Mg_{17}Al_{12}$ 相，AZ91-RE (Ce、Y、Gd) 合金铸态组织中的第二相主要为 $Mg_{17}Al_{12}$ 相以及在凝固过程中形成的 $Al_4Ce$、$Al_2Y$、$Al_2Gd$ 化合物相。$Al_4Ce$ 相在 Ce 含量较高和冷却速度较小时，以

针状或条状的形式存在，$Al_2Y$ 和 $Al_2Gd$ 相主要以块状形式存在，其尺寸较大，并且随着稀土含量的增加和冷却速度的变慢尺寸逐渐长大，在实验合金体系中，$Al_2Y$ 和 $Al_2Gd$ 相最大尺寸可达 10 μm 左右。相对于基体相这些大尺寸的第二相都属于硬质相，会对合力力学性能的改善起到负面作用。

根据对断口形貌、断口附近组织和原位拉伸过程的观察分析，实验合金组织中的 $Mg_{17}Al_{12}$ 相和较大尺寸的 $Al_4Ce$、$Al_2Y$、$Al_2Gd$ 相是合金的主要启裂源，当负载达到一定程度时，这些分布在合金中的脆性相会首先开裂形成微裂纹。随着载荷的增加，主裂纹或以晶界处分布的 $Mg_{17}Al_{12}$ 相为通道沿晶扩展，或以开裂的 Al-RE 相、$Mg_{17}Al_{12}$ 相穿晶贯通扩展。所以合金的断裂方式为沿晶和与穿晶的混合方式，沿晶部分为脆性薄层分裂机制，穿晶部分为准解理机制。随着主裂纹的不断扩展，合金最终断裂失效，这是合金的基本断裂过程与断裂机制。

研究也发现，不论是否添加稀土元素，合金中的 $Mg_{17}Al_{12}$ 相都容易发生垂直于受力方向的开裂，而添加稀土元素 Ce、Y、Gd 的实验合金中，$Al_4Ce$、$Al_2Y$、$Al_2Gd$ 也极易开裂，其中 $Al_2Y$ 相开裂最为明显，$Al_2Gd$ 相次之，$Al_4Ce$ 相由于尺寸相对较小，开裂程度低于 $Al_2Y$ 相和 $Al_2Gd$ 相。而在合金中加入稀土元素后，$Mg_{17}Al_{12}$ 相数量减少以及分布离散化，大尺寸的 Al-RE 相作为启裂源的概率就更高。在裂纹扩展中，除了晶界处 $Mg_{17}Al_{12}$ 相的开裂成为裂纹沿晶扩展的通道外，Al-RE 相的开裂则成为裂纹穿晶贯通的重要节点。同样，当 $Mg_{17}Al_{12}$ 相数量减少以及分布离散化后，大尺寸的 Al-RE 相作为裂纹贯通节点的程度也会增加。因此，AZ91 镁合金中加入稀土后所形成的大尺寸的 Al-RE 相，不利于合金力学性能的改善。

$Al_4Ce$、$Al_2Y$、$Al_2Gd$ 本身属于硬脆相，在常规铸造条件下的尺寸较大，一般在微米级范围，在合金受力过程中这些稀土相会发生自身开裂或者出现稀土相和基体分离的现象，从而形成微裂纹。随着合金载荷的增加，这些微裂纹将会相互贯通并逐渐长大成为主裂纹，在主裂纹扩展的过程中，微裂纹也容易和主裂纹贯通，从而加快裂纹的扩展速度。因而大尺寸的 $Al_4Ce$、$Al_2Y$、$Al_2Gd$ 并不能作为强化相，对合金起到第二相强化的作用，反而作为合金断裂过程中的主要裂纹源，降低了合金的性能。

## 6.6.2  合金的强化机制

根据材料的力学性能对组织状态的依从关系，当 AZ91 镁合金中加入稀土 Ce、Y、Gd 且以不同的冷却速度凝固时，合金的微观组织状态发生了变化，合金的力学性能也必然会发生相应的变化。改善合金强度的机制不外乎细晶强化、固溶强化和第二相强化，其中晶粒细化在改善合金强度的同时还可以提高合金的韧性。

细晶强化是合金材料的一种主要强化方式。合金的晶粒尺寸越小，晶界数量越多，阻碍位错运动的能力越强，合金的屈服应力越高。室温下合金的晶粒尺寸与材料屈服强度之间存在 Hall-Petch 关系式：

$$\sigma_s = \sigma_0 + kd^{-\frac{1}{2}} \tag{6-1}$$

式中，$\sigma_0$ 为阻止位错滑移的摩擦力；$d$ 为合金的平均晶粒尺寸；$k$ 为与材料相关的系数。对于纯镁和镁合金，$\sigma_0$ 约为 21 MPa，$k$ 一般为 180~400 MPa（$\mu$m）$^{1/2}$。

镁及镁合金的 $k$ 值要远大于铝合金，因此，晶粒细化对于镁合金强度的提高十分重要。值得注意的是，对于 AZ 系镁合金，脆性的共晶化合物 $Mg_{17}Al_{12}$ 的沿晶网状分布是导致合金强度不高的重要原因，晶粒细化的结果将使 $Mg_{17}Al_{12}$ 的分布变得离散，从而减小其对强度的有害作用，这也是细化晶粒对合金性能强化带来的附加效应。同时，晶粒细化也是合金塑性改善的重要方法。合金中的稀土 Ce、Y、Gd 的添加可以细化合金的晶粒，且细化效果与稀土含量相关，同时提高冷却速度能够进一步细化合金的晶粒。因此，稀土 Ce、Y、Gd 的添加和试样冷却速度的提高是提高合金强度和伸长率的重要因素。

固溶强化是合金材料强化的另一种重要方式，主要通过溶质原子造成溶剂原子晶格畸变，增大位错运动阻力，从而使合金固溶体的强度与硬度提高，但也同时降低了合金的韧性和塑性。基于经典固溶强化理论，并忽略溶质原子和基体原子之间的尺寸错配和模量错配，多元合金固溶强化模型为：

$$\Delta\sigma = \left( \sum_i k_i^{\frac{1}{n}} c_i \right)^n \tag{6-2}$$

式中，$n$ 为常数（镁合金一般取 2/3）；$c_i$ 为固溶元素 $i$ 的原子浓度；$k_i$ 为固溶元素 $i$ 的固溶强化系数。对于本书所涉及的镁合金，合金中主要合金化元素的固溶强化系数根据参考文献的报道分别为，$k_{Al} = 196$ MPa（at.%）$^{-2/3}$，$k_{Zn} = 905$ MPa（at.%）$^{-2/3}$，$k_{Ce} = 1000$ MPa（at.%）$^{-2/3}$，$k_Y = 1249$ MPa（at.%）$^{-2/3}$，$k_{Gd} = 1168$ MPa（at.%）$^{-2/3}$，at.% 为原子分数。在实验合金的溶质元素中，稀土元素 Ce、Y、Gd 具有较强的固溶强化效率。

第二相强化也是合金强化的重要方式之一。第二相强化的效果除了与第二相本身的性质有关外，还与第二相的尺寸、分布、数量等息息相关。在 AZ91 镁合金中，$Mg_{17}Al_{12}$ 被认为是主要的强化相，而添加稀土 Ce、Y、Gd 的合金中，$Al_4Ce$、$Al_2Y$、$Al_2Gd$ 相也被认为是强化相。但是，根据第二相强化理论以及对本研究中 AZ91-RE（Ce、Y、Gd）实验合金的断口形貌观察、断口附近微观组织分析以及对 AZ91-0.9RE（Ce、Y、Gd）实验合金的原位拉伸实验观察，可知稀土相 $Al_4Ce$、$Al_2Y$、$Al_2Gd$ 和合金中沿晶界网状分布的 $Mg_{17}Al_{12}$ 相在合金受力断裂过程中首先开裂，是合金的主要裂纹源之一，并且 Al-RE 相的尺寸普遍较大，并未对合金的力学性能起到改善作用。

若将 $Mg_{17}Al_{12}$ 相和 Al-RE 相看作合金中的预存裂纹，根据 Griffith-Orowan-

Irwin 裂纹扩展理论，如果材料中存在长度为 $a$ 的裂纹，则裂纹扩展的临界应力 $\sigma_c$ 可表示为：

$$\sigma_c = \sqrt{\frac{2E(\gamma_s + \gamma_p)}{\pi a}} \tag{6-3}$$

式中，$E$ 为弹性模量；$\gamma_s$ 为单位面积的表面能；$\gamma_p$ 为单位面积裂纹表面消耗的塑性功，两者之和为有效表面能。

添加稀土 Ce、Y、Gd 的 AZ91 实验合金主要从 $Mg_{17}Al_{12}$ 相和 $Al_4Ce$、$Al_2Y$、$Al_2Gd$ 相开裂，因此裂纹尺寸较大，会降低裂纹扩展的临界应力，从而降低合金的力学性能。但同时，稀土元素的添加会减少 $Mg_{17}Al_{12}$ 相的数量、细化 $Mg_{17}Al_{12}$ 相并使其离散分布，这对改善合金的力学性能应该是有益的，但加入稀土后所形成的较大尺寸的 $Al_4Ce$、$Al_2Y$、$Al_2Gd$ 相，会对合金的力学性能带来不利影响。当实验合金在较快冷却速度下凝固时，$Al_4Ce$、$Al_2Y$、$Al_2Gd$ 相尺寸变小，$Mg_{17}Al_{12}$ 相也得到了一定的细化，分布更趋于均匀，这些组织变化有利于合金性能的改善。

### 6.6.3 合金的组织性能关系

依据合金的强化机制，以综合固溶强化 $\left(\sum k_i c_i^{\frac{2}{3}}\right)$、晶粒平均尺寸 $(d^{-\frac{1}{2}})$、$Mg_{17}Al_{12}$ 相体积分数 （vol-$Mg_{17}Al_{12}$） 和 Al-RE 相体积分数 （vol-Al-RE） 等组织特征量为自变量，以合金的室温抗拉强度为因变量，用 SPSS 统计分析软件对组织特征量与室温抗拉强度进行多元线性回归，合金元素的固溶量和实验合金的铸态平均晶粒尺寸在前述章节进行了叙述，由于第二相强化与第二相的体积分数密切相关，因此在统计组织特征量和合金室温抗拉强度关系时选择第二相的体积分数作为因变量，$Mg_{17}Al_{12}$ 相体积分数 （vol-$Mg_{17}Al_{12}$） 和 Al-RE 相体积分数（vol-Al-RE）通过 RIR 法计算得到，合金中的主要组织特征量，见表 6-1。添加不同稀土元素后合金的室温抗拉强度与组织特征量之间的关系分别为：

AZ91-Ce： $\sigma = 202.99 + 0.03 \times \sum k_i c_i^{\frac{2}{3}} + 99.04 \times d^{-\frac{1}{2}} - 3.48 \times$

$$(\text{vol-}Mg_{17}Al_{12}) - 12.96 \times (\text{vol-}Al_4Ce) \tag{6-4}$$

AZ91-Y： $\sigma = 204.84 + 0.226 \times \sum k_i c_i^{\frac{2}{3}} + 50.37 \times d^{-\frac{1}{2}} - 11.61 \times$

$$(\text{vol-}Mg_{17}Al_{12}) - 96.13 \times (\text{vol-}Al_2Y) \tag{6-5}$$

AZ91-Gd： $\sigma = 128.16 + 0.25 \times \sum k_i c_i^{\frac{2}{3}} + 25.41 \times d^{-\frac{1}{2}} - 4.68 \times$

$$(\text{vol-}Mg_{17}Al_{12}) - 14.25 \times (\text{vol-}Al_2Gd) \tag{6-6}$$

由合金组织特征量和合金性能之间的模型可知，合金性能的改善，主要由细晶强化和固溶强化引起。合金中的 $Mg_{17}Al_{12}$ 相和 Al-RE 相均不利于合金力学性能的改善，这与断口附近组织观察的结果一致。同时，$Al_2Y$ 相对合金力学性能的改善负面作用最大，$Al_4Ce$ 相由于尺寸较小，其负面作用也相应较小。对于 $Mg_{17}Al_{12}$ 相，添加稀土 Ce 后 $Mg_{17}Al_{12}$ 相的含量减小明显，且其尺寸得到了一定程度的优化，使其对合金力学性能改善的负面作用相应得到最大的弱化。

表 6-1　实验合金体系中组织特征量

| 合金 | 试样厚度 /mm | 体积分数/% | | 晶粒尺寸/μm | 固溶量/% | | |
|---|---|---|---|---|---|---|---|
| | | $Mg_{17}Al_{12}$ | Al-RE | $d$ | Al | Zn | RE |
| AZ91 | 2 | 10.25 | — | 4.61 | 4.01 | 0.046 | — |
| | 4 | 10.76 | — | 7.88 | 4.11 | 0.052 | — |
| | 6 | 10.83 | — | 9.27 | 4.05 | 0.054 | — |
| | 8 | 11.21 | — | 12.23 | 3.95 | 0.066 | — |
| AZ91-0.3Ce | 2 | 6.32 | 0.20 | 3.81 | 3.96 | 0.047 | 0.0046 |
| | 4 | 6.93 | 0.19 | 5.71 | 4.01 | 0.052 | 0.0042 |
| | 6 | 8.50 | 0.22 | 7.89 | 3.89 | 0.054 | 0.0033 |
| | 8 | 9.09 | 0.23 | 9.79 | 3.92 | 0.048 | 0.0033 |
| AZ91-0.6Ce | 2 | 4.29 | 0.56 | 3.50 | 3.87 | 0.056 | 0.0055 |
| | 4 | 5.73 | 0.59 | 5.62 | 3.81 | 0.055 | 0.0051 |
| | 6 | 5.91 | 0.65 | 7.48 | 3.75 | 0.066 | 0.0043 |
| | 8 | 6.82 | 0.60 | 9.07 | 3.70 | 0.053 | 0.0039 |
| AZ91-0.9Ce | 2 | 4.12 | 0.81 | 3.59 | 3.83 | 0.054 | 0.0079 |
| | 4 | 4.26 | 0.82 | 5.24 | 3.99 | 0.049 | 0.0068 |
| | 6 | 4.61 | 0.84 | 6.75 | 3.8 | 0.051 | 0.0064 |
| | 8 | 4.65 | 0.85 | 7.65 | 3.84 | 0.063 | 0.0058 |
| AZ91-0.3Y | 2 | 8.49 | 0.18 | 3.21 | 3.97 | 0.087 | 0.0183 |
| | 4 | 8.34 | 0.20 | 6.55 | 3.94 | 0.072 | 0.0162 |
| | 6 | 8.64 | 0.21 | 7.27 | 3.85 | 0.082 | 0.0129 |
| | 8 | 9.60 | 0.22 | 10.45 | 3.90 | 0.077 | 0.0104 |
| AZ91-0.6Y | 2 | 6.19 | 0.37 | 3.08 | 3.92 | 0.090 | 0.0341 |
| | 4 | 6.45 | 0.37 | 5.04 | 3.83 | 0.089 | 0.0254 |
| | 6 | 6.66 | 0.39 | 6.81 | 3.82 | 0.059 | 0.0209 |
| | 8 | 7.11 | 0.43 | 9.59 | 3.79 | 0.084 | 0.0202 |
| AZ91-0.9Y | 2 | 6.40 | 0.56 | 3.05 | 3.86 | 0.085 | 0.0662 |
| | 4 | 6.48 | 0.56 | 4.60 | 3.89 | 0.087 | 0.0509 |
| | 6 | 6.48 | 0.62 | 6.13 | 3.83 | 0.093 | 0.0431 |
| | 8 | 6.64 | 0.65 | 8.43 | 3.83 | 0.088 | 0.0387 |

| 合金 | 试样厚度/mm | 体积分数/% | | 晶粒尺寸/μm | 固溶量/% | | |
| --- | --- | --- | --- | --- | --- | --- | --- |
| | | $Mg_{17}Al_{12}$ | Al-RE | $d$ | Al | Zn | RE |
| AZ91-0.3Gd | 2 | 8.20 | 0.12 | 3.85 | 4.09 | 0.072 | 0.0370 |
| | 4 | 9.25 | 0.13 | 5.43 | 4.07 | 0.061 | 0.0350 |
| | 6 | 9.89 | 0.14 | 7.83 | 3.78 | 0.074 | 0.0330 |
| | 8 | 10.19 | 0.15 | 8.62 | 3.79 | 0.069 | 0.0320 |
| AZ91-0.6Gd | 2 | 8.66 | 0.33 | 3.43 | 3.92 | 0.052 | 0.0360 |
| | 4 | 9.10 | 0.35 | 5.06 | 3.88 | 0.065 | 0.0340 |
| | 6 | 9.80 | 0.36 | 7.53 | 3.71 | 0.055 | 0.0330 |
| | 8 | 10.43 | 0.37 | 8.44 | 3.76 | 0.058 | 0.0320 |
| AZ91-0.9Gd | 2 | 6.42 | 0.57 | 3.18 | 3.88 | 0.064 | 0.0390 |
| | 4 | 8.44 | 0.57 | 4.82 | 3.78 | 0.055 | 0.0350 |
| | 6 | 8.68 | 0.66 | 7.40 | 3.78 | 0.056 | 0.0330 |
| | 8 | 9.37 | 0.67 | 7.92 | 3.72 | 0.052 | 0.0330 |

注：RE 表示稀土元素，由于涉及三种稀土元素 Ce、Y、Gd，所以用 RE 统一表示。

# 本 章 小 结

本章测试了 AZ91-RE（Ce、Y、Gd）镁合金的显微硬度、室温抗拉强度和断裂伸长率，分析了稀土元素和试样冷却速度对合金力学性能的影响规律，并对合金的断裂机制和强化机制进行了分析，主要研究结果如下。

（1）含有稀土元素的 AZ91-RE（Ce、Y、Gd）合金其显微硬度均得到了一定的提升，其中稀土元素 Gd 由于其固溶量相对较大、固溶强化效果强，因而对合金硬度的提高幅度最大。稀土元素 Ce、Y、Gd 均具有改善合金室温抗拉强度和断裂伸长率的作用，其中稀土元素 Y 的作用效果最为明显。在本实验稀土元素含量范围内，Ce 的最适添加量为 0.9%（质量分数），稀土元素 Y 和 Gd 的最适添加量为 0.6%（质量分数）。此外，稀土元素改善合金力学性能的效果也受到冷却速度的影响，冷却速度越快，稀土元素对合金性能的改善效果越强。

（2）AZ91-RE（Ce、Y、Gd）实验合金在晶界处分布的 $Mg_{17}Al_{12}$ 相和 Al-RE 化合物 $Al_4Ce$、$Al_2Y$、$Al_2Gd$，是合金断裂过程中主要的启裂位置和裂纹扩展路径上的重要节点。合金断裂的微观过程为：在合金承受的载荷达到一定程度时，合金中的 $Mg_{17}Al_{12}$ 相和 Al-RE 相本身或者它们与基体的相界处首先开裂形成微裂纹，随着载荷的继续增加，某些微裂纹合并成为主裂纹，主裂纹通过与裂尖前端已经形成的微裂纹的快速贯通而扩展，导致合金最终断裂失效。因 $Mg_{17}Al_{12}$ 相和

Al-RE 主要存在于晶界，故裂纹扩展主要沿晶界进行，局部穿晶。

（3）AZ91-RE（Ce、Y、Gd）实验合金中稀土元素强化合金的机制主要是细晶强化和固溶强化，以及减小了合金中 $Mg_{17}Al_{12}$ 相对强度的负面作用。稀土元素具有明显的细化晶粒的作用，且固溶强化效率高，对于合金抗拉强度的提高起到了正面作用，但形成的 Al-RE 属于脆性的金属间化合物，极易成为裂纹源，其尺寸较大，且主要分布在晶界附近，不会对合金起到第二相强化作用，反而对合金力学性能的改善具有负面作用。稀土元素的加入以及提高冷却速度，能够减少合金中 $Mg_{17}Al_{12}$ 相的数量并使其细化和离散化分布，这对合金力学性能的改善是有利的。

## 参 考 文 献

［1］郑子樵，陈圆圆，钟利萍，等. 2524-T34 合金疲劳裂纹的萌生和扩展行为［J］. 中国有色金属学报，2010，1：37-42.

［2］刘刚，张国君，丁向东，等. 含有不同尺度量级第二相的高强铝合金断裂韧性模型［J］. 中国有色金属学报，2002，12（4）：706-713.

［3］张国君，刘刚，丁向东，等. 含有不同尺度量级第二相的高强铝合金拉伸延性模型［J］. 中国有色金属学报，2002，12（S1）：1-10.

［4］Hutchinson J W. Singular behavior at the end of a tensile crack in a hardening material［J］. Journal of the Mechanics and Physics of Solids，1968，16（1）：13-31.

［5］Rice J R，Rosengren G F. Plane strain deformation near a crack tip in a power-law hardening material［J］. Journal of the Mechanics and Physics of Solids，1968，16（1）：1-12.

［6］Broek D. The role of inclusions in ductile fracture and fracture toughness［J］. Engineering Fracture Mechanics，1973，5（1）：55-66.

［7］Loucif A，Figueiredo R B，Baudin T，et al. Ultrafine grains and the Hall-Petch relationship in an Al-Mg-Si alloy processed by high-pressure torsion［J］. Materials Science & Engineering A，2012，532（1）：139-145.

［8］Yoo M H. Slip，twinning，and fracture in hexagonal close-packed metals［J］. Metallurgical Transactions A，1981，12（3）：409-418.

［9］Nussbaum G，Sainfort P，Regazzoni G，et al. Strengthening mechanisms in the rapidly solidified AZ91 magnesium alloy［J］. Scripta Metallurgica，1989，23（7）：1079-1084.

［10］Han B Q，Dunand D C. Microstructure and mechanical properties of magnesium containing high volume fractions of yttria dispersoids［J］. Materials Science & Engineering A，2000，277（1）：297-304.

［11］Neh K，Ullmann M，Kawalla R. Effect of grain refining additives on microstructure and mechanical properties of the commercial available magnesium alloys AZ31 and AM50［J］. Materials Today：Proceedings，2015，2（S1）：S219-S224.

［12］Wang L，Mostaed E，Cao X，et al. Effects of texture and grain size on mechanical properties of AZ80 magnesium alloys at lower temperatures［J］. Materials & Design，2016，89：1-8.

[13] Gypen L A, Deruyttere A. Multi-component solid solution hardening [J]. Journal of Materials Science, 1977, 12 (5): 1034-1038.

[14] Cáceres C H, Rovera D M. Solid solution strengthening in concentrated Mg-Al alloys [J]. Journal of Light Metals, 2001, 1 (3): 151-156.

[15] Cáceres C H, Blake A. The strength of concentrated Mg-Zn solid solutions [J]. Physica Status Solidi A, 2002, 194 (1): 147-158.

[16] Gao L, Chen R S, Han E H. Solid solution strengthening behaviors in binary Mg-Y single phase alloys [J]. Journal of Alloys and Compounds 2009, 472 (1/2): 234-240.

[17] Gao L, Chen R S, Han E H. Effects of rare-earth elements Gd and Y on the solid solution strengthening of Mg alloys [J]. Journal of Alloys & Compounds, 2009, 481 (1): 379-384.

[18] Xu S W, Matsumoto N, Kamado S, et al. Effect of $Mg_{17}Al_{12}$ precipitates on the microstructural changes and mechanical properties of hot compressed AZ91 magnesium alloy [J]. Materials Science and Engineering A, 2009, 523: 47-52.

[19] Fu Q, Li Y, Liu G, et al. Low cycle fatigue behavior of AZ91D magnesium alloy containing rare-earth Ce element [J]. Procedia Engineering, 2012, 27: 1794-1800.

[20] Chen G, Peng X D, Fan P G, et al. Effects of Sr and Y on microstructure and corrosion resistance of AZ31 magnesium alloy [J]. Transactions of Nonferrous Metals Society of China, 2011, 21 (4): 725-731.

[21] 罗强, 赵忠, 蔡启舟, 等. Y 和 Gd 对消失模铸造 AZ91D 镁合金组织和性能的影响 [J]. 铸造, 2010, 59 (6): 568-572.

[22] Wang J F, Huang S, Guo S F, et al. Effects of cooling rate on microstructure, mechanical and corrosion properties of Mg-Zn-Ca alloy [J]. Transactions of Nonferrous Metals Society of China, 2013, 23 (7): 1930-1935.

[23] Nie J F. Effects of precipitate shape and orientation on dispersion strengthening in magnesium alloys [J]. Scripta Materialia, 2003, 48 (8): 1009-1015.